Leitfaden des Baubetriebs und der Bauwirtschaft

Dieter Jacob • Constanze Stuhr

Finanzierung und Bilanzierung in der Bauwirtschaft

Basel II/III – neue Finanzierungsmodelle –
IFRS – BilMoG

2., überarbeitete Auflage

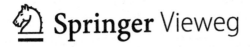

Prof. Dr.-Ing. Dieter Jacob
Berlin, Deutschland

Dipl. Kffr. Constanze Stuhr
Chemnitz OT Röhrsdorf, Deutschland

ISBN 978-3-8348-1860-7
DOI 10.1007/978-3-8348-2273-4

ISBN 978-3-8348-2273-4 (eBook)

Die Deutsche Nationalbibliothek verzeichnet diese Publikation in der Deutschen Nationalbibliografie; detaillierte bibliografische Daten sind im Internet über http://dnb.d-nb.de abrufbar.

Springer Vieweg
© Springer Fachmedien Wiesbaden 2006, 2013

Lektorat: Karina Danulat | Annette Prenzer

Gedruckt auf säurefreiem und chlorfrei gebleichtem Papier

Springer Vieweg ist eine Marke von Springer DE. Springer DE ist Teil der Fachverlagsgruppe Springer Science+Business Media.
www.springer-vieweg.de

Vorwort und Gesamtübersicht zur 2. Auflage

Das Konzept des Buches ist gegenüber der 1. Auflage unverändert geblieben: Zunächst ca. 100 Seiten zur Finanzierung und danach ca. 100 Seiten zur Bilanzierung in der Bauwirtschaft. Finanzierung und Bilanzierung stehen dabei nicht losgelöst voneinander, sondern für die erfolgreiche Finanzierung ist im Normalfall die Vorlage von aussagekräftigen Bilanzen erforderlich. Beide Bereiche bedingen sich also gegenseitig. Zu der Bauwirtschaft gehören neben Bauunternehmen nach unserem Verständnis durchaus auch Ingenieur- und Planungsbüros.

Die Aktualisierung des Buches gestaltete sich aufwendiger als gedacht. Denn durch die in 2007 begonnene Finanzkrise hat es einen tiefen, plötzlichen Einschnitt gegeben. Und die Finanzkrise ist längst noch nicht zu Ende. Viele Informationen, die für eine solche Neuauflage notwendig waren, konnten nur durch unser persönliches Netzwerk eruiert werden. Die persönlichen Kontakte sind selbst in Zeiten des Internet noch wertvoller geworden. Wir möchten uns daher an dieser Stelle für die zum Teil vertraulichen Informationen ganz herzlich bei einer ganzen Anzahl von Praktikern aus dem Finanzierungs- und Bilanzierungsbereich bedanken.

Weiterhin gilt unser herzlicher Dank einigen früheren und gegenwärtigen Mitarbeitern des Lehrstuhls, insbesondere Frau Dipl.-Kffr. Corinna Hilbig, Herrn Dipl.-Kfm., Dipl.-Wi.-Ing. Armin Ilka und Frau M.Sc. Martina Walther. Von den studentischen Hilfskräften möchten wir Herrn Eric Matthias besonders hervorheben. Auch haben einige Studenten mit ihren Recherchen zum Gelingen beigetragen. Dann gilt unser besonderer Dank wieder meiner Kollegin Rogler, Ordinaria für Rechnungswesen und Controlling, die den Bilanzierungsteil in bewährter Weise mit Anregungen begleitet hat. Alle verbleibenden Fehler oder Ungenauigkeiten gehen aber selbstverständlich allein zu unseren Lasten. Teile Sie uns diese gerne mit!

Freiberg, im Oktober 2012

Dieter Jacob
Constanze Stuhr

Vorwort zur 1. Auflage

Das vorliegende Buch behandelt die beiden Themenbereiche der Finanzierung und der Bilanzierung. Es ist geprägt durch das zunehmende internationale Zusammenwachsen der Kapitalmärkte und die neuen europäischen bankenaufsichtsrechtlichen Vorschriften (Basel II) im Finanzierungsbereich sowie die neuen Entwicklungen in der europäischen Rechnungslegung (IFRS) im Bilanzierungsbereich. Finanzierung und Bilanzierung werden dabei nicht losgelöst voneinander, sondern im Zusammenhang behandelt, weil für die erfolgreiche Kreditfinanzierung oder Eigenkapitalbeschaffung im Normalfall die Vorlage der Bilanzen erforderlich ist. Beide Bereiche bedingen sich so gegenseitig bzw. stehen in gegenseitiger Abhängigkeit.

In diesem Buch wird die letzte der großen Vertiefervorlesungen in Baubetriebswirtschaftslehre dokumentiert. Andere bereits durch den Lehrstuhl publizierte Monographien betreffen die Themenbereiche Strategie, Kalkulation und Controlling in der Bauwirtschaft, Baurecht, Besteuerung sowie Infrastruktur- und Immobilienprojektentwicklung inklusive PPP.

Das Buch ist folgendermaßen aufgebaut:

- Finanzierungs- und Bilanzierungsteil beginnen jeweils mit einem einführenden Kapitel zur Erarbeitung von Grundlagen.

- Im Finanzierungsteil wird bei der Innenfinanzierung dann das Asset Management vertieft.

- Ebenso werden hinsichtlich der Außenfinanzierung objektbezogene Finanzierungen ausführlicher behandelt.

- Integraler Bestandteil aller Finanzierungen ist die finanzwirtschaftliche Risikoabsicherung, der dann ein eigenes Kapitel gewidmet wird.

- Und last but not least gehört die Liquiditätsplanung einschließlich der zu erwirtschaftenden Kapitalkosten dazu.

- Im Bilanzierungsteil werden alle wichtigen Positionen des baubezogenen Jahresabschlusses nach deutschen und nach europäischen Vorschriften vertieft. Dazu gehören die Gliederung der Gewinn- und Verlustrechnung, unfertige und fertige Bauwerke, Unternehmenskooperationen, Schalung und Rüstung, Massenbaustoffe, Immobilien, Leasing und langfristige Miete, Public Private Partnerships, die Steuerabgrenzung und die betriebliche Altersversorgung.

- Zuletzt wird als Ergänzung noch ein Einblick in die US-amerikanische Baubilanzierung gegeben, speziell in unfertige Bauten und Bauarbeitsgemeinschaften, weil im außereuropäischen Bereich die US-Bilanzierung breiten Einsatz findet.

Die Publikation wäre nicht in der Qualität möglich gewesen ohne die Mitwirkung der Fakultät, insbesondere haben wir der Kollegin Rogler, Ordinaria für Rechnungswesen und Controlling, für die kritische Durchsicht des Manuskriptes im Bilanzierungsteil herzlich zu danken. Weiterhin gilt unser Dank einer Reihe von studentischen Mitarbeitern, u. a. Herrn Bankkaufmann, cand. rer. oec. Kaden für die Mitwirkung beim Finanzierungsteil sowie Herrn cand. rer. oec. Krzyzanek und Herrn cand. rer. oec. Ilka für die Mitwirkung beim Bilanzierungsteil. Alle verbleibenden Fehler oder Ungenauigkeiten bleiben jedoch allein in unserer Verantwortung.

Freiberg, im März 2006

Dieter Jacob

Constanze Stuhr

Inhalt

Abbildungsverzeichnis

Tabellenverzeichnis

Abkürzungsverzeichnis

a.a.O.	am angegebenen Ort
ABS	Asset Backed Securities
Abs.	Absatz
AfA	Absetzung für Abnutzung
AG	Aktiengesellschaft
AICPA	American Institute of Certified Public Accountants
Arge/ARGE	Arbeitsgemeinschaft
AV	Anlagevermögen
BaFin	Bundesanstalt für Finanzdienstleistungsaufsicht
Bauarge	Bauarbeitsgemeinschaft
BauFordSiG	Bauforderungssicherungsgesetz
BAUORG	Unternehmerhandbuch für Bauorganisation und Baubetriebsführung
Bet.	Beteiligung
BGB	Bürgerliches Gesetzbuch
BilMoG	Bilanzrechtsmodernisierungsgesetz
BKR	Baukontenrahmen
BMF	Bundesministerium der Finanzen
BOT	Build, Operate, Transfer
BStBl	Bundessteuerblatt
BVI	Bundesverband Investment und Asset Management e.V.
BVK	Bundesverband deutscher Kapitalbeteiligungsgesellschaften
bzw.	beziehungsweise
ca.	circa
CAPM	Capital Asset Pricing Model
CGI	Commerzbank Grundbesitz Invest
CSAM IMMO	CREDIT SUISSE ASSET MANAGEMENT Immobilien Kapitalanlagegesellschaft mbH
d. h.	das heißt
DB Real Estate	DB Real Estate Investment GmbH
DBFO	Design, Build, Finance, Operate
DBO	Defined Benefit Obligation
DBP	Defined Benefit Plan
DCF-Methode	Discounted-Cashflow-Methode

DCMF	Design, Construct, Manage, Finance
DEFO	Deutsche Fonds für Immobilienvermögen GmbH
DEGI	Deutsche Gesellschaft für Immobilienfonds mbH
DEKA Immo	Deka Immobilien Investment GmbH
DID	Deutsche Immobilien-Datenbank
DIFA	Deutsche Immobilien Fonds AG
DIMAX	Deutscher Immobilienaktienindex
DZ BANK AG	Deutsche Zentral-Genossenschaftsbank AG
e.V.	eingetragener Verein
EBIT	Earnings before Interest and Taxes
EBITA	Earnings before Interest, Taxes and Amortization
EDV	elektronische Datenverarbeitung
einschl.	einschließlich
EK	Eigenkapital
ERA	Einheitliche Richtlinien und Gebräuche für Dokumentenakkreditive
EStG	Einkommensteuergesetz
EStR	Einkommensteuerrichtlinie
etc.	et cetera
EU	Europäische Union
Euro-CP	Euro Commercial Paper
ff.	fortfolgende
FK	Fremdkapital
FMFG	Finanzmarktfördergesetz
GoB	Grundsätze ordnungsgemäßer Buchführung
G.U.B.	Gesellschaft für Unternehmensanalyse und Beteiligungsmanagement mbH
GbR	Gesellschaft bürgerlichen Rechts
GDV	Gesamtverband der Deutschen Versicherungswirtschaft e. V.
gem.	gemäß
GKR	Gemeinschaftskontenrahmen der Industrie
GmbH	Gesellschaft mit beschränkter Haftung
GSB	Gesetz zur Sicherung von Bauforderungen
GÜ	Generalübernehmer
GU	Generalunternehmer
GuV	Gewinn- und Verlustrechnung
HANSAINVEST	HANSAINVEST Hanseatische Investment-GmbH

HFA	Hauptfachausschuss
HGB	Handelsgesetzbuch
Hrsg.	Herausgeber
i. d. R.	in der Regel
i. e. S.	im engeren Sinn
i. V.	im Vorjahr
i. V. m.	in Verbindung mit
i. W.	in Worten
IAS	International Accounting Standards
ICC	International Chamber of Commerce
IFRS	International Financial Reporting Standards
iii GmbH	Internationales Immobilien-Institut GmbH
IKR	Industriekontenrahmen
InvG	Investmentgesetz
IRB	Internal Ratings Based Approach
IRR	Internal Rate of Return
J.	Jahr
Jg.	Jahrgang
K. O.	Knock Out
KAG	Kapitalanlagegesellschaft
KAGG	Gesetz über Kapitalanlagegesellschaften
KanAm Grund	KanAm Grund Kapitalanlagegesellschaft mbH
KfW	Kreditanstalt für Wiederaufbau
KG	Kommanditgesellschaft
KWG	Gesetz über das Kreditwesen (Kreditwesengesetz)
L/C	Letter of Credit
LG	Leasinggeber
LN	Leasingnehmer
Ltd.	Limited
max.	maximal
MBI	Management-Buy-In
MBO	Management-Buy-Out
MBS	Mortgage Backed Securities
MEIF	Macquarie European Infrastructure Fund
Mio.	Millionen
Mrd.	Milliarden
ND	Nutzungsdauer

NIF	Note Issuance Facility
Nr.	Nummer
o. J.	ohne Jahresangabe
ÖPNV	Öffentlicher Personen-Nahverkehr
ÖPP	Öffentlich-private Partnerschaften
p. a.	per annum
PFI	Public Finance Initiative
PPP	Public Private Partnership
REIT	Real Estate Investment Trust
REX	Deutscher Rentenindex
Rn.	Randnummer
ROT	Rehabilitate, Operate, Transfer
RUF	Revolving Underwriting Facility
S.	Seite
SEB IMMOINVEST	SEB Immobilien-Investment GmbH
SKAG	Siemens Kapitalanlagegesellschaft mbH
SKR	Standardkontenrahmen
SOP	Statement of Position
SPV	Special Purpose Vehicle
TK	Transaktionskosten
US-GAAP	United States – Generally Accepted Accounting Principles
usw.	und so weiter
UV	Umlaufvermögen
v. H.	von Hundert
VG	Vermögensgegenstand
vgl.	vergleiche
VHV a.G.	Vereinigte Hannoversche Versicherung auf Gegenseitigkeit
VOB	Vergabe- und Vertragsordnung für Bauleistungen
WACC	Weighted Average Cost of Capital
WESTINVEST	WestInvest Gesellschaft für Investmentfonds mbH
WGZ-Bank	Westdeutsche Genossenschafts-Zentralbank eG
z. B.	zum Beispiel

1 Finanzierung: Einführung und Übersicht

1.1 Grundsätzliches zum Finanzierungsbegriff

Im Schrifttum wird unter Finanzierung in einer ersten groben Definition die Beschaffung von Geld bzw. geldwerten Einlagen verstanden.[1] Das Charakteristikum einer Finanzierung ist, dass zu einem bestimmten Zeitpunkt Zahlungsmittel zufließen, die zu späteren Zeitpunkten zu Auszahlungen an die Kapitalgeber führen. Der Zahlungsverlauf bzw. Zahlungsstrom einer Finanzierung ist somit dem einer Investition entgegengesetzt.

Im Rahmen des Buches soll unter Finanzierung die Gesamtheit der Zahlungsmittelzuflüsse (Einzahlungen), vermiedene Zahlungsmittelabflüsse (Auszahlungen) und Austauschvorgänge zwischen Finanzierungsformen (Umfinanzierung) verstanden werden. Damit wird der weite Finanzierungsbegriff zugrunde gelegt, der auch Kreditsubstitute wie Factoring und Leasing umfasst.[2]

1.2 Innen- und Außenfinanzierung

Nach dem Kriterium der Mittelherkunft lassen sich grundsätzlich zwei Finanzierungsbereiche unterscheiden: Die Innenfinanzierung und die Außenfinanzierung.[3]

Die Innenfinanzierung ist zu verstehen als Überschuss der Einzahlungen über die laufenden Auszahlungen. Die Alternativen der Innenfinanzierung enthält Abbildung 1.

Innenfinanzierung kann zum einen aus thesaurierten Gewinnen stammen. Sie kann auch aus nicht sofort auszahlungswirksamem Aufwand resultieren wie beispielsweise Abschreibungen oder Rückstellungszuführungen. Die Abschreibungen auf eine Maschine zum Beispiel können so lange finanziell anderweitig verwendet werden, bis die Maschine defekt ist und die angesammelten Abschreibungsgegenwerte für den Kauf einer neuen Maschine finanziell benötigt werden. Ein weiteres Beispiel ist die betriebliche Pensionszusage an einen 30jährigen Mitarbeiter, dem ab dem 65. Lebensjahr eine betriebliche Zusatzrente gewährt wird. Die hierfür angesammelten Rückstellungen können im Betrieb bis zu 35 Jahre finanziell anderweitig disponiert werden. Die Langfristigkeit dieser Verpflichtung wirft besondere bilanzielle Fragen auf, die in Kapitel 8.15 des Buches behandelt werden.

Eine weitere Quelle der Innenfinanzierung besteht in der Mittelfreisetzung durch geschicktes Asset Management im Anlage- oder Umlaufvermögen. Da in der heutigen Zeit die Gewinnmargen im Baubereich tendenziell gering ausfallen und die Banken eher zögerlich Kredit gewähren, kommt der Finanzmittelfreisetzung durch aktives Asset Management besondere

---

[1] Vgl. z. B. Drukarczyk (2008).
[2] Vgl. zum erweiterten Finanzierungsbegriff auch Perridon/Steiner/Rathgeber (2009), S. 357.
[3] Vgl. ebenda, S. 359 ff.

Bedeutung zu. Beispiele hierfür sind der Verkauf nicht betriebsnotwendiger Grundstücke, eine geringe Vorfinanzierung bei den unfertigen Bauten und ein stringentes Forderungsmanagement und Mahnwesen. Aufgrund der Bedeutung des Asset Management widmen wir diesem Themenbereich ein eigenes Kapitel (vgl. Kapitel 2).

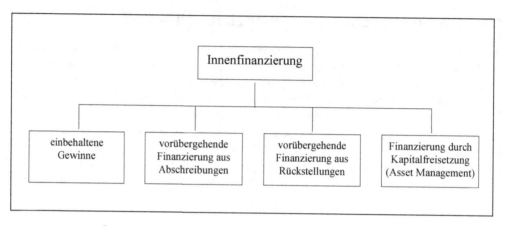

Abbildung 1:   Überblick Innenfinanzierung

Die Außenfinanzierung untergliedert sich in die Beteiligungsfinanzierung, die Kreditfinanzierung sowie Mischformen (vgl. Abbildung 2).

Bei der Beteiligungsfinanzierung erhält der Kapitalgeber vom Unternehmen i. d. R. drei Rechte:

1. das Stimmrecht, d. h. er kann zu abstimmungspflichtigen Vorgängen sein Votum abgeben.
2. das Recht auf Gewinnausschüttung, sofern Gewinn erwirtschaftet wird.
3. das Recht auf Liquidationsanteil, d. h. er partizipiert am späteren Liquidationserlös.

Bei der Kreditfinanzierung stellt der Kapitalgeber ebenfalls feste Beträge zur Verfügung, er hat jedoch gegenüber dem Unternehmen anders geartete Rechte:

1. Er besitzt kein Stimmrecht.
2. Statt dem Recht auf Gewinnausschüttung erhält er von der Ertragssituation des Unternehmens unabhängige fixe Zinsbeträge.
3. Statt des Rechts auf Liquidationsanteil hat er Anspruch auf pünktliche Darlehensrückzahlung.

Die Mischformen schließlich vereinigen sowohl Merkmale der Beteiligungs- als auch der Kreditfinanzierung.

Außenfinanzierung	
Beteiligungsfinanzierung z. B. • Aktien • GmbH-Anteile • Kuxe • Genossenschaft • Komplementäre • Kommanditanteile • Atypische stille Beteiligungen Sonderform: • Buyouts • Venture Capital	**Kreditfinanzierung** z. B. <u>Kurz- bis mittelfristig</u> • Lieferantenkredite • Kontokorrentkredite • Akzeptkredite • Diskontkredite • Avalkredite Sonderformen: • Forfaitierung • Instrumente am Euro-Geldmarkt (z. B. Euro-CP, NIF, RUF) <u>Mittel- bis langfristig</u> • Bankkredite (meist hypothekarisch gesichert) • Schuldscheindarlehen • Anleihen Sonderformen: • Projektfinanzierung • Leasing • Instrumente am Eurokapitalmarkt (z. B. Null-Coupon-Anleihen) <u>Währungsaspekt</u> • Landeswährung • Fremdwährung
Mischformen (Mezzanine Finanzierung) z. B. • Partiarische Darlehen • Typische stille Beteiligungen • Genussscheine • Wandelanleihen • Optionsanleihen	

Abbildung 2:   **Überblick Außenfinanzierung**

Die rechtliche Definition von Krediten enthält § 19 KWG (vgl. Abbildung 3). Demnach sind Kredite Bilanzaktiva, Derivate mit Ausnahme der Stillhalterverpflichtungen aus Kaufoptionen, die dafür übernommenen Gewährleistungen und andere außerbilanzielle Geschäfte. Vor der Ausreichung eines Kredites durch ein Kreditinstitut wird eine Kreditprüfung durchgeführt. In § 18 KWG ist rechtlich verankert, dass ein Kredit von insgesamt mehr als 750.000 EUR nur gewährt werden darf, wenn der Kreditnehmer seine wirtschaftlichen Verhältnisse offen legt (vgl. Abbildung 3). Damit ist insbesondere die Vorlage von Jahresabschlüssen gemeint.

An dieser Stelle ist besonders hervorzuheben, dass auch Bankbürgschaften (Bankavale) zu den Krediten im Sinne des § 19 KWG zählen. Die Firma Walter Bau hatte beispielsweise zum Zeitpunkt ihrer Insolvenz Bankkredite im Umfang von ca. 200 Mio. EUR und Avale in Höhe von ca. 1,3 Mrd. EUR. Daraus ist zu ermessen, dass Avale für Baufirmen eine weitaus größere Rolle spielen als klassische Bankkredite.

Der wichtigste klassische Kreditgeber für Bauunternehmen sind die Lieferanten, weil sie ein besonderes Interesse am Fortbestehen des Unternehmens haben, um ihre Produkte weiter absetzen zu können.[4]

---

[4] Vgl. Jacob (1997), S. 12 und Leinz (2004), S. 165 ff.

§ 18 Kreditunterlagen
(1) Ein Kreditinstitut darf einen Kredit, der insgesamt 750 000 Euro oder 10 vom Hundert des haftenden Eigenkapitals des Instituts überschreitet, nur gewähren, wenn es sich von dem Kreditnehmer die wirtschaftlichen Verhältnisse, insbesondere durch Vorlage der Jahresabschlüsse, offen legen lässt. Das Kreditinstitut kann hiervon absehen, wenn das Verlangen nach Offenlegung im Hinblick auf die gestellten Sicherheiten oder auf die Mitverpflichteten offensichtlich unbegründet wäre. Das Kreditinstitut kann von der laufenden Offenlegung absehen, wenn

1. der Kredit durch Grundpfandrechte auf Wohneigentum, das vom Kreditnehmer selbst genutzt wird, gesichert ist,
2. der Kredit vier Fünftel des Beleihungswertes des Pfandobjektes im Sinne des § 16 Abs. 1 und 2 des Pfandbriefgesetzes nicht übersteigt und
3. der Kreditnehmer die von ihm geschuldeten Zins- und Tilgungsleistungen störungsfrei erbringt.

Eine Offenlegung ist nicht erforderlich bei Krediten an eine ausländische öffentliche Stelle im Sinne des § 20 Abs. 2 Nr. 1 Buchstabe a bis c.
(2) Die Institute prüfen vor Abschluss eines Verbraucherdarlehensvertrags oder eines Vertrags über eine entgeltliche Finanzierungshilfe die Kreditwürdigkeit des Verbrauchers. Grundlage können Auskünfte des Verbrauchers und erforderlichenfalls Auskünfte von Stellen sein, die geschäftsmäßig personenbezogene Daten, die zur Bewertung der Kreditwürdigkeit von Verbrauchern genutzt werden dürfen, zum Zweck der Übermittlung erheben, speichern oder verändern. Bei Änderung des Nettodarlehensbetrags sind die Auskünfte auf den neuesten Stand zu bringen. Bei einer erheblichen Erhöhung des Nettodarlehensbetrags ist die Kreditwürdigkeit neu zu bewerten. Die Bestimmungen zum Schutz personenbezogener Daten bleiben unberührt.

§ 19 Begriff des Kredits für die §§ 13 bis 14 und des Kreditnehmers
(1) Kredite im Sinne der §§ 13 bis 14 sind Bilanzaktiva, Derivate mit Ausnahme der Stillhalterverpflichtungen aus Kaufoptionen sowie die dafür übernommenen Gewährleistungen und andere außerbilanzielle Geschäfte. (…) Als andere außerbilanzielle Geschäfte im Sinne des Satzes 1 sind anzusehen

1. den Kreditnehmern abgerechnete eigene Ziehungen im Umlauf,
2. Indossamentsverbindlichkeiten aus weitergegebenen Wechseln,
3. Bürgschaften und Garantien für Bilanzaktiva,
4. Erfüllungsgarantien und andere als die in Nummer 3 genannten Garantien und Gewährleistungen, soweit sie sich nicht auf die in Satz 1 genannten Derivate beziehen,
5. Eröffnung und Bestätigung von Akkreditiven,
6. unbedingte Verpflichtungen der Bausparkassen zur Ablösung fremder Vorfinanzierungs- und Zwischenkredite an Bausparer,
7. Haftung aus der Bestellung von Sicherheiten für fremde Verbindlichkeiten,
8. beim Pensionsgeber vom Bestand abgesetzte Bilanzaktiva, die dieser mit der Vereinbarung auf einen anderen übertragen hat, dass er sie auf Verlangen zurücknehmen muss,
9. Verkäufe von Bilanzaktiva mit Rückgriff, bei denen das Kreditrisiko bei dem verkaufenden Institut verbleibt,
10. Terminkäufe auf Bilanzaktiva, bei denen eine unbedingte Verpflichtung zur Abnahme des Liefergegenstandes besteht,
11. Platzierung von Termineinlagen auf Termin,
12. Ankaufs- und Refinanzierungszusagen
13. noch nicht in Anspruch genommene Kreditzusagen,

14. Kreditderivate,
15. noch nicht in der Bilanz aktivierte Ansprüche aus Leasingverträgen auf Zahlungen, zu denen der Leasingnehmer verpflichtet ist oder verpflichtet werden kann, und Optionsrechte des Leasingnehmers zum Kauf der Leasinggegenstände, die einen Anreiz zur Ausübung des Optionsrechts bieten, sowie
16. außerbilanzielle Geschäfte, sofern sie einem Adressenausfallrisiko unterliegen und von den Nummern 1 bis 14 nicht erfasst sind.

Abbildung 3:   **Auszug aus dem Kreditwesengesetz**

in der Neufassung der Bekanntmachung vom 9. September 1998 (BGBl. I S. 2776), zuletzt geändert durch Art. 9 des Gesetzes vom 26. Juni 2012 (BGBl. I S. 1375)

1.3 Für Bauunternehmen gebräuchliche Arten der Kreditfinanzierung

Tabelle 1 enthält die für Bauunternehmen gebräuchlichen Arten der Kreditfinanzierung (ohne Lieferantenkredit). Kurzfristige Kredite dienen der Betriebsmittelfinanzierung. Im Wesentlichen werden die Rohstoffeinkäufe sowie der finanzielle Bedarf für die Produktion und Lagerhaltung finanziert. Die Rückzahlung kurzfristiger Kredite sollte nach dem Grundsatz der Fristenkongruenz aus dem Umlaufvermögen erfolgen. Wenn Kredite zur Finanzierung des Umlaufvermögens im Durchschnitt in Höhe von einem Fünftel des Jahresumsatzes des Bauunternehmens beansprucht werden, gilt das Kreditverhältnis als gesund.[5] Wichtige Kreditarten bei der kurzfristigen Vergabe von Bankkrediten an Bauunternehmen sind Kontokorrent- und Festkredite, die in der Regel gegen Deckung und nur selten als Blankokredite ausgereicht werden.

Im Bereich der kurz- bis mittelfristigen Kreditarten ist der branchentypische Kautions- oder Avalkredit hervorzuheben, bei dem die Bank keine finanziellen Mittel, sondern ihre eigene Kreditwürdigkeit gegen Provision zur Verfügung stellt. Avalkredite werden zum überwiegenden Teil in Form von Bürgschaften zur Absicherung des mit Risiken behafteten Bauprozesses und der Gewährleistungszeit gegenüber dem Bauherrn beansprucht. Der Baukredit kommt zum Tragen, wenn das Unternehmen Immobilien für den eigenen Bedarf wie beispielsweise Büro- und Werkstattgebäude erstellt.

Langfristige Bankkredite dienen der Finanzierung von Investitionen beispielsweise zur Unternehmensexpansion oder -modernisierung. Sie können als Hypothekardarlehen ausgereicht werden. Obligationenanleihen beanspruchen den Kapitalmarkt, sie sind eher selten anzutreffen.

---

[5] Schweizerische Kreditanstalt (1985), S. 13. Leider haben sich Banken seitdem nicht mehr in einer branchenspezifischen Broschüre dazu geäußert.

Als Sonderform der Fremdfinanzierung gilt das Leasing, es wird in Kapitel 3.1 und 8.12 ausführlicher behandelt.

Laufzeit	Finanzierungsart	Wesen/Zweck
kurz- bis mittelfristig	Wechsel-Diskontkredit	Kauf von Wechselforderungen abzüglich Diskont
(6 Monate bis 5 Jahre)	Kontokorrentkredit blanko (teilweise auch als Festkredit)	für Betriebs-, Saison-, Überbrückungsbedürfnisse
	Kontokorrent- oder Festkredit mit Deckung	gegen Verpfändung von Sicherheiten wie Obligationen, Aktien, Schuldbriefe, Lebensversicherungsansprüche, Spareinlagen usw.
	Baukredit	gegen hypothekarische Deckung für Neubau- oder Umbaufinanzierung
	Leasing	Überlassung von Investitions- oder dauerhaften Konsumgütern zum Gebrauch während einer vereinbarten Zeitdauer gegen periodische Zahlungen
	Kautionskredit	Haftung gegenüber Dritten für richtige Leistungserfüllung (Bietungs-, Lieferungs- und Anzahlungsgarantie)
langfristig (über 5 Jahre)	Hypothekardarlehen	zur teilweisen Finanzierung des Anlagevermögens
	Obligationenanleihen	öffentliche Platzierung von langfristigen Teilschuldverschreibungen durch Banken

Tabelle 1:   **Für Bauunternehmen gebräuchliche Arten der Kreditfinanzierung**[6]

1.4   Abgrenzung: Auszahlung, Ausgabe, Aufwand, Kosten

Im Folgenden sollen wichtige Grundbegriffe des betrieblichen Rechnungswesens kurz erläutert werden, weil es an dieser Stelle oft zu grundlegenden Missverständnissen zwischen Ingenieuren und Kaufleuten in einem Bauunternehmen kommt. In der Betriebswirtschaftslehre gibt es feststehende Begriffe, die exakt voneinander abgegrenzt werden müssen und somit nicht

---

[6] Schweizerische Kreditanstalt (1985), S. 14.

synonym verwendet werden dürfen.[7] Speziell die Zahlungsflussebene (Einzahlungen – Auszahlungen) ist für Finanzierungstransaktionen und die Erstellung der Liquiditätsplanung maßgeblich (vgl. Kapitel 5.1).

Die Begriffspaare Einzahlung – Auszahlung, Einnahme – Ausgabe und Ertrag – Aufwand verkörpern Wertveränderungen innerhalb eines bestimmten Zeitraumes, sie stellen also Strömungsgrößen dar. Diese Größen führen zu Veränderungen bei den zugeordneten Bestandsgrößen Zahlungsmittelbestand, Geldvermögen und Netto- oder Reinvermögen.

Der Zahlungsmittelbestand setzt sich aus dem Kassenbestand und den jederzeit verfügbaren Bankguthaben zusammen, d. h. aus dem Bargeld und den Sichtguthaben. Eine positive Veränderung wird durch den Zufluss liquider Mittel (Einzahlung), eine negative Veränderung durch den Abfluss liquider Mittel (Auszahlung) hervorgerufen.

Werden zum Zahlungsmittelbestand sämtliche übrige Forderungen hinzuaddiert und die Verbindlichkeiten in Abzug gebracht, gelangt man zum Geldvermögen. Positive Veränderungen des Geldvermögens ergeben sich durch Einnahmen, negative Bestandsveränderungen durch Ausgaben.

Die Begriffe Ertrag und Aufwand werden verwendet, wenn es sich um Wertbewegungen im Netto- oder Reinvermögen handelt. Das Reinvermögen besteht aus Geld- und Sachvermögen. Es erhöht sich durch Erträge und vermindert sich durch Aufwendungen. In Tabelle 2 sind die Zusammenhänge zwischen den einzelnen Begrifflichkeiten im Überblick dargestellt.

Bestände und ihre Komponenten	positive Bestandsveränderungen	negative Bestandsveränderungen
Kassenbestand + jederzeit verfügbare Bankguthaben = Zahlungsmittelbestand	Einzahlung	Auszahlung
Zahlungsmittelbestand + alle übrigen Forderungen ./. Verbindlichkeiten = Geldvermögen	Einnahme	Ausgabe
Geldvermögen + Sachvermögen = Netto- oder Reinvermögen	Ertrag	Aufwand

Tabelle 2:   Abgrenzung wichtiger Grundbegriffe des betrieblichen Rechnungswesens

Nachfolgend sind Beispiele für die Abgrenzung der Begriffe Auszahlung, Ausgabe und Aufwand zum besseren Verständnis aufgeführt.

---

[7] Vgl. Bieg (2011), S. 59 ff.

Auszahlung, aber keine Ausgabe:

Barzahlung eines Bankkredits von 20.000 EUR: Kassenbestand nimmt ab (./. 20.000 EUR), Verbindlichkeiten nehmen ab (+ 20.000 EUR), somit ist die Veränderung des Geldvermögens gleich Null.

Ausgabe, aber keine Auszahlung:

Wareneinkauf auf Ziel in Höhe von 500 EUR: Zahlungsmittelbestand bleibt konstant, aber Zunahme der Verbindlichkeiten um 500 EUR.

Auszahlung = Ausgabe:

Bareinkauf von Rohstoffen in Höhe von 3.000 EUR: Kasse nimmt um 3.000 EUR ab, Forderungen und Verbindlichkeiten bleiben konstant.

Ausgabe, aber kein Aufwand:

Kauf von Maschinen (Sachvermögen) in Höhe von 7.000 EUR, Verbuchung zu Anschaffungskosten: Sachvermögen nimmt zu und in gleichem Maße nehmen die Verbindlichkeiten zu oder der Kassenbestand ab.

Ausgabe = Aufwand:

Zinszahlungsverpflichtungen in Höhe von 1.000 EUR: Kassenbestand nimmt ab oder Verbindlichkeiten nehmen zu, dies führt zu Veränderungen des Geldvermögens.

Aufwand, aber keine Ausgabe:

Abschreibung einer Maschine: Geldvermögen bleibt konstant, aber der Werteverzehr stellt eine Verminderung der Sachvermögens dar, dies führt zur Veränderung des Nettovermögens.

1.5 Baseler Eigenkapitalvorschriften für Banken (Basel I, Basel II und Basel III) zur Kreditvergabe

Der Baseler Ausschuss für Bankenaufsicht wurde 1975 als Teil der Bank für Internationalen Zahlungsausgleich gegründet. Im Jahre 1988 verabschiedete er eine Eigenmittelempfehlung für Banken (Baseler Akkord oder Basel I), die international tätige Banken bei der Kreditvergabe dazu verpflichtet, in Abhängigkeit von der Schuldnerklasse einen bestimmten Betrag an Eigenkapital zur Risikoabsicherung zu hinterlegen:

- bei der Kreditvergabe an öffentliche Kreditnehmer 0 %,
- bei der Kreditvergabe an andere Kreditinstitute 1,6 % und
- bei der Kreditvergabe an Firmenkunden mindestens 8 % der standardisiert risikogewichteten Kreditpositionen der Bank.

Obwohl sich der Akkord anfänglich nur an international tätige Banken richtete, hat er sich zwischenzeitlich zum weltweit anerkannten Kapitalstandard entwickelt. Im Jahr 1996 wurden die Vorschriften dahingehend erweitert, dass neben den Kreditrisiken auch Marktpreisrisiken mit Eigenkapital zu unterlegen sind (so genanntes Marktrisikopapier). Aufgrund zunehmender Kritik entschloss sich der Ausschuss zu einer Überarbeitung von Basel I. Die Kritik betraf beispielsweise die fehlende Berücksichtigung neuer Finanzinstrumente und Methoden der Kreditrisikosteuerung sowie wichtiger Risikogruppen. Abbildung 4 enthält wichtige Eckdaten der Entwicklung der Baseler Eigenmittelempfehlungen.

Juli 1988	Veröffentlichung der Baseler Eigenkapitalvereinbarung (Basel I)
Ende 1992	Inkrafttreten von Basel I
Januar 1996	Baseler Marktrisikopapier
Juni 1999	Erstes Konsultationspapier zur Neufassung der Eigenkapitalvereinbarung (Basel II)
Januar 2001	Zweites Konsultationspapier zu Basel II
Dezember 2001	Änderung des ursprünglich vorgesehenen Zeitplans für die Fertigstellung des neuen Akkords
Mai 2003	Drittes Konsultationspapier zu Basel II
Juni 2004	Veröffentlichung der Rahmenvereinbarung zur „Internationalen Konvergenz der Kapitalmessung und Eigenkapitalanforderungen" (Basel II)
Ende 2006/2007	Inkrafttreten von Basel II

Abbildung 4: **Zeitplan Baseler Eigenkapitalvorschriften für Banken**

Die Neue Baseler Eigenkapitalvereinbarung (Basel II) wurde nach einer mehrjährigen Beratungs- und Konsultationsphase im Juni 2004 verabschiedet. Kerngedanke von Basel II ist, dass sich die Eigenkapitalunterlegung der Banken zukünftig nach dem ermittelten Risiko in Abhängigkeit von der Bonität des Kreditnehmers unterscheiden soll. Damit wird die Subventionierung schlechter Schuldner durch gute Schuldner, die in der Vergangenheit zwangsläufig entstand, zumindest schematisch unterbunden.

Konzeption von Basel II

Die Konzeption von Basel II basiert auf drei fundamentalen, sich gegenseitig beeinflussenden Säulen. Säule eins enthält die Mindesteigenkapitalanforderungen, die die Banken bei der Ausreichung von Krediten einzuhalten haben, und detaillierte Vorgaben für die Bemessung des mit der Kreditvergabe verbundenen Risikos. In Säule zwei ist der bankaufsichtliche Überprüfungsprozess verankert. Die Bankenaufsicht bewertet die Konzepte der Banken zur Risikoidentifikation, -messung, -steuerung und -überwachung. Ziel ist, die Banken zu einer Verbesserung der Risikomessverfahren und des Risikomanagements anzuregen oder in schwerwiegenden Fällen direkt einzugreifen und beispielsweise eine höhere Mindesteigenkapitalquote für das Kreditinstitut festzulegen. In Säule drei sind die erweiterten Offenlegungsanforderungen an die Banken und die Transparenzanforderungen – beispielsweise bei der Berichterstattung – festgeschrieben. Säule drei soll das Erreichen bankaufsichtlicher Zielsetzungen durch das Wirksamwerden von Marktmechanismen unterstützen. Basel II verknüpft die Mindesteigenkapitalanforderungen der Banken mit dem aufsichtlichen Überprüfungsprozess und den disziplinierenden Kräften des Marktmechanismus. Das Risikomanagement der Banken rückt stärker in den Mittelpunkt bankaufsichtlicher Vorgaben. In Abbildung 5 sind die drei Säulen noch einmal zusammengefasst dargestellt.

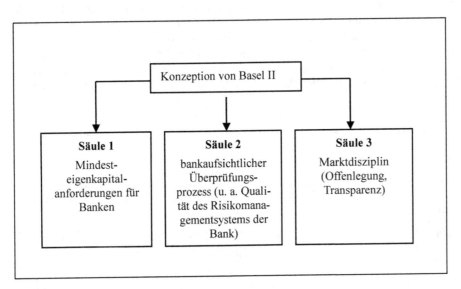

Abbildung 5:   **Drei-Säulen-Konzeption von Basel II**

Nachfolgend soll sich auf die erste Säule – die Mindesteigenkapitalanforderungen und dort speziell auf die Anforderungen für Unternehmenskredite konzentriert werden.

Mindesteigenkapitalanforderungen für Unternehmenskredite

Die Eigenkapitalanforderung für Unternehmenskredite beträgt durchschnittlich acht Prozent und ermittelt sich nach der folgenden Formel:[8]

Eigenkapital / (Summe gewichtete Risikoaktiva Kreditrisiko + [Anrechnungsbeträge Marktrisiko + operationelles Risiko] x 12,5) $\geq 8\,\%$

Veränderungen gegenüber Basel I ergeben sich bei den Verfahren, die zur Risikoermittlung angewandt werden. Dabei geht es insbesondere um grundlegende Änderungen bei der Be-

---

[8] Deutsche Bundesbank (2001), S. 17.

handlung des Kreditrisikos und die explizite Berücksichtigung des operationellen Risikos[9]. Das Ausmaß der erforderlichen Eigenkapitalunterlegung determiniert die Kreditkonditionen.

Das Kreditrisiko kann mit Hilfe eines externen Ansatzes (Standardansatz) oder interner Ansätze (IRB-Ansätze) ermittelt werden. Beim Standardansatz werden externe Ratings einer Ratingagentur zur Vorlage bei der Bank verwendet. Die externen Ratings dürfen nur von der Bankenaufsicht anerkannte Ratingagenturen, d. h. Agenturen, die bestimmte Eignungskriterien erfüllen, erstellen. Aus der Ratingnote der Agentur leitet sich das Risikogewicht für das Kreditinstitut ab, indem die Bankenaufsicht der entsprechenden Bonitätsbeurteilung ein festes Risikogewicht zuordnet. Dazu enthält Tabelle 3 ein Beispiel, bei dem die Notation der Agentur Standard & Poor's verwendet wurde. Zum Vergleich sind die Risikogewichte für Kredite an die öffentliche Hand mit aufgeführt. Die Kosten für das externe Rating trägt das geratete Unternehmen.

Bonitäts-beurteilung	AAA bis AA-	A+ bis A-	BBB+ bis BB-	unter BB-	nicht beurteilt
Risikogewicht bei Unternehmen	20 %	50 %	100 %	150 %	100 %
Risikogewicht bei öffentlicher Hand	0 %	20 %	BBB+ bis BBB-: 50 % BB+ bis B-: 100 % unter B-: 150 %		100 %

Tabelle 3: Risikogewichte für Forderungen an extern geratete Unternehmen und an Staaten[10]

Für Kredite an kleine Unternehmen, die bezogen auf einen Kreditnehmer den Wert von einer Million EUR nicht übersteigen, gilt im Standardansatz ein Risikogewicht von 75 %, sofern sich die Kredite nicht in Verzug befinden.

Bei den IRB-Ansätzen, das heißt auf bankinternen Ratings basierenden Ansätzen, wird zwischen Basisansatz und fortgeschrittenem Ansatz unterschieden. Bei beiden werden bankinterne Beurteilungen der wichtigsten Risiken als Grundlage für die Berechnung des zu hinterlegenden Eigenkapitalbetrages verwendet. Die internen Verfahren der Kreditinstitute bedürfen der Genehmigung durch die Bankenaufsicht. Die Risikogewichtungen bzw. die Eigenkapitalunterlegung werden auf der Basis von quantitativen Angaben der Bank und von der Bankenaufsicht festgelegter Formeln bestimmt.

---

[9] Das operationelle Risiko beinhaltet die Gefahr von mittelbaren oder unmittelbaren Verlusten, die infolge der Unangemessenheit oder des Versagens von internen Verfahren, Menschen und Systemen oder von externen Ereignissen eintreten. Definition gemäß Bank for International Settlements.

[10] Basler Ausschuss für Bankenaufsicht (2004), S. 17 und S. 21.

Für Unternehmenskredite sind im Wesentlichen die nachfolgenden Input-Parameter relevant:

- Ausfallwahrscheinlichkeit (probability of default, PD),
- Verlustquote bei Ausfall (loss given default, LGD, Höhe des Verlustes in % der Höhe der ausstehenden Forderung zum Zeitpunkt des Kreditausfalls),
- Höhe der ausstehenden Forderung bei Ausfall (exposure at default, EAD),
- effektive Restlaufzeit (maturity, M, liegt zum Teil im Ermessen der nationalen Bankenaufsicht).

Beim Basisansatz werden bestimmte Input-Parameter für die Bestimmung der Risikogewichte (z. B. die Ausfallquote) von der Bankenaufsicht vorgegeben, lediglich die Ausfallwahrscheinlichkeit ist bankintern zu schätzen. Bei den fortgeschrittenen Ansätzen ermittelt die Bank diese Parameter auf der Grundlage von internen, auf eigenen Datenhistorien basierenden Einschätzungen selbst.

Kredite an kleine und mittelständische Unternehmen können unter bestimmten Voraussetzungen einer anderen Klasse als den Unternehmensforderungen zugeordnet werden, sofern das Engagement des Kreditinstitutes gegenüber dem Unternehmen eine Million EUR nicht übersteigt. Die Zuordnung erfolgt zum Retailgeschäft (Konsumentenkredit), was im Ergebnis mit einer tendenziell niedrigeren Eigenkapitalunterlegungspflicht für das Kreditinstitut verbunden ist. Für kleine und mittelständische Unternehmen, die die Voraussetzungen für die Zuordnung zum Retail-Portfolio nicht erfüllen, können die Kreditinstitute auf größenabhängige Erleichterungen wie Abschläge bei der Gewichtung des Kreditrisikos zurückgreifen, die sich i. d. R. in Abhängigkeit vom Unternehmensumsatz bestimmen.

Für die Berechnung des neu zu berücksichtigenden operationellen Risikos existieren drei grundlegende Ansätze, auf die jedoch nicht näher eingegangen werden soll:

- Basisindikatoransatz,
- Standardansatz und
- fortgeschrittene Messverfahren.

Bewertung von Kreditsicherheiten

Neuerungen von Basel II gegenüber Basel I ergeben sich auch bei der Bewertung von Kreditsicherheiten.[11] Nach Basel I findet bzw. fand eine „subventionierte" Bewertung statt. Die Ausschöpfungsquote des Beleihungswertes der realkreditfähigen Immobilien beträgt bzw. betrug 60 %. Objekte mit Wertsteigerungspotential und Objekte mit eher risikoreichen Nutzungen werden bzw. wurden pauschaliert. Im Rahmen von Basel II spielt der Marktwert der Immobilie eine Rolle (insbesondere bei Immobilienkrediten). Kunden und deren Objekte werden einer individuellen Betrachtung unterzogen. Es wird ein objektbezogenes Rating durchgeführt, das in die Ermittlung der Ausfallwahrscheinlichkeit und die Festlegung der Kreditkonditionen einfließt. Die Werthaltigkeit des einzelnen Objektes beeinflusst somit die Eigenkapitalunterlegung der Bank und die Gestaltung der Kreditkonditionen.

---

[11] Vgl. dazu Jacob/Stuhr/Schröter (2003), S. 614-616.

Für vorgenutzte Immobilien rückt nach Basel II der Begriff der Privilegierung in den Vordergrund des Interesses. Privilegierung bedeutet, dass je nach Objektart bis zu 50 % des nachzuweisenden Eigenkapitals einer Bank mit Immobilien als Kreditsicherheit untersetzt werden können. Weiterhin privilegierbar sind bebaute Grundstücke, die einen gesicherten laufenden Cashflow erbringen, wie beispielsweise Büroräume, vielseitig nutzbare Geschäftsräume und Lagerflächen. Zu den zukünftig nicht mehr privilegierbaren Grundstücken gehören solche, die momentan keinen gesicherten Cashflow erbringen, wie zum Beispiel Projektentwicklungen. Grundstücke, von denen eine Belastung für die Umwelt ausgeht und Altlastenverdachtsflächen können keine bevorzugte Behandlung erfahren, da sie als spekulativ oder stark risikobehaftet gelten. Bei der Finanzierung des Grundstücks ist somit das Rating des Projektentwicklers entscheidend. Das Objekt wird zwar ebenfalls geratet, aber nicht auf das zu hinterlegende Eigenkapital der Bank angerechnet. Sobald ein gesicherter Cashflow generiert wird, setzt die Privilegierung ein. Bei Projektentwicklungen ist dies i. d. R. nach dem Verkauf oder der Vermietung des Objektes der Fall.

Konzeption von Basel III

Als Reaktion auf die Finanzmarktkrise des Jahres 2007 erarbeitete das Basel Committee on Banking Supervision zwei Konsultationspapiere, die auch unter der Bezeichnung „Basel III" bekannt sind.[12] Anknüpfend an die drei Säulen, die mit dem Basel II-Regelwerk eingeführt wurden, hat der Ausschuss Neuerungen im Bereich der Mindestanforderungen, der Bankenaufsicht und der Marktdisziplin entwickelt. Das oberste Ziel besteht in einer Stärkung der Widerstandsfähigkeit des Bankensektors gegen finanzielle Belastungen jedweder Art. Die seit Basel I geltende Quote für das regulatorische Eigenkapital von 8 % bleibt grundsätzlich bestehen. Allerdings müssen Kreditinstitute bis 2018 ihren Anteil an hartem Kernkapital von bisher 2 % auf 4,5 % der gewichteten Risikoaktiva sukzessive anheben. Das gesamte Kernkapital wird von 4 % auf 6 % erhöht, das minderwertigere Ergänzungskapital sinkt anteilig von 4 % auf 2 %. Die wenig belastbaren Drittrangmittel wurden gänzlich gestrichen. Während das Kernkapital die Verluste des normalen Geschäftsbetriebes abfedern soll, dient das Ergänzungskapital in erster Linie zu Befriedigung der Gläubiger im Insolvenz- oder Liquidationsfall.

Um zu vermeiden, dass in wirtschaftlich angespannten Perioden die Mindestanforderungen an das haftende Eigenkapital sofort unterschritten werden, soll ein zusätzlicher Kapitalerhaltungspuffer eingeführt werden. Dieser muss aus hartem Kernkapital bestehen und bis 2019 stufenweise bis auf 2,5 % erhöht werden. Unterschreitet eine Bank diesen Wert, werden Gewinnausschüttungen durch die Aufsicht beschränkt, um den Puffer wieder aufzufüllen. Dadurch soll erreicht werden, dass während eines Aufschwungs ausreichend Kapital zurückgelegt wird, um Verluste in Stressphasen auszugleichen. Als zusätzliches Sicherheitspolster soll der antizyklische Puffer eingeführt werden. Die Höhe wird durch die jeweilige nationale Aufsichtsbehörde festgelegt und soll zwischen 0 % und 2,5 % der risikogewichteten Aktiva liegen.

---

[12] Vgl. Basler Ausschuss für Bankenaufsicht (2010) und Basler Ausschuss für Bankenaufsicht (2011).

Darüber hinaus schlägt das Basel Committee on Banking Supervision die Einführung einer Höchstverschuldungsquote (Leverage Ratio) vor. Diese soll quartalsweise aus dem Verhältnis des Kernkapitals zum Kreditengagement berechnet werden und so die Verschuldung unabhängig von dem eingegangenen Risiko begrenzen. Ab 2013 beginnt eine Beobachtungsphase, für die eine Quote von 3 % angesetzt wird. Das bedeutet die Begrenzung der Leverage Ratio – unabhängig vom eingegangenen Risiko – auf das 33-Fache des Kernkapitals. Des Weiteren wurden in Basel III erstmals auch Mindestliquiditätsstandards integriert. Um dieses Risiko adäquat abzubilden und zu kontrollieren, wurden zwei Kennzahlen entwickelt. Die Liquidity Coverage Ratio soll einen Mindeststandard für die kurzfristig zu haltenden flüssigen Mittel sicherstellen. Das Ziel besteht darin, dass eine Bank genug erstklassige liquide Aktiva vorhält, um ein festgelegtes 30-Tage-Stressszenario zu überstehen. Die Net Stable Funding Ratio dient der Messung der mittel- und langfristigen Widerstandsfähigkeit. Sie soll für ein Mindestverhältnis einer stabilen Refinanzierung über den Zeitraum eines Jahres sorgen.

Zur Umsetzung von Basel III hat die Europäische Kommission im Juli 2012 einen Gesetzesentwurf erlassen. Die Capital Requirement Directive IV (CRD IV) setzt im Großen und Ganzen die Vorschläge des Basel Committee on Banking Supervision um und ergänzt sie um Regelungen für die Corporate Governance und Sanktionen. Das Reformpaket besteht aus einer für alle Mitgliedsstaaten verbindlichen Verordnung und einer Richtlinie, die Spielräume bei der Implementierung auf nationaler Ebene lässt. Das Bundeskabinett hat die Basel III-Bankenregeln im August 2012 auf den Weg gebracht, die Umsetzung muss bis 2018 erfolgen.[13]

Da das harte Kernkapital bis 2015 auf 4,5 % steigen muss, werden viele Banken ihre Bilanzsumme verkürzen müssen. Da die gesamte Bilanzsumme und damit implizit alle Kredite, auch die Kredite an die öffentliche Hand, unabhängig vom Risiko mit Eigenkapital zu unterlegen sind (Leverage Ratio), wird die Suche nach alternativen Finanzierungsquellen für öffentliche Bauprojekte inklusive PPP-Projekten außerhalb der Bankenregulierung zunehmen, d. h. bei Versicherungen, bei anderen institutionellen Anlegern und am freien Kapitalmarkt.

---

[13] Vgl. o. V. (2012).

2 Asset Management

Unter Asset Management soll im Folgenden die Freisetzung von Kapital bei sämtlichen Positionen des Anlage- oder Umlaufvermögens verstanden werden. Asset Management ist somit ein wichtiges Instrument zur Generierung von Liquidität von innen heraus. Abbildung 6 enthält einen Überblick über mögliche Maßnahmen zur Kapitalfreisetzung, getrennt nach Anlage- und Umlaufvermögen.

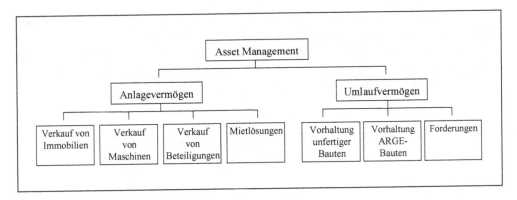

Abbildung 6:   **Überblick Asset Management**

Im Anlagevermögen kommt die Veräußerung von Grundstücken und Immobilien in Betracht, zum einen, um sich von nicht betriebsnotwendigen Teilen zu trennen, zum anderen, um Eigentum durch Mietlösungen zu ersetzen. Bei Maschinen bietet sich oftmals ebenfalls eine alternative Mietlösung an, um Restwertrisiken zu vermeiden, Wartungskosten zu sparen oder Betriebsausfällen zu entgehen.[14] Eine weitere Möglichkeit der Kapitalfreisetzung im Anlagevermögen besteht im Verkauf von nicht mehr für das Kerngeschäft benötigten Beteiligungen. Ein Beispiel aus der Praxis ist die Firma Heitkamp, die Ende 2005 den Verkauf einer profitablen Gleisbau-Tochter an den niederländischen Konzern Heijmans eingeleitet hat, um sich Liquidität zu verschaffen.[15]

Dem Umlaufvermögen ist besonderes Augenmerk zu schenken, weil ein Großteil des Kapitals einer Baufirma im Umlaufvermögen gebunden ist. Maßnahmen des Asset Management sollten sich hier auf die Vorhaltung der unfertigen Eigen- und Arge-Baustellen und das Forderungsmanagement konzentrieren.

Das Ausmaß der finanziellen Vorhaltung bei den unfertigen Bauten wird in wesentlichem Maße von der Bauauftragsfinanzierung bestimmt. Aufträge können über Vorauszahlungen von Kunden vorfinanziert und über Abschlagszahlungen zwischenfinanziert werden. Vorauszahlungen beziehen sich auf Zahlungen für noch nicht erbrachte Leistungen. Sie sind in der Bau-

---

[14] Vgl. hierzu ausführlich Opitz (2000).
[15] Vgl. Gassmann (2005), S. 3.

branche vergleichsweise selten anzutreffen. Abschlagszahlungen werden für bereits erbrachte und nachgewiesene Teilleistungen gewährt. Ihnen steht somit ein Leistungswert gegenüber. Sie verkürzen den Zeitraum der Vorfinanzierung. Abschlagszahlungen sind gemäß § 16 Abs. 1 Nr. 3 VOB/B innerhalb von 21 Werktagen nach Zugang einer prüfbaren Aufstellung über die erbrachten Leistungen vorzunehmen. Nach Fertigstellung und Abnahme des Bauwerkes erfolgt die Schlussabrechnung. Die Schlusszahlung ist gemäß § 16 Abs. 3 Nr. 1 VOB/B nach zwei Monaten nach Rechnungszugang fällig. In sich abgeschlossene Teile der Leistung können nach Teilabnahme unabhängig von der Vollendung der übrigen Leistungen festgestellt, berechnet und bezahlt werden. Für solche Teilschlussrechnungen gelten die Bestimmungen der Schlussrechnung analog.

Sofern die vereinbarten Fristen für Abschlags-, Teilschluss- oder Schlusszahlungen überschritten werden, sind Maßnahmen zu ergreifen, um die Ansprüche geltend zu machen und durchzusetzen (vgl. Abbildung 7).[16] Letzteres ist allerdings wegen Vermögensverfalls manchmal nicht möglich, so dass schon vor Erbringung der Leistungen daran gedacht werden sollte, wie Ansprüche gesichert werden können.

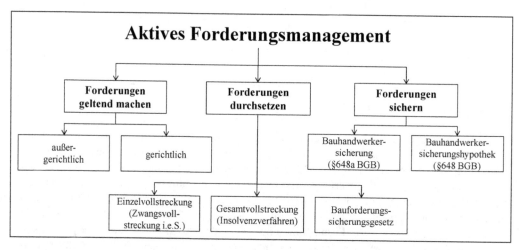

Abbildung 7:   **Überblick aktives Forderungsmanagement**

Forderungen können entweder außergerichtlich oder gerichtlich geltend gemacht werden. Nach Ablauf eines Zahlungstermins wird man in aller Regel zum außergerichtlichen, dem betrieblichen, Mahnwesen greifen. Zunächst wird der Schuldner (z. B. der Kunde) vom Gläubiger (z. B. dem Architekten) aufgefordert, den fälligen Betrag zu zahlen, d. h. man wird den Schuldner an die fällige Zahlung erinnern und zur Zahlung mahnen (§ 286 BGB). Hierbei müssen vom mahnenden Unternehmen bestimmte Randbedingungen berücksichtigt werden, wie beispielsweise die Art und Dauer der Geschäftsverbindung sowie die Einstellung des

---

[16] Für wertvolle Anregungen zum aktiven Forderungsmanagement danken wir Herrn Rechtsanwalt Roquette, CMS Hasche Sigle.

Kunden. Mahnungen können zunächst telefonisch oder in einem persönlichen Gespräch erfolgen. Aus Beweisgründen ist jedoch unbedingt die Schriftform zu empfehlen. Idealerweise wird der Kunde daraufhin die Zahlung vornehmen oder jedenfalls Teilzahlungen vorschlagen oder um Stundung bitten. Früher war die Mahnung auch dafür Voraussetzung, dass Verzugszinsen anfallen. Heute gilt dies nur noch dann, wenn Verzug schon vor Ablauf von 30 Tagen nach Fälligkeit und Zugang einer ersten Rechnung eintreten soll. Nach Ablauf von 30 Tagen tritt der Verzug heute automatisch ein und berechtigt zur Geltendmachung von Verzugszinsen (vgl. § 286 Abs. 3 BGB). Sollte trotz der aufgeführten Maßnahmen keine Zahlung erfolgen, so ist zu überlegen, ob dem Schuldner mit einer Klage zu drohen ist, was den Kunden oftmals noch zu einer Zahlung bewegt. Gegebenenfalls sind auch Vergleichsverhandlungen in Betracht zu ziehen.

Sollte trotz der außergerichtlichen Maßnahmen keine Zahlung erfolgen, so sind gerichtliche Schritte zu erwägen. Hier kommen entweder das Mahnverfahren oder das Klageverfahren in Betracht.

Das Mahnverfahren ist ein abgekürztes Verfahren, das auf schnelle, einfache und Kosten sparende Art die Erlangung eines Vollstreckungstitels für Zahlungsansprüche ermöglicht. Aus diesem Vollstreckungstitel kann dann die Zwangsvollstreckung erfolgen, beispielsweise eine Pfändung. Das Mahnverfahren bietet sich in denjenigen Fällen an, in denen der Gläubiger nicht mit Einwendungen des Schuldners gegen den geltend gemachten Anspruch rechnet. Anderenfalls ist es sinnvoller, gleich das Klageverfahren zu wählen. Zur Einleitung des Mahnverfahrens muss der Antragsteller den Antrag auf Erlass eines Mahnbescheides beim zuständigen Amtsgericht einreichen, wobei er den verlangten Betrag geltend machen und den Anspruch näher bezeichnen muss. Hierfür gibt es ein amtliches Formular. In der Regel erlässt dann ein Rechtspfleger einen Mahnbescheid, gegen den der Schuldner innerhalb von zwei Wochen Widerspruch einlegen kann. In diesem Fall wird das Mahnverfahren automatisch an das zuständige Gericht abgegeben und ein Klageverfahren eingeleitet.

Legt der Schuldner jedoch keinen Widerspruch gegen den Mahnbescheid ein, so wird auf Antrag des Gläubigers ein Vollstreckungsbescheid erlassen, aus dem dann die Zwangsvollstreckung möglich ist – wenn der Schuldner nicht noch Einspruch gegen den Vollstreckungsbescheid einlegt (was wiederum zur Einleitung eines Klageverfahrens führt).

An Stelle des Mahnverfahrens kann jedoch auch sogleich Klage erhoben werden, und zwar durch Einreichung einer Klageschrift beim zuständigen Gericht. In diesem Fall wird im Rahmen der mündlichen Verhandlung noch eine gerichtliche Vergleichsverhandlung durchgeführt, bei deren Scheitern ein Urteil ergeht. Wie aus einem Vollstreckungsbescheid kann aus dem Urteil vollstreckt werden, wenn es denn den Zahlungsanspruch des Gläubigers auch nur teilweise bestätigt.

Hat der Gläubiger also einen Vollstreckungsbescheid oder ein Urteil erwirkt und zahlt der Schuldner nun immer noch nicht freiwillig, so kann auf Antrag des Gläubigers die Zwangsvollstreckung eingeleitet werden. Hierbei ist die Einzelvollstreckung, bei der ein einzelner Gläubiger seine Forderungen durchsetzt, von der Gesamtvollstreckung (Insolvenzverfahren) zu unterscheiden, bei der alle Gläubiger eines Schuldners gemeinsam ihre Forderungen durchsetzen.

Bei der Einzelvollstreckung wegen Geldforderungen des Gläubigers können auf Antrag des Schuldners grundsätzlich verschiedene Vollstreckungsmaßnahmen ergriffen werden:

- eine Pfändung von beweglichen Sachen (z. B. Fahrzeuge, Maschinen usw.),
- eine Pfändung und Überweisung von Forderungen und anderen Rechten (z. B. Arbeitseinkommen oder Werklohnansprüche gegen Dritte),
- die Eintragung einer Zwangshypothek bzw. die Zwangsversteigerung oder -verwaltung eines Grundstücks.

Sollte die Pfändung nicht zur vollständigen Befriedigung des Gläubigers führen, weil beispielsweise keine pfändbaren Sachen aufgefunden wurden, so kann der Gläubiger einen Antrag stellen, dass der Schuldner eine eidesstattliche Offenbarungsversicherung (früher „Offenbarungseid") abgibt und ein Verzeichnis seines Vermögens aufstellt, damit eine erfolgversprechendere Vollstreckungsart gefunden werden kann.

Wenn der Schuldner allerdings zahlungsunfähig bzw. überschuldet ist, wird auf seinen eigenen Antrag oder auf Antrag des Gläubigers das Insolvenzverfahren eröffnet. Dies geschieht durch das Amtsgericht. Hierbei übernimmt anstelle des Schuldners der Insolvenzverwalter die Verwaltungs- und Verfügungsbefugnis hinsichtlich der Insolvenzmasse mit dem Zweck, sie zu verwerten und aus ihr – soweit möglich – die Gläubiger zu befriedigen. Zunächst werden insbesondere schuldnerfremde Vermögensgegenstände an die Berechtigten herausgegeben (Aussonderung). Außerdem gehen z. B. Grundschulden, Hypotheken, Pfandrechte, Sicherungseigentum und Eigentumsvorbehalte anderen Ansprüchen vor, d. h. entsprechende Gläubiger werden vorweg befriedigt (Absonderung). Erst anschließend wird das eventuell noch vorhandene übrige Vermögen zwischen den weiteren Gläubigern aufgeteilt. Diese können dann in aller Regel nur noch mit einer geringen Quote ihres Anspruches rechnen (oft nur 3 bis 5 % der Forderung).

Das Bauforderungssicherungsgesetz (BauFordSiG) bietet in der derzeitigen Fassung vom 29.07.2009 erweiterte Möglichkeiten, Forderungen durchzusetzen: Ziel des BauFordSiG ist es, durch eine erhebliche Erweiterung des Baugeldbegriffs gegenüber dem bisherigen GSB insbesondere Nachunternehmen vor Forderungsausfällen im Falle der Insolvenz ihres Auftraggebers zu schützen. Nach der Neuregelung ist jeder Bauunternehmer, der einen Nachunternehmer einsetzt oder Baumaterialien einkauft, sogenannter Baugeldempfänger. Als solcher ist er verpflichtet, grundsätzlich alle Zahlungen, die er von seinem Auftraggeber erhalten hat, ausschließlich zur Bezahlung von Unternehmen zu verwenden, die an der Herstellung oder dem Umbau der konkreten Baumaßnahme beteiligt sind. Ist er selbst an der Herstellung oder dem Umbau beteiligt, darf er das Baugeld in Höhe des angemessenen Wertes der von ihm selbst erbrachten Leistungen behalten. Derjenige, der das Baugeld zweckwidrig verwendet, macht sich im Insolvenzfall schadenersatzpflichtig und strafbar. Bei einer insolventen GmbH haftet der Geschäftsführer persönlich für das zweckentfremdete Baugeld.

Aus oben Gesagtem ergibt sich, dass es sinnvoll ist, schon frühzeitig dafür zu sorgen, dass eigene Ansprüche später auch bezahlt werden. Hierbei ist für den Unternehmer in der Praxis insbesondere die Bauhandwerkersicherung (§ 648 a BGB) relevant: Hier kann beispielsweise der Architekt vom Besteller eine Sicherheit für die von ihm zu erbringenden Vorleistungen einschließlich dazugehöriger Nebenforderungen verlangen. Diese Sicherheit erfolgt in der Regel durch Bürgschaft eines Dritten, meist einer Bank. Der Unternehmer wird dem Besteller dabei für die Leistung einer Sicherheit eine angemessene Frist bestimmen und erklären, dass er nach Ablauf der

Frist seine Leistung verweigern werde. Bei Insolvenz des Schuldners muss dann die Bank die Forderung des Schuldners begleichen.

Möglich ist auch die Eintragung einer Bauhandwerkersicherungshypothek (§ 648 BGB) bezogen auf das Baugrundstück des Bestellers. Diese Art der Sicherung ist jedoch in der Praxis nicht so häufig, weil sie nur dann möglich ist, wenn der Besteller und der Grundstückseigentümer im Zeitpunkt der Geltendmachung des Anspruchs identisch sind.

Durch das Betreiben eines aktiven Forderungsmanagements kann die Gefahr von Forderungsausfällen zumindest in Ansätzen reduziert werden. Die diesbezüglichen Maßnahmen sollten dabei nicht erst mit dem betrieblichen oder gerichtlichen Mahnwesen einsetzen, sondern bereits zu einem früheren Zeitpunkt. Bereits im Zuge der Auftragsvorauswahl, also der Entscheidung, ob ein angefordertes Angebot überhaupt erstellt und abgegeben wird, kann die Einschätzung der Bonitätsrisiken des Auftraggebers von Relevanz sein und unter Umständen sogar zum K. O.-Kriterium werden.[17]

Eine weitere Möglichkeit des Forderungsmanagements ist der Verkauf von Forderungen an Factoring-Institute oder der Abschluss einer Delkredereversicherung (vgl. dazu Kapitel 4.1.5).

---

[17] Zur Bonitätsanalyse von Auftraggebern aus der Bauwirtschaft vgl. Drees (Hrsg) (1987), Jacob (1987), S. 700-705, Jacob/Stuhr (2007), S. 153-158, Stuhr (2007) und Stuhr (2008), S. 426-430.

3 Objektbezogene Finanzierungen

Das nachfolgende Kapitel zu den objektbezogenen Finanzierungen ist wie folgt untergliedert. Zunächst werden die Mobilien behandelt, da ein großer Teil der Maschinen sowie Schalung und Rüstung bei den Baufirmen angemietet ist. Dieser Umstand hängt häufig mit den Restwertrisiken, den Transportkosten der eigenen Maschinen und dem Faktor Zeit zusammen. Anschließend wird der Bereich der Immobilien betrachtet, dem wegen der längerfristigen Auftragsfinanzierung beispielsweise für Bauträger besondere Bedeutung zukommt. Die Infrastruktur wird am Schluss des Kapitels betrachtet, da sie sich aus Komponenten von Mobilien (Betriebsvorrichtung) und Immobilien zusammensetzt und daher auf den beiden vorangegangenen Unterkapiteln aufbaut.

3.1 für Mobilien

Zu den objektbezogenen Finanzierungen bei Mobilien gehören insbesondere das Leasing und Investorenmodelle. In diesem Zusammenhang sind die Kenntnis des steuerlichen Leasingerlasses sowie ausgewählter Grundlagen der Finanzmathematik unerlässlich.

3.1.1 Leasing

Leasing kennzeichnet eine spezielle Form der Investitionsfinanzierung. Dabei werden Industrieanlagen, Konsum- und/oder Investitionsgüter entweder durch den Produzenten oder durch die Leasinggesellschaft vermietet. Grundsätzlich kann Leasing als eine spezielle Variante der Fremdfinanzierung betrachtet werden, die eine zumindest vorübergehende Liquiditätserhöhung bringt. Es werden Mobilien-Leasing (Maschinen) und Immobilien-Leasing (Gebäude) unterschieden.

Nach dem Verpflichtungscharakter des Leasingvertrages lassen sich zwei grundsätzliche Formen unterscheiden: Operating Leasing und Financial Leasing.[18]

---

[18] Vgl. dazu auch Perridon/Steiner/Rathgeber (2009), S. 453 ff.

Operating Leasing-Verträge sind durch nachfolgende Merkmale gekennzeichnet:

-   Die Verträge sind von beiden Vertragsparteien jederzeit kündbar.

-   Es ist keine fest vereinbarte Grundmietzeit vorgesehen, es handelt sich daher um normale Mietverträge im Sinne des BGB.

-   Die Leasinggesellschaft übernimmt das Investitionsrisiko, das eintritt, wenn der Leasingnehmer vorzeitig kündigt, d. h. bevor die Mietzahlungen den Anschaffungspreis decken.

-   Die Gefahr des zufälligen Untergangs oder des technischen Fortschritts liegt beim Vermieter.

-   Wartung und Reparatur trägt der Leasinggeber.

-   Für den Leasingnehmer stellen die zu zahlenden Leasingraten Aufwand dar.

Wichtige Merkmale von Financial Leasing-Verträgen sind:

-   Es wird eine feste Grundmietzeit vereinbart.

-   Der Vertrag kann von beiden Seiten nicht gekündigt werden.

-   Die Grundmietzeit ist in der Regel kürzer als die betriebsgewöhnliche Nutzungsdauer.

-   Die Mietbeträge sind so berechnet, dass der Leasinggeber mit Ablauf der Grundmietzeit die Anschaffungskosten, Zinsen und Risikokosten sowie Gewinn vom Leasingnehmer erstattet erhält.

-   Das Investitionsrisiko hat der Leasingnehmer zu tragen.

-   Der Leasingnehmer trägt auch Reparaturen, Wartung und die Gefahr des zufälligen Untergangs.

-   Meistens ist der Leasingnehmer verpflichtet, das Anlagegut zum Neuwert zu versichern.

Weitere Unterscheidungsmerkmale sind die Laufzeit und eine mögliche Vereinbarung von Optionen zum Ablauf der Grundmietzeit. Diesbezüglich sind grundsätzlich Verträge ohne Optionsrecht, Verträge mit Kaufoption und Verträge mit Mietverlängerungsoption zu unterscheiden. Nachfolgend ist für diese drei Formen der Vertragsgestaltung die Regelung der steuerlichen Zurechnung des Leasinggutes aufgeführt. Der entsprechende steuerliche Leasingerlass ist unter Punkt 3.1.3 abgedruckt.

(1) Verträge ohne Optionsrecht

-   Sind dem Leasinggeber zuzurechnen, wenn die Grundmietzeit mindestens 40 % und höchstens 90 % der betriebsgewöhnlichen Nutzungsdauer beträgt.

-   Ansonsten sind sie dem Leasingnehmer zuzurechnen.

(2) Verträge mit Kaufoption

-   Sind dem Leasinggeber zuzurechnen wie unter (1) und der Kaufpreis bei Optionsausübung nicht niedriger ist als der unter Anwendung der linearen AfA ermittelte Buchwert oder der niedrigere gemeine Wert im Zeitpunkt der Veräußerung.

-   Sind im anderen Falle dem Leasingnehmer zuzurechnen.

(3) Verträge mit Mietverlängerungsoption

- Sind dem Leasinggeber zuzurechnen wie unter (1) und die Abschlussmiete so bemessen ist, dass sie den Werteverzehr des Leasinggegenstandes deckt, der sich aus den AfA-Tabellen ergibt.
- Sind im anderen Falle dem Leasingnehmer zuzurechnen.

Neben den Auswirkungen auf die Bilanzierung und die steuerliche Gewinnermittlung hat die Zurechnung des Leasingobjektes auch Konsequenzen bei der Gewerbesteuer und der Umsatzsteuer.

Ein typisches Leasinggrundmuster wird in Abbildung 8 aufgezeigt. Neben der eigentlichen Leasingvertragsbeziehung spielt auch die Refinanzierung des Leasinggebers mit Fremd- und Eigenkapital eine Rolle.

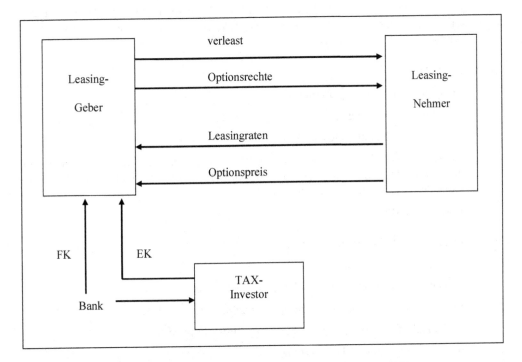

Abbildung 8:   **Grundmuster einer Leasingkonstruktion (Investorenmodell)**

3.1.2 Investorenmodell

Eine spezielle Aufbringungsvariante für das Eigenkapital stellt der Einbezug eines Tax-Investors dar. Nachstehend sind die Einflussfaktoren für die relative Vorteilhaftigkeit der Leasingnehmer- oder Tax-Investoren-Position stichwortartig aufgeführt. Die Einflussfaktoren lassen sich nach steuerlichen und nichtsteuerlichen differenzieren. Eine Sonderform stellt das Export-Leasing dar.

Einflussfaktoren für die relative Vorteilhaftigkeit der Leasingnehmer- und Tax-Investoren- Position

Steuerliche

- – unterschiedliche steuerliche Bemessungsgrundlage
- – unterschiedliche Steuersätze
- – unterschiedliche Abschreibungsverläufe und Abschreibungsbasis
- – spezielle Behandlung von Veräußerungsgewinnen
- – Steuerverschiebung, insbesondere bei Privatinvestoren, Leasingratenverschiebung
- – spezielle Subventionen und Zuschüsse
- – Optimierung des Leverage-Effektes (Eigenkapitalanteil, Fremdkapitalzins, geringer Eigenkapitalanteil führt unter bestimmten Bedingungen zu einer hohen Eigenkapitalrendite)

Nichtsteuerliche

- – Mengenrabatte/Servicegarantien
- – Währungsschwankungen
- – günstigere Refinanzierungsquellen
- – Umgehung von Kreditplafondierungen (Verfahren der Kreditrationalisierung, bei dem die Zentralbank oder die Regierung den Banken Vorschriften über die maximale Höhe der zusätzlichen Kredite macht)
- – Budgetrestriktionen

Export-Leasing als Sonderform

Gründe für die bisher seltene Anwendung

- – muss den Vorschriften von zwei Ländern entsprechen
- – Besteuerung im Quellenstaat und im Domizilland des Leasinggebers
- – Zollvorschriften, Importrestriktionen, Exportrestriktionen
- – politische Risiken und Transferrisiken
- – Wechselkursrisiken
- – besondere Gewährleistungs- und Haftpflichtrisiken

Beispiel: Flugzeugleasing (z. B. Airbus)

Der typische Cashflow-Verlauf bei Investorenmodellen ist gemäß Abbildung 9 dadurch charakterisiert, dass zunächst eine Anfangsauszahlung für die Investition erfolgt, welcher dann in den Folgeperioden Zahlungszuflüsse aus Miete und Steuerrückerstattungen aufgrund der degressiven Abschreibung entgegen stehen. In den letzten Jahren werden die steuerlichen Abschreibungen dann unterdurchschnittlich, es entsteht ein Veräußerungsgewinn. Zuletzt ist der

Veräußerungsgewinn zu versteuern. Bei der Interpretation des Cashflow-Verlaufs in Abbildung 9 ist zusätzlich zu berücksichtigen, dass ein Teil der Investitionssumme durch Bankkredite aufgebracht wird, für die jeweils Zins und Tilgung als Zahlungsabflüsse anfallen.

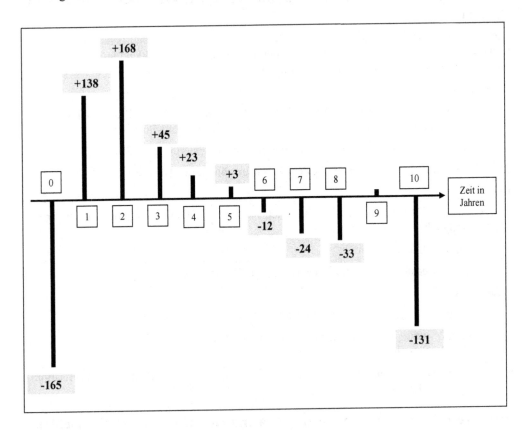

Abbildung 9:   **Typischer Cashflow-Verlauf bei Investorenmodellen**

3.1.3 Steuerlicher Leasingerlass

Internationale steuerliche Zurechnungskriterien für wirtschaftliches Eigentum

Die Leasingerlasse lassen sich darin unterscheiden, ob eher das wirtschaftliche oder das juristische Eigentum für die Qualifikation im Vordergrund steht. In Deutschland lassen sich Festlegungen sogar nach einzelnen Vertragsmodellen treffen.

England/USA

- keine günstige Option am Ende der Grundmietzeit erlaubt, d. h. Kauf- oder Verlängerungsoptionen dürfen nur zum Marktwert („at fair market value") vereinbart werden.
- nominelle Optionen (nominal value options) sind generell schädlich
- Grundmietzeit maximal 75 % der betriebsgewöhnlichen Nutzungsdauer

Frankreich

- wirtschaftliches Eigentum richtet sich nach juristischem, d. h. jede Art der Option möglich
- reine Miete: location
- Finanzleasing mit Nominalwertoption: credit bail

Deutschland

- Grundmietzeit $\geq$ 40 %, $\leq$ 90 % der betriebsgewöhnlichen Nutzungsdauer (BGN)
- Kauf- und Verlängerungsoptionen mindestens auf Basis des linearen AfA-Restbuchwertes
- näheres dazu enthält der nachfolgend abgedruckte steuerliche Teilamortisations-Leasing-Erlass.

Steuerrechtliche Zurechnung des Leasing-Gegenstandes in Deutschland bei Teilamortisations-Leasing-Verträgen über bewegliche Wirtschaftsgüter[19]

Gemeinsames Merkmal der dargestellten Vertragsmodelle ist, dass eine unkündbare Grundmietzeit vereinbart wird, die mehr als 40 v. H., jedoch nicht mehr als 90 v. H. der betriebsgewöhnlichen Nutzungsdauer des Leasing-Gegenstandes beträgt, und dass die Anschaffungs- oder Herstellungskosten des Leasing-Gebers sowie alle Nebenkosten einschließlich der Finanzierungskosten des Leasing-Gebers in der Grundmietzeit durch die Leasing-Raten nur zum Teil gedeckt werden. Da mithin Finanzierungs-Leasing im Sinne des BMF-Schreibens über die ertragsteuerrechtliche Behandlung von Leasing-Verträgen über bewegliche Wirtschaftsgü-

---

[19] BMF IV B 2 – S 2170 – 161/75 vom 22. Dezember 1975. Vgl. auch BFH v. 8. 8. 1990 (BStBl. 1991 II S. 70).

ter vom 19. 4. 1971 (BStBl. I S. 264)[20] nicht vorliegt, ist die Frage, wem der Leasing-Gegenstand zuzurechnen ist, nach den allgemeinen Grundsätzen zu entscheiden.

Die Prüfung der Zurechnungsfrage hat Folgendes ergeben:

a) Vertragsmodell mit Andienungsrecht des Leasing-Gebers, jedoch ohne Optionsrecht des Leasing-Nehmers

Bei diesem Vertragsmodell hat der Leasing-Geber ein Andienungsrecht. Danach ist der Leasing-Nehmer, sofern ein Verlängerungsvertrag nicht zustande kommt, auf Verlangen des Leasing-Gebers verpflichtet, den Leasing-Gegenstand zu einem Preis zu kaufen, der bereits bei Abschluss des Leasing-Vertrags fest vereinbart wird. Der Leasing-Nehmer hat kein Recht, den Leasing-Gegenstand zu erwerben.

Der Leasing-Nehmer trägt das Risiko der Wertminderung, weil er auf Verlangen des Leasing-Gebers den Leasing-Gegenstand auch dann zum vereinbarten Preis kaufen muss, wenn der Wiederbeschaffungspreis für ein gleichwertiges Wirtschaftsgut geringer als der vereinbarte Preis ist. Der Leasing-Geber hat jedoch die Chance der Wertsteigerung, weil er sein Andienungsrecht nicht ausüben muss, sondern das Wirtschaftsgut zu einem über dem Andienungspreis liegenden Preis verkaufen kann, wenn ein über dem Andienungspreis liegender Preis am Markt erzielt werden kann. Der Leasing-Nehmer kann unter diesen Umständen nicht als wirtschaftlicher Eigentümer des Leasing-Gegenstandes angesehen werden.

b) Vertragsmodell mit Aufteilung des Mehrerlöses

Nach Ablauf der Grundmietzeit wird der Leasing-Gegenstand durch den Leasing-Geber veräußert. Ist der Veräußerungserlös niedriger als die Differenz zwischen den Gesamtkosten des Leasing-Gebers und den in der Grundmietzeit entrichteten Leasing-Raten (Restamortisation), so muss der Leasing-Nehmer eine Abschlusszahlung in Höhe der Differenz zwischen Restamortisation und Veräußerungserlös zahlen. Ist der Veräußerungserlös hingegen höher als die Restamortisation, so erhält der Leasing-Geber 25 v. H., der Leasing-Nehmer 75 v. H. des die Restamortisation übersteigenden Teils des Veräußerungserlöses.

Durch die Vereinbarung, dass der Leasing-Geber 25 v. H. des die Restamortisation übersteigenden Teils des Veräußerungserlöses erhält, wird bewirkt, dass der Leasing-Geber noch in einem wirtschaftlich ins Gewicht fallenden Umfang an etwaigen Wertsteigerungen des Leasing-Gegenstandes beteiligt ist. Der Leasing-Gegenstand ist daher dem Leasing-Geber zuzurechnen.

Eine ins Gewicht fallende Beteiligung des Leasing-Gebers an Wertsteigerungen des Leasing-Gegenstandes ist hingegen nicht mehr gegeben, wenn der Leasing-Geber weniger als 25 v. H. des die Restamortisation übersteigenden Teils des Veräußerungserlöses erhält. Der Leasing-Gegenstand ist in solchen Fällen dem Leasing-Nehmer zuzurechnen.

---

[20] Nr. 1/6.1.

c) Kündbarer Mietvertrag mit Anrechnung des Veräußerungserlöses auf die vom Leasing-Nehmer zu leistende Schlusszahlung

Der Leasing-Nehmer kann den Leasing-Vertrag frühestens nach Ablauf einer Grundmietzeit, die 40 v. H. der betriebsgewöhnlichen Nutzungsdauer beträgt, kündigen. Bei Kündigung ist eine Abschlusszahlung in Höhe der durch die Leasing-Raten nicht gedeckten Gesamtkosten des Leasing-Gebers zu entrichten. Auf die Abschlusszahlung werden 90 v. H. des vom Leasing-Geber erzielten Veräußerungserlöses angerechnet. Ist der anzurechnende Teil des Veräußerungserlöses zuzüglich der vom Leasing-Nehmer bis zur Veräußerung entrichteten Leasing-Raten niedriger als die Gesamtkosten des Leasing-Gebers, so muss der Leasing-Nehmer in Höhe der Differenz eine Abschlusszahlung leisten. Ist jedoch der Veräußerungserlös höher als die Differenz zwischen Gesamtkosten des Leasing-Gebers und den bis zur Veräußerung entrichteten Leasing-Raten, so behält der Leasing-Geber diesen Differenzbetrag in vollem Umfang.

Bei diesem Vertragsmodell kommt eine während der Mietzeit eingetretene Wertsteigerung in vollem Umfang dem Leasing-Geber zugute. Der Leasing-Geber ist daher nicht nur rechtlicher, sondern auch wirtschaftlicher Eigentümer des Leasing-Gegenstandes.

Die vorstehenden Ausführungen gelten nur grundsätzlich, d. h. nur insoweit, wie besondere Regelungen in Einzelverträgen nicht zu einer anderen Beurteilung zwingen.

3.1.4   Ausgewählte Grundlagen der Finanzmathematik

In einem Lehrbuch, das sich mit der Finanzierung beschäftigt, dürfen finanzmathematische Grundlagen nicht fehlen. Wir wollen uns im Folgenden auf die Zinseszinsrechnung und die Annuitätenrechnung (entspricht der Leasingrate) konzentrieren. Dabei ist zwischen Vorschüssigkeit und Nachschüssigkeit der Zahlungsflüsse zu unterscheiden.

Zinseszinsrechnung

Bei der Berechnung von Zinseszinsen wird zwischen nachschüssigem und vorschüssigem Zinseszins differenziert.

Beim nachschüssigen Zinseszins werden die Zinsen nicht zum jeweiligen Jahresende abgehoben, so dass in jedem Jahr nur der ursprüngliche Kapitalbetrag verzinst wird, sondern dem Kapital zugeschlagen und mitverzinst. Die Zinsen sind also von einem steigenden Kapitalwert zu ermitteln (vgl. Abbildung 10).

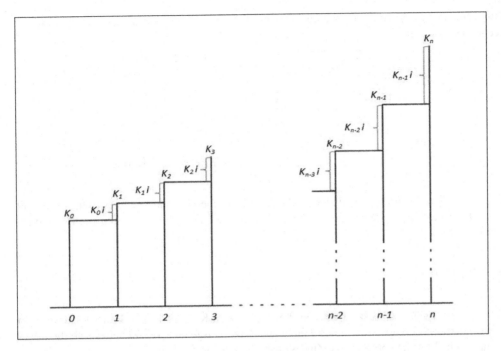

Abbildung 10:   **Entwicklung des Kapitalwertes bei nachschüssigem Zinseszins**

K_0: Kapital zum Zeitpunkt 0

i: Zinsfuß, bezogen auf eine Einheit von K (z. B. 1 EUR), $i = p/100$

p: Zinsfuß, bezogen auf 100 (z. B. 100 EUR)

n: Laufzeit der Verzinsung (Zinsdauer)

Der Zinsbetrag, der von Jahr zu Jahr zum Kapital addiert wird, steigt an, so dass gilt:

$K_0\,i \ < \ K_1\,i \ < \ K_2\,i < \ldots < \ K_{n-2}\,i \ < \ K_{n-1}\,i$

Die Kapitalien am Ende der einzelnen Jahre einschließlich Zinseszinsen (Endkapitalien) er-rechnen sich wie folgt:[21]

$$K_1 = K_0 + K_0\,i = K_0\,(1+i) = K_0\,(1+i) = K_0\,q$$

$$K_2 = K_1 + K_1\,i = K_1\,(1+i) = K_0\,(1+i)^2 = K_0\,q^2$$

$$K_3 = K_2 + K_2\,i = K_2\,(1+i) = K_0\,(1+i)^3 = K_0\,q^3$$

$$\cdot \quad \cdot \quad \cdot \quad \cdot \quad \cdot$$

$$\cdot \quad \cdot \quad \cdot \quad \cdot$$

$$\mathbf{K_n} = K_{n-1} + K_{n-1}\,i = K_{n-1}\,(1+i) = \mathbf{K_0\,(1+i)^n} = K_0\,q^n$$

Die Kapitalien am Ende der einzelnen Jahre bilden eine steigende geometrische Folge mit dem Quotienten q (Zinsfaktor oder Verzinsungsfaktor).[22] Die Formel für den nachschüssigen Zinseszins lautet:

$$\mathbf{K_n = K_0 \cdot (1+i)^n}$$

Beim vorschüssigen Zinseszins werden die Zinsen vom Kapitalwert am Ende des jeweiligen Jahres ermittelt und am Anfang des Jahres zugesetzt. Ausgehend von K_n leitet sich die allge-meine Formel für die vorschüssige Zinseszinsrechnung wie folgt ab:[23]

$$K_n - K_n\,i = K_{n-1} = K_n\,(1-i) = K_n\,(1-i)$$

$$K_{n-1} - K_{n-1}\,i = K_{n-2} = K_{n-1}\,(1-i) = K_n\,(1-i)^2$$

$$K_{n-2} - K_{n-2}\,i = K_{n-3} = K_{n-2}\,(1-i) = K_n\,(1-i)^3$$

$$\cdot \quad \cdot \quad \cdot$$

$$\cdot \quad \cdot \quad \cdot$$

$$K_2 - K_2\,i = K_1 = K_2\,(1-i) = K_n\,(1-i)^{n-1}$$

$$K_1 - K_1\,i = K_0 = K_1\,(1-i) = K_n\,(1-i)^n$$

$$\boxed{K_0 = K_n(1-i)^n = K_n\left(1-\frac{p}{100}\right)^n}$$

[21] Kosiol (1984), S. 38.

[22] q = 1 + i = 1 + p/100

[23] Kosiol (1984), S. 46 f.

Nach K_n umgestellt, ergibt sich nachfolgende Formel für den vorschüssigen Zinseszins:

$$K_n = K_0 \cdot (1-i)^{-n}$$

Annuitätenrechnung

Bei der Annuitätenrechnung kann ebenfalls in eine nachschüssige und eine vorschüssige Annuität differenziert werden. Zudem spielt es eine Rolle, ob sich die Berechnung auf den Zeitpunkt t = n (Endwert) oder den Zeitpunkt t = 0 (Barwert) beziehen soll.

Endwert nachschüssige Annuität:

$$\left. \begin{array}{l} S_n q = g_1 q + g_1 q^2 + g_1 q^3 + \ldots + g_1 q^{n-3} + g_1 q^{n-2} + g_1 q^{n-1} + g_1 q^n \\ S_n = g_1 + g_1 q + g_1 q^2 + g_1 q^3 + \ldots + g_1 q^{n-3} + g_1 q^{n-2} + g_1 q^{n-1} \end{array} \right\} -$$

$$S_n q - S_n = g_1 q^n - g_1$$

$$S_n (q-1) = g_1 (q^n - 1)$$

$$S_n = g_1 \cdot \frac{q^n - 1}{q - 1}$$

Barwert nachschüssige Annuität:

$$S_0 = \frac{g_1}{q^n} \cdot \frac{q^n - 1}{q - 1}$$

Endwert vorschüssige Annuität:

$$S_n = q \cdot g_1 \cdot \frac{q^n - 1}{q - 1}$$

Barwert vorschüssige Annuität:

$$S_0 = \frac{q}{q^n} \cdot g_1 \cdot \frac{q^n - 1}{q - 1}$$

$$S_0 = \frac{g_1}{q^{n-1}} \cdot \frac{q^n - 1}{q - 1}$$

g *= Annuität*

i *= interner Zinsfuß, (auf 1 bezogen) = $\frac{p}{100}$*

K_j *= Kapital zum Zeitpunkt $j = 0 \ldots n$*

m *= beliebiger Zeitpunkt innerhalb der Laufzeit n*

n *= Laufzeit, letzte Periode*

q *= nominaler oder realer Aufzinsungsfaktor*

$K_n = S_n$ *= Endwert*

$K_0 = S_0$ *= Barwert*

Beispiele

a) Aufgabenstellung:

Jemand hat 10 Jahresraten von 700 EUR zu zahlen. Wie kann er diese bei 5 % Jahreszins durch eine Barzahlung zu Beginn des ersten Jahres ablösen?

Lösung:

Ratenfälligkeit Jahresende:

$$S_0 = \frac{700}{1,05^{10}} \cdot \frac{1,05^{10} - 1}{0,05} = 5405,2 \; EUR$$

Ratenfälligkeit Jahresanfang:

$$S_0 = \frac{700}{1,05^9} \cdot \frac{1,05^{10} - 1}{0,05} = 5675,4 \; EUR$$

b) Aufgabenstellung:

Für einen Turmdrehkran mit einer AfA-Nutzungsdauer von acht Jahren sollen die jährlich nachschüssigen Leasingraten bei i = 8 % p. a. berechnet werden. Der Leasingvertrag hat eine Laufzeit von sieben Jahren, der Restkaufpreis des Krans beträgt nach sieben Jahren 20 %.

$S_0 = 100$ TEUR

Lösung:

$$S_0 - \frac{R_n}{q^n} = \frac{g_1}{q^n} \cdot \frac{q^n - 1}{q - 1} \qquad g_1 = \left(S_0 - \frac{R_n}{q^n} \right) \cdot \frac{q^n \cdot (q - 1)}{q^n - 1}$$

$$g_1 = \left(100 - \frac{20}{1{,}08^7} \right) \cdot \frac{1{,}08^7 \cdot 0{,}08}{1{,}08^7 - 1}$$

$$g_1 = 16{,}97 \; TEUR$$

c) Aufgabenstellung wie bei b), jedoch sind die Leasingraten jährlich vorschüssig zu leisten.

$$S_0 - \frac{R_n}{q^n} = \frac{g_1}{q^{n-1}} \cdot \frac{q^n - 1}{q - 1}$$

Lösung:

$$g_1 = \left(100 - \frac{20}{1{,}08^7} \right) \cdot \frac{1{,}08^6 \cdot 0{,}08}{1{,}08^7 - 1}$$

$$g_1 = \left(S_0 - \frac{R_n}{q^n} \right) \cdot \frac{q^{n-1} \cdot (q - 1)}{q^n - 1}$$

$$g_1 = 15{,}71 \; TEUR$$

3.2 für Immobilien

Die objektbezogenen Eigenkapitalfinanzierungsformen bei Immobilien konzentrieren sich auf offene und geschlossene Immobilienfonds (einschließlich Private Equity) sowie den Einsatz von Immobilien-Aktiengesellschaften und Real Estate Investment Trusts. Die allgemeinen Fremdfinanzierungsinstrumente werden an anderer Stelle behandelt (Kapitel 1.2, 1.3 sowie 3.3.3). Die immobilienspezifischen Participating Mortgages dahingegen werden unter diesem Gliederungspunkt erläutert.

3.2.1 Grundsätzliches zu Immobilienfonds

Unter einem Immobilienfonds wird eine Anlagegesellschaft verstanden, bei der die Kapitalanlage im Wesentlichen aus Grundstücken und Gebäuden besteht. Die Immobilienfonds geben Immobilienzertifikate aus, die einen bestimmten Anteil am Fondsvermögen repräsentieren. Es werden offene und geschlossene Immobilienfonds unterschieden. Beide Formen richten sich zum Teil an unterschiedliche Zielgruppen mit unterschiedlichen Anlagemotiven.[24] Abbildung 11 zeigt die Nettomittelzuflüsse in offene Immobilienfonds und das in geschlossenen Immobilienfonds platzierte Eigenkapital von 1999 bis 2010.

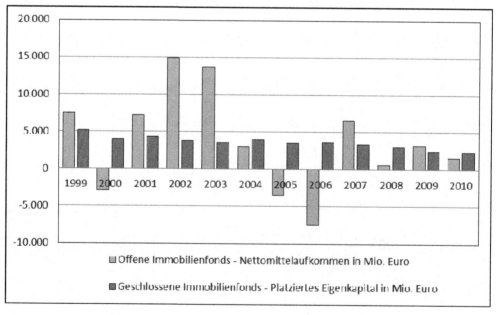

Abbildung 11:   Absatz von Immobilienfonds[25]

---

[24] Vgl. auch Klug (2004), S. 17 f und Boutonnet/Loipfinger/Neumeier/Nickl/Richter (2004).
[25] VGF Branchenzahlen Geschlossene Fonds 2011, S.17; BVI, Deutsche Bundesbank.

3.2.2 Offener Immobilienfonds (open end fund)

Unter einem offenen Immobilienfonds wird ein von einer Kapitalanlagegesellschaft (KAG) treuhänderisch für ihre Anleger verwaltetes, rechtlich unselbstständiges Sondervermögen verstanden, das in Immobilien und immobiliengleiche Rechte unter Berücksichtigung der Risikostreuung (Diversifikation der Immobilien des Fonds nach Regionen, Größe, Nutzungsarten und Mietern) und nach Maßgabe der Gewinnerzielung (dauernde Erträge und Wertzuwächse) investiert. Die rechtliche Grundlage für offene Immobilienfonds bildet das am 1. Januar 2004 in Kraft getretene Investmentgesetz (InvG). Als Kapitalanlagegesellschaft fungiert ein Unternehmen (§ 2 Abs. 6 InvG) in der Rechtsform einer AG oder GmbH. Offene Immobilienfonds können in Immobilien-Publikumsfonds und Immobilien-Spezialfonds unterteilt werden.

Der Anleger erhält Anteilscheine am Vermögenswert, dem Sondervermögen, das von der Kapitalanlagegesellschaft gemanagt wird. Die Ansprüche der Anleger sind in Form von Anteilscheinen verbrieft. Beim Erwerb dieser Anteilscheine fällt ein Ausgabeaufschlag auf den anteiligen Nettoinventarwert an (i. d. R. 5 %). Zusätzlich wird eine jährliche Verwaltungsvergütung vom Fondsvermögen abgezogen. Die Mieteinnahmen und andere Erträge werden nach Abzug der Zinsen und Tilgungen, der Verwaltungs-, Instandhaltungs- und Bewirtschaftungskosten sowie der Abschreibung an die Anteilscheininhaber ausgeschüttet, sofern sie nicht in weitere Liegenschaften investiert werden. Die Anteile sind übertragbar und jederzeit beispielsweise über den Sekundärmarkt veräußerbar (Fungibilität). Mit der Novellierung des Investmentgesetzes und dem Inkrafttreten des Anlegerschutz- und Funktionsverbesserungsgesetzes (AnsFuG) zum 1. Januar 2013 besteht eine grundsätzliche Rücknahmepflicht der Anteile in Höhe von maximal 30.000 EUR pro Kalenderhalbjahr und Anleger. Es besteht eine Mindesthaltedauer von 24 Monaten für Neuanleger und die Einhaltung einer Rückgabefrist von zwölf Monaten bei Rückgabewünschen, die diesen Betrag überschreiten. Des Weiteren können in den Vertragsbedingungen feste Rückgabetermine festgelegt werden, zu denen auch nur dann eine Anteilscheinausgabe möglich ist.

Offene Immobilienfonds unterliegen bestimmten Publizitätspflichten. Bei Errichtung eines Sondervermögens beispielsweise muss ein Verkaufsprospekt erstellt werden, der dem Anleger vor seinem Anteilskauf auszuhändigen ist. Nach Abschluss des Geschäftsjahres ist der Rechenschaftsbericht zu erstellen sowie unterjährig zusätzlich ein Halbjahresbericht. Die Bewertung der Liegenschaften erfolgt mindestens einmal pro Jahr durch einen speziell berufenen Sachverständigenausschuss.

Für offene Immobilienfonds existieren besondere gesetzliche Vorschriften zur Anlagepolitik. Der Fonds muss spätestens vier Jahre nach seiner Auflegung mindestens zehn Projekte enthalten. Gemäß § 67 Abs. 2 InvG darf kein Grundstück zum Erwerbszeitpunkt den Wert von 15 % des Sondervermögens übersteigen. Nach § 73 InvG gilt: „Der Gesamtwert aller Immobilien, deren einzelner Wert mehr als 10 Prozent des Wertes des Sondervermögens beträgt, darf 50 Prozent des Wertes des Sondervermögens nicht überschreiten." Zur Gewährleistung einer Mindestliquidität ist nach § 80 InvG ein Satz von mindestens 5 % vorgesehen, d. h. mindestens 5 % des Wertes des Sondervermögens müssen täglich verfügbar sein, damit die Rücknahme von Anteilen und jährlichen Ausschüttungen gewährleistet sind. Dieser Betrag kann als Guthaben bei der Depotbank mit einer Kündigungsfrist von unter einem Jahr oder in lombardfähigen Wertpapieren angelegt werden. Die Liquidität eines Fonds darf 49 % nicht überschreiten, d. h. maximal 49 % des Wertes des Fondsvermögens kann in Liquiditätsanlagen erfolgen (Höchstliquidität).

Die Performance eines offenen Immobilienfonds setzt sich aus zwei Komponenten zusammen: Der jährlichen Ertragsrechnung und der Wertveränderung des Anteils.

Die Ermittlung des Anteilwertes erfolgt nach der folgenden Berechnungsformel:

$$Anteilwert = \frac{Inventarwert}{Zahl\ der\ ausgebenen\ Anteile}$$

Der Inventarwert (Fondsvermögen) setzt sich aus den zum Sondervermögen gehörenden Werten der Vermögensgegenstände (Immobilien, Liquidität, sonstiges Vermögen) unter Abzug aller bestehenden Verbindlichkeiten und Rückstellungen zusammen.

Die Besteuerung offener Immobilienfonds erfolgt in Deutschland auf der Ebene der Anleger. Der Inhaber des Zertifikates erzielt Einkünfte aus Kapitalvermögen. Dies führt zu dem Nachteil, dass beim Anleger keine Abschreibung möglich ist.

Bei Immobilien-Spezialfonds, deren Anlegerkreis auf institutionelle Investoren beschränkt ist, werden die Anteile aufgrund schriftlicher Vereinbarung mit der Kapitalanlagegesellschaft jeweils von nicht mehr als circa 30 Anteilinhabern gehalten, die keine natürlichen Personen sind. Die Anteilscheine dürfen nur mit Zustimmung der Kapitalanlagegesellschaft von den Anteilinhabern übertragen werden. Zunächst gelten dieselben Vorschriften wie bei Immobilien-Publikumsfonds. Jedoch darf mit Zustimmung der Anleger von einer Vielzahl gesetzlicher Vorschriften abgewichen werden.

Mit Beginn der Finanzmarktkrise verzeichneten offene Immobilienfonds vermehrt Anteilscheinrückgaben, welche diese in Liquiditätsengpässe brachten. Seitdem hat ein Großteil der Fonds seine Anteilscheinrücknahme ausgesetzt oder befindet sich in Auflösung. Tabelle 4 gibt einen aktuellen Überblick über die deutschen offenen Immobilienfonds am Markt.

Fondsname	Fondsvermögen in Mio. EUR
Deka-ImmobilienEuropa	11.518
hausInvest	10.092
UniImmo: Europa	7.664
UniImmo: Deutschland	7.167
WestInvest InterSelect	4.951
Grundbesitz europa	3.257
Deka-ImmobilienGlobal	2.956
grundbesitz-global	2.321
UBS (D) Euroinvest Immobilien	1.941
UniImmo: Global	1.860
Immo-Invest: Europa	1.737

Aachener Grund-Fonds Nr. 1	1.188
WestInvest ImmoValue	1.074
Sonstige Immobilienfonds (9 Stück)	1.007
SEB ImmoPortfolio Target Return Fund	825
HANSAimmobilia	326
INTER ImmoProfil	289
CS PROPERTY DYNAMIC	289
Warburg-Henderson Deutschland Fonds Nr. 1	243
AXA Immoresidential	111
WERTGRUND WohnSelect D	87
Aachener Spar- und Stiftungs-Fonds	34
CS-WV IMMOFONDS	9
Summe	**60.946**

Tabelle 4:   Offene Immobilienfonds in Deutschland[26]

---

[26] BVI Bundesverband Investment und Asset Management e.V., Stand: 01/2012.

3.2.3   Geschlossener Immobilienfonds (closed end fund)

Beim geschlossenen Immobilienfonds wird das Zertifikatkapital zur Zeichnung durch die Anleger einmalig aufgelegt, d. h. der Fonds hat eine bestimmte Summe, die sich wieder auf eine bestimmte Anzahl von Anteilseignern verteilt. Die zu finanzierende Liegenschaft und die Höhe des dafür notwendigen Kapitals stehen i. d. R. von vornherein fest. Die üblichen Unternehmensformen für derartige Fonds sind die Gesellschaft bürgerlichen Rechts (GbR) und die Kommanditgesellschaft (KG). Die vertraglichen Bestandteile sind folglich gesondert nach BGB und HGB in einem Gesellschaftsvertrag zu treffen. Geschlossene Immobilienfonds unterliegen darüber hinaus keinen besonderen gesetzlichen Regelungen. Für die Anteilscheine besteht seitens der Fondsgesellschaft keine Rücknahmepflicht. Im Vordergrund steht nicht die Risikostreuung, sondern die bewusste Entscheidung des Anlegers für eine oder mehrere Immobilien. Zunehmende Bedeutung und Beachtung erlangen geschlossene Auslandsimmobilienfonds.

Allgemein lassen sich Eigenkapital- und Fremdkapitalfonds, Blind Pool, Ansparfonds und andere Fondsmodelle unterscheiden:

–   Bei einem reinen Eigenkapitalfonds erbringen die Gesellschafter die zur Finanzierung des Gesellschaftszwecks erforderlichen Mittel in voller Höhe. Der Anleger erbringt seine Einlage aus Eigenmitteln oder über ein persönliches Darlehen. Da die Gesellschaftsbeiträge von außen erbracht werden, wird von Außenfinanzierung gesprochen.

–   Deutlich häufiger als Fonds, die zur Finanzierung ausschließlich das Kapital ihrer Anleger nutzen, sind Fonds, die für die Finanzierung zusätzlich Fremdkapital bei Banken aufnehmen, so genannte Fremdkapitalfonds. In diesem Fall wird im Fachjargon von Innenfinanzierung gesprochen, obwohl es sich nicht um eine Innenfinanzierung im Sinne von Kapitel 1.2 handelt. Vorteilhaft im Vergleich zu Eigenkapitalfonds ist hier die Ausnutzung des Leverage-Effektes.

–   Beim Blind Pool erfährt der Anleger zum Zeitpunkt seiner Anlageentscheidung nicht, in welches Objekt bzw. welche Objekte er investiert, er kennt lediglich die Auswahlkriterien. Das Fondsmanagement sammelt zunächst einen bestimmten Geldbetrag an, um damit zu einem späteren Zeitpunkt den Erwerbsvorgang der Immobilien vorzunehmen. Ein besonderes Risiko bei dieser Form ist die zum Zeitpunkt der Anlageentscheidung nicht beurteilungsfähige konkrete Objektqualität.

–   Bei Ansparfonds wird die Fondsbeteiligung durch kontinuierliche Raten, die sich über mehrere Jahre erstrecken, erbracht. Die Fondsgesellschaft erwirbt das Objekt bzw. die Objekte mit Hilfe einer Innenfinanzierung und wandelt diese mittels der Raten der Anleger bzw. über einbehaltene Ausschüttungen Stück für Stück in Eigenkapital um. Ein besonderes Risiko bei dieser Form ist das der Bonität der Anleger.

Der Zertifikatsinhaber erzielt steuerlich entweder Einkünfte aus Vermietung und Verpachtung oder aus Gewerbebetrieb und kann Sonderabschreibungen nutzen.

Als Nachteile sind zu nennen:

–   Haftung in vollem Umfang des Zeichnungskapitals

–   Totalverlust möglich

–   Rückgabe der Anteile nicht möglich bzw. Verkauf über einen limitierten Sekundär-
    markt

Dem stehen als Vorteile gegenüber:

–   hohe Rendite möglich (z. B. aufgrund besonders ausgewählter Objekte)

–   Steuervorteile können genutzt werden.

Als Beispiel kann der geschlossene Immobilienfonds „Vermögenswerte 6 – Feuerwache, Mülheim an der Ruhr" der Hannover Leasing GmbH & Co. KG (2012) aufgeführt werden:[27]

–   Im Rahmen eines PPP-Projektes werden die neue Hauptfeuer- und Rettungswache
    der Berufsfeuerwehr sowie das Gerätehaus der Freiwilligen Feuerwehr errichtet und
    über 20 Jahre vermietet (Mietverlängerungsoption 2 x 5 Jahre).

–   Mieter ist die Stadt Mülheim an der Ruhr, die 100 % der Fläche langfristig mietet.
    Pro Jahr werden 3.794.590 EUR (anfängliche Jahresmiete) Mieteinnahmen erwartet.

–   Bei einer Veränderung des Verbraucherpreisindex für Deutschland (2005 = 100) um
    mehr als 5 % erfolgt eine Mietanpassung um 100 %, erstmalig ab dem 6. Mietjahr im
    Verhältnis zum Indexstand bei Mietbeginn.

–   Obwohl die Fondsimmobilie auf die Anforderungen einer Hauptfeuer- und Ret-
    tungswache zugeschnitten ist, handelt es sich dennoch um eine drittverwendungsfä-
    hige Immobilie – es wird davon ausgegangen, dass rund 34 % der Gesamtmietfläche
    uneingeschränkt als Büro- und Verwaltungsfläche vermietet werden könnten.

–   Auf das Emissionskapital der Fondsgesellschaft ohne Agio in Höhe von 23.918.000
    EUR wird ein Agio in Höhe von 5 % erhoben.

–   Von dem angesetzten Kaufpreis in Höhe von 55.865.049 EUR entfallen auf Grund
    und Boden 2.665.575 EUR, auf das Gebäude 48.773.698 EUR und auf die feuer-
    wehrspezifischen Einbauten 4.425.776 EUR.

–   Ausschüttungen sind mit 5,25 % p. a. (1. bis 4. Jahr) steigend bis auf 10,63 % p. a.
    (20. Jahr) kalkuliert.

3.2.4   Zusammenfassendes Schaubild zur Immobilienfinan-
zierung durch Fonds und Investorenmodelle

Die Struktur und Funktionsweise von Immobilienfonds verdeutlicht Abbildung 12. Die Ob-
jektgesellschaft lässt von einer Baufirma zumeist über einen Generalunternehmervertrag ein
Objekt erstellen, das später an Dritte vermietet oder verleast wird (zum Teilamortisationser-
lass für unbewegliche Wirtschaftsgüter wird auf Anhang 1 verwiesen). An dieser Objektgesell-

---

[27] Vgl. Fondsprospekt der Hannover Leasing GmbH & Co. KG (2012).

schaft können sich geschlossene oder offene Fonds beteiligen, möglich ist ebenfalls eine Beteiligung von Einzelinvestoren. Alternativen der Fremdfinanzierung sind Hypothekenkredite, Asset Backed Securities, Mortgage Backed Securities und Participating Mortgages. Auf die letzten drei Formen wird an späterer Stelle näher eingegangen (vgl. Kapitel 3.2.6 und 3.3.3).

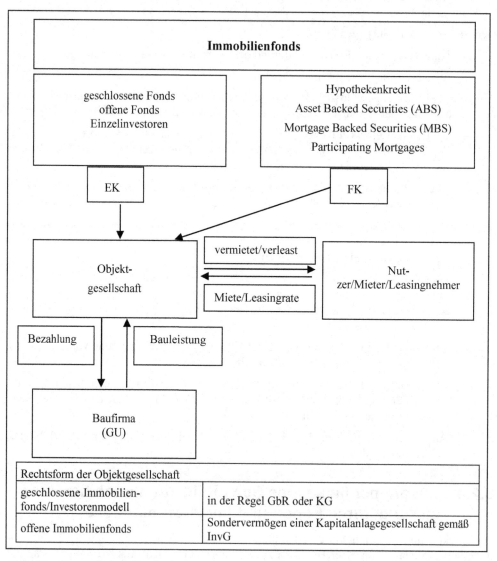

Abbildung 12:   Immobilienfonds

3.2.5 Immobilien-Aktiengesellschaft und Real Estate Investment Trusts (REITs)

Immobilien-Aktiengesellschaften sind i. d. R. börsennotierte Unternehmen, die Liegenschaften erwerben, verwalten und veräußern.[28] Der Investor wird Anteilseigner an der AG, d. h. er ist an den Gewinnen beteiligt und hat ein Mitspracherecht in Höhe seines Anteiles bei der Hauptversammlung.

Grundsätzlich lassen sich drei Typen von Immobilien-AG's unterscheiden. Der Bestandshalter erwirbt fertig gestellte und im Regelfall vermietete Objekte. Der Projektentwickler konzipiert Projekte, die anschließend veräußert werden oder im eigenen Bestand verbleiben. Als dritte Alternative kommen Mischformen in Betracht, die in der Praxis deutscher Immobilien-AG's am häufigsten anzutreffen sind. Weitere Unterscheidungskriterien sind die Nutzungsarten, in die die AG investiert, und die regionale Ausrichtung.

Die Besteuerung wird auf der Ebene der Gesellschaft und des Aktionärs vorgenommen. Die Bewertung der Immobilien-Aktie erfolgt durch den Kapitalmarkt. Deutsche Immobilien-Aktiengesellschaften sind im DIMAX (Deutscher Immobilienaktienindex, initiiert vom Bankhaus Ellwanger und Geiger) notiert. Abbildung 13 enthält die Wertentwicklung deutscher Immobilien-Aktiengesellschaften von 1988 bis 2011. Die im DIMAX notierten Gesellschaften sind in Tabelle 5 aufgeführt.

Real Estate Investment Trusts sind eine im US-amerikanischen Raum bekannte Form des indirekten Immobilieninvestments. In Europa gelten Frankreich und die Niederlande als Vorreiter. Es handelt sich dabei um eine Immobilien-AG, die zur effizienten Nutzung von Steuervorteilen als ein Investment-Trust organisiert und durch folgende Merkmale gekennzeichnet ist:

– Die Organisation als Körperschaft bzw. Investmentgesellschaft erfolgt unter Führung eines Verwaltungsrates oder Kuratoriums.

– Die Aktien sind voll handelbar.

– Die Gesellschaft besteht aus mindestens 100 Aktionären, wobei fünf Aktionäre nicht mehr als 50 % der Aktien halten dürfen.

– Mindestens 90 % des steuerpflichtigen Einkommens müssen als Dividende ausgeschüttet werden.

– Mindestens 75 % der Aktiva sind in Real Estate investiert oder 75 % des Bruttoeinkommens stammen aus Miet-/Pachterträgen oder Hypothekenzinsen.

Die aufgeführten Merkmale stellen gleichzeitig die Voraussetzungen zur Befreiung von der Körperschaftsteuer dar.

Real Estate Investment Trusts (REITs) haben sich international als börsennotiertes Vehikel für indirekte Immobilienanlagen etabliert. Sie erwirtschaften vorwiegend Erträge aus langfristig

---

[28] Vgl. zu Immobilien-Aktiengesellschaften und REITs grundlegend z. B. Klug (2004), S. 23 ff.

bestandsorientierten Immobilienaktivitäten durch Verwaltung, Vermietung oder Verpachtung.[29]

In Deutschland wurden die sogenannten G-REITs mit dem REIT-Gesetz vom 28. Mai 2007 (Gesetz zur Schaffung deutscher Immobilien-Aktiengesellschaften mit börsennotierten Anteilen, REITG) eingeführt, das rückwirkend zum 01. Januar 2007 in Kraft getreten ist. Die Auflagen umfassen Ausschüttungs-, Investitions- und Ertragsreglementierungen.

REITs dürfen Eigentum oder dingliche Nutzungsrechte an unbeweglichem Vermögen, d. h. an Grundstücken oder grundstücksgleichen Rechten, erwerben. Weiterhin dürfen sie Anteile an Immobilienpersonengesellschaften, an REIT-Dienstleistungsgesellschaften, an Auslandsobjektgesellschaften und an Kapitalgesellschaften, die persönlich haftende Gesellschafter einer Immobilienpersonengesellschaft und an dieser vermögensmäßig nicht beteiligt sind, erwerben, halten, verwalten und veräußern. [30]

Die Voraussetzung für die Steuerbefreiung eines G-REIT ist, dass der Schwerpunkt der Geschäftsaktivitäten in immobilienbezogenen Tätigkeiten besteht und mindestens 90 % der ausschüttungsfähigen Erträge als Dividenden an die Anleger gezahlt werden. Es müssen mindestens 75 % der Aktiva in unbeweglichem Vermögen investiert sein bzw. 75 % des Bruttoeinkommens muss aus Vermietung, Verpachtung, Leasing und der Veräußerung von Immobilien stammen. Der Wert der Anteile der Gesellschaft an einer REIT-Dienstleistungsgesellschaft darf maximal 20 % des gesamten Aktivvermögens betragen.[31] Eine REIT-Aktiengesellschaft, die diese Voraussetzungen (vgl. §§ 8 bis 15 REITG) erfüllt, ist sowohl von der Gewerbesteuer als auch von der Körperschaftsteuer befreit.[32]

---

[29] Vgl. Westerheide (2007), S. 10.
[30] Vgl. § 1 REITG.
[31] Vgl. § 12 REITG.
[32] Vgl. § 16 Abs. 1 Satz 1 f. REITG.

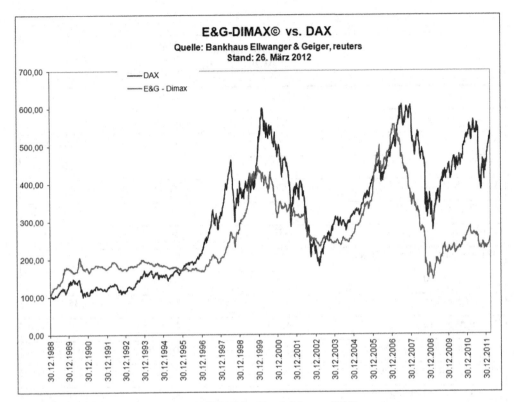

Abbildung 13:   Wertentwicklung DIMAX im Vergleich zum DAX

Titel	Schlusskurs am 26.03.2012 (EUR)	Marktkapita-lisierung (Mio. EUR)	Hoch / Tief
1ST RED AG	0,43	8,50	1,60 / 0,20
A.A.A. AG Allg. Anlagenverwaltung	1,45	27,95	2,62 / 1,35
Adler Real Estate AG	0,68	10,02	60,00 / 0,00
AGROB Immobilien AG	10,65	34,43	12,00 / 0,50
AIRE GMBH & CO KGAA	9,98	41,24	11,52 / 7,57
ALSTRIA OFFICE REIT-AG	8,45	662,14	11,09 / 7,06
AMIRA Verwaltungs AG	583,40	46,68	650 / 460
AREAL Immobilien- und Beteiligungs-AG	0,22	0,28	1,00 / 0,10
ARISTON REAL ESTATE AG	1,58	14,40	2,40 / 1,49
AVW Immobilien AG	3,05	37,94	4,35 / 2,25
Bastfaserkontor AG	1850,00	17,53	2.500 / 1.450
Bauverein zu Hamburg AG	4,53	104,69	384 / 3,48
BBI Bürgerliches Brauhaus I	11,00	57,27	12,99 / 10,05
Berliner AG für Beteiligung	400,97	8,80	1.999 / 400
Colonia Real Estate AG	3,20	142,63	5,50 / 2,82
CR Capital Real Estate AG	0,48	6,37	1,02 / 0,36
CWI Real Estate AG	3,70	10,17	4,96 / 3,70
Design Bau AG	1,87	9,87	3,38 / 1,76
Deutsche Beamtenvorsorge IMM	0,01	0,09	0,05 / 0,00
Deutsche Euroshop AG	26,36	1.363,06	29,40 / 22,05
Deutsche Grundstücksauktionen AG	10,99	17,03	12,05 / 8,62
Deutsche Immobilien Holding	2,19	151,20	2,25 / 1,30
Deutsche Real Estate AG	0,39	6,38	1,26 / 0,10
Deutsche Wohnen AG-BR	10,75	1.093,00	11,79 / 8,43
DIC Asset AG	6,75	314,45	9,45 / 4,71
DR Real Estate AG	0,34	2,96	32,00 / 0,23
Estavis AG	2,20	30,45	2,54 / 1,63
Fair Value REIT-AG	4,09	39,03	5,50 / 3,85

Franconofurt AG	7,86	61,55	9,30 / 5,02
GAG Immobilien AG-PRF	35,75	640,22	36,25 / 27,10
GAGFAH SA	5,92	1.310,33	6,45 / 3,25
Gateway Real Estate AG	1,48	4,06	2,18 / 0,70
GBW AG	18,00	993,72	19,00 / 10,50
GERMANIA-EPE AG	1,85	3,70	2,39 / 0,75
GIEAG Gewerbe Immobilien ENT	0,87	3,45	1,73 / 0,75
Greta AG	0,26	6,11	0,39 / 0,16
Grueezi Real Estate AG	0,05	0,12	1,40 / 0,00
GSW Immobilien AG	24,88	1.023,64	25,40 / 19,00
GWB Immobilien AG	0,68	5,43	1,35 / 0,53
Hahn Immobilien Beteiligung	2,15	27,57	2,38 / 1,47
Hamborner REIT AG	7,60	257,12	7,86 / 5,87
Hasen-Immobilien AG	79,53	31,68	87,00 / 3,70
Helma Eigenbau AG	10,37	27,05	12,71 / 7,35
IC Immobilien Holding AG	4,00	12,04	4,65 / 3,00
IFM Immobilien AG	10,96	102,54	11,53 / 7,50
IMW Immobilien SE	6,00	98,79	16,00 / 3,92
Incity Immobilien AG	2,03	19,74	3,14 / 1,95
Informica Real Invest AG-BR	1,24	11,32	1,32 / 0,85
IVG Immobilien AG	2,45	503,91	5,74 / 1,74
JK Wohnbau AG	4,75	91,56	8,80 / 3,06
KWG Kommunale Wohnen AG	5,58	79,24	5,80 / 4,45
Magnat Real Estate AG	0,66	9,58	2,20 / 0,58
Nymphenburg Immobilien	320,00	180,38	374 / 3,15
OAB Osnabrücker Anlagen	0,45	4,50	0,80 / 0,00
ORCO Germany S.A.	0,56	28,28	1,25 / 0,52
Patrizia Immobilien AG	4,99	252,83	5,41 / 2,80
POLIS Immobilien AG	9,28	100,68	11,12 / 8,88
PRIMAG AG	2,05	8,81	2,25 / 1,40
Prime Office REIT-AG	4,24	219,91	6,85 / 3,46

Rathgeber AG	2.000,00	72,51	2.250 / 1.100
RCM Beteiligungs AG	1,46	19,62	1,88 / 1,38
Real Quadrat Immobilien AG	0,71	5,07	0,80 / 0,40
Ruecker Immobilien AG	1,75	5,51	2,11 / 1,68
Schlossgartenbau AG	630,01	132,30	685 / 534
Sedlmayr Grund und Immo	1.370,00	925,49	1390 / 1275
Sinner AG	14,70	25,57	18,20 / 13,40
SPAG ST Petersburg Immobil	4,50	0,29	6,80 / 3,99
Stern Immobilien AG	16,50	25,74	19,50 / 15,00
TAG Immobilien AG	6,60	637,48	7,44 / 5,20
VIB Vermögen AG	7,52	162,29	9,00 / 6,33
VIVACON AG	0,88	22,37	1,17 / 0,50
Westgrund AG	2,55	29,11	3,93 / 1,59
Windsor AG	1,86	17,48	2,01 / 1,16
Youniq AG	4,63	50,10	11,62 / 4,20
Zucker & Co Immobilien	0,30	0,05	1,00 / 0,05
		12.509,74	

Tabelle 5:   **Immobilien-Aktiengesellschaften im DIMAX**[33]

---

[33] Ellwanger & Geiger, Stand: 26.03.2012.

3.2.6   Participating Mortgages

Participating Mortgages sind Kredite mit Erfolgsbeteiligung, die sich durch einen teilweisen Zinsverzicht gegen Gewinnteilhabe auszeichnen.[34] Dadurch sinkt die Liquiditätsbelastung beim Projektträger bei gleichzeitig benötigter geringerer Eigenkapitalquote. In Abbildung 14 sind wichtige Aspekte von Krediten mit Erfolgsbeteiligung aufgeführt.

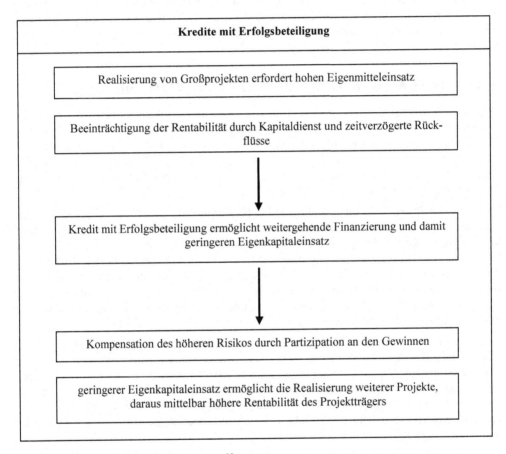

Abbildung 14:   Participating Mortgages[35]

---

[34] Vgl. auch Brauer (2011), S. 522.
[35] O. V. (1997), S. 14 unter Bezugnahme auf die BfG Bank.

3.3   für Infrastruktur

Die klassische nutzerbezogene Finanzierung von Infrastruktur wird im angelsächsischen Raum durch das BOT-Modell und dessen Derivate repräsentiert. In Deutschland haben sich zwischenzeitlich ebenfalls spezifische PPP-Vertragsmodelle herausgebildet. Gemeinsam ist diesen Modellen die risikoadäquate Finanzierung mit Fremdkapitalinstrumenten sowie die Abdeckung der verbleibenden Finanzierungslücken mit Eigenkapital bzw. über eine Mezzanine Finanzierung. Mit im Zeitablauf abnehmenden Risiken (z. B. nach Objektfertigstellung und Inbetriebnahme) können risikostärkere Instrumente durch risikoärmere mit entsprechend niedrigeren Zinsansprüchen ersetzt werden.

3.3.1   BOT-Modell in Großbritannien als Orientierung

Das BOT-Modell (BOT: build, operate, transfer) und seine Varianten wurden 1992 in Großbritannien eingeführt. Zu diesem Zeitpunkt wurde das PFI- (Private Finance Initiative) bzw. PPP- (Public Private Partnership) Programm gestartet. Dabei handelt es sich um eine Konzessionsvergabe vom Staat an einen privaten Konzessionsnehmer. Der Konzessionsnehmer (Promoter) ist häufig ein Konsortium, das sich i. d. R. aus Bauunternehmen, Banken und privaten Investoren zusammensetzt.

Die Rolle des Staates wandelt sich hierbei vom Bauherrn, Überwacher und Betreiber hin zum Einkäufer einer Dienstleistung. Der Promoter plant, baut und betreibt das Projekt selbsttätig und auf eigene Kosten. Der Staat oder die beauftragende Behörde bezahlt lediglich nach Fertigstellung eine Nutzungsgebühr (Schattenmaut). Die Schattenmautfinanzierung findet meist bei sozialen Einrichtungen wie Krankenhäusern, Schulen oder Gefängnissen statt, aber auch bei öffentlichen Verwaltungsgebäuden oder im sozialen Wohnungsbau. Eine andere Variante ist die Bereitstellung und Finanzierung mit echter Maut. Hierbei wird die Gebühr direkt beim Endbenutzer erhoben. Geeignete Projekte sind Brücken, Tunnel und Straßen.

Nach Ablauf der Konzession wird das Projekt an den Staat zurückgegeben. Dadurch unterscheidet sich das PFI/PPP von einer reinen Privatisierung öffentlicher Aufgaben. Die Maut bzw. Schattenmaut muss also so berechnet werden, dass sie die Kosten des Promoters deckt. Daher sind umfangreiche Analysen zu erstellen. Sind die Gebühren zu hoch, kann es im Fall der echten Mauterhebung dazu kommen, dass kein Nutzer das Projekt in Anspruch nimmt. Im Falle der Schattenmaut wird ein Projekt, das sich zu schnell refinanziert, früher als geplant vom Staat zurückgefordert.

Das BOT-Modell stellt nur eine Grundvariante dar, als Derivate existieren beispielsweise:

DBFO: design, build, finance, operate

DCMF: design, construct, manage, finance

ROT: rehabilitate, operate, transfer

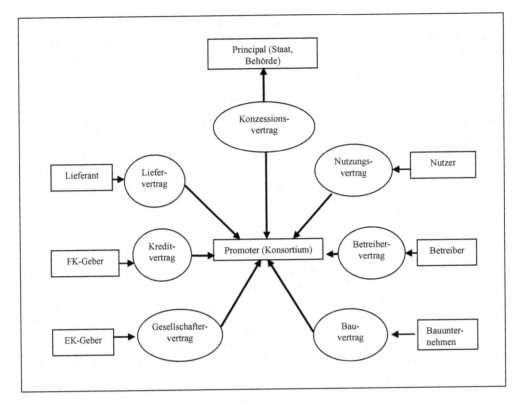

Abbildung 15: **Eine typische BOT-Struktur**[36]

3.3.2 PPP-Vertragsmodelle in Deutschland

Nachfolgend werden in Anlehnung an das Bundesgutachten „PPP im öffentlichen Hochbau"[37] die PPP-Vertragsmodelle I bis IV zusammenfassend erläutert. Die Modelle V bis VII bleiben unberücksichtigt, weil sie nur in Kombination mit den Modellen I bis IV vorkommen.

PPP-Erwerbermodell (Vertragsmodell I)

Das PPP-Erwerbermodell kommt für die schlüsselfertige Erstellung von Neubauten und grundsätzlich auch für die Sanierung von Bestandsgebäuden infrage. Der private Partner übernimmt Planung, Bau, Finanzierung und Betrieb im Sinne eines umfassenden Facility Management und erhält im Gegenzug von der öffentlichen Hand ein nach monatlichen oder jährlichen Raten gestaffeltes Entgelt. Die Vertragslaufzeit beträgt in diesem Modell i. d. R. 20 bis 30 Jahre. Bei Abschluss des Vertrages wird zwischen Auftraggeber und Auftragnehmer

---

[36] Vgl. Merna/Smith (1996), S. 2.
[37] Gutachten der Beratergruppe – „PPP im öffentlichen Hochbau" (2003), abrufbar unter
http://www.bmvbs.de/SharedDocs/DE/Artikel/UI/gutachten-ppp-im-oeffentlichen-hochbau.html.

bereits vereinbart, dass das Eigentum an den Grundstücken und Gebäuden, das sich während der Vertragslaufzeit beim Auftragnehmer befindet, nach Abschluss der Betriebsphase auf den Auftraggeber übergeht. Eine Variation des Modells besteht darin, dass das Eigentum beim öffentlichen Auftraggeber verbleibt und der Auftragnehmer als Erbbauberechtigter auftritt.

PPP-FMLeasingmodell (Vertragsmodell II)

Vertragsmodell II unterscheidet sich von Vertragsmodell I dadurch, dass ein Eigentumserwerb durch den Auftraggeber nach Beendigung der Betriebsphase nicht fest vertraglich vereinbart wird. Vielmehr werden dem Auftraggeber bestimmte Optionsrechte eingeräumt. Denkbar sind beispielsweise eine Kaufoption, bei der der Auftraggeber das Objekt zum bei Vertragsabschluss vereinbarten kalkulierten Restwert erwerben kann, oder eine Mietverlängerungsoption. Variationen des Modells bestehen unter anderem in Erbbaurechtsvereinbarungen oder Sale-and-lease-back-Konzepten.

PPP-Vermietungsmodell (Vertragsmodell III)

Das PPP-Vermietungsmodell unterscheidet sich zu den beiden vorangegangenen Modellen im Wesentlichen in der Frage der Verwertung des Vertragsobjektes nach Ablauf der Betriebsphase. Grundsätzlich ist kein Eigentumserwerb des Auftraggebers vorgesehen. Ähnlich wie bei Vertragsmodell II können eine Kaufoption oder eine Mietverlängerungsoption vereinbart werden. Bei Ausübung der Kaufoption bemisst sich der Kaufpreis im Unterschied zu Vertragsmodell II nach dem Verkehrswert der Immobilie, der zum Zeitpunkt der Optionsausübung besteht. Variationen zu diesem Modell bestehen in Erbbaurechtsvereinbarungen und unter bestimmten Umständen in der Trennung von Eigentum an Grundstücken und Gebäuden.

PPP-Inhabermodell (Vertragsmodell IV)

Beim PPP-Inhabermodell bleibt der Auftraggeber Eigentümer des Grundstücks, so dass sich der Eigentumsübergang nicht erst am Vertragsende oder durch Ausübung einer Kaufoption, sondern bereits sukzessive mit der Errichtung bzw. Installation vollzieht. Der Auftragnehmer kann während der Betriebsphase ein umfassendes Nutzungs- und Besitzrecht auf der Grundlage einer schuldrechtlichen Vereinbarung oder im Wege des Nießbrauchs erhalten.

3.3.3 Fremdfinanzierungsinstrumente

Bei der Auswahl des geeigneten Fremdfinanzierungsinstrumentes spielt die Risikoverteilung eine entscheidende Rolle (vgl. Abbildung 16).

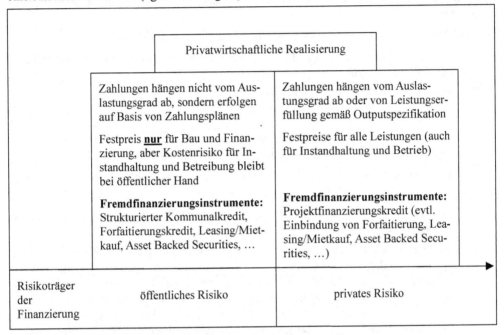

Abbildung 16:   **Risikotransfer und Fremdfinanzierungsformen**[38]

Wenn Teile der Vergütung gemäß Risikotransfer unmittelbar vom Erfüllungsgrad der Leistungserbringung abhängen, ist ein konstanter Cashflow für den Schuldendienst ex ante nicht gesichert. Dann muss das teurere Instrument der Projektfinanzierung integriert werden. Eine Anpassung der Finanzierungsbedingungen ist eventuell nach einer Glättung des Cashflows in Projekten mit hohem Risikotransfer möglich. Das bedeutet, dass sich die Anteile von Eigenkapital und Fremdfinanzierung über die Projektlaufzeit verändern können. Ist der Risikotransfer auf den privaten Sektor (absichtlich) geringer, kommen als Fremdfinanzierungsinstrumente außerhalb des Kapitalmarktbereiches beispielsweise der strukturierte Kommunalkredit, der Forfaitierungskredit und Leasing oder Mietkauf in Betracht. Diese Instrumente zeichnen sich dadurch aus, dass sie gegenüber dem Projektfinanzierungskredit in der Regel zinsgünstiger sind. Daneben bieten sich als Kapitalmarktinstrument zusätzlich Asset Backed Securities (ABS) an.

---

[38] Jacob/Stuhr (2002), S. 89.

Projektfinanzierungskredit

Unter einer Projektfinanzierung wird die Finanzierung der Investitionskosten einer Wirtschaftseinheit verstanden, die ihre Betriebskosten und den Schuldendienst selbst erwirtschaftet. Somit ist vordergründig die Ertragskraft des Projektes entscheidend und nicht die Bonität des Kreditnehmers.

Die Projektfinanzierung ist durch nachfolgende wesentliche Merkmale gekennzeichnet:

- I. d. R. wird eine rechtlich und wirtschaftlich selbstständige Gesellschaft als Trägerin des Projektes gegründet.

- Der Cashflow aus dem Projekt dient als Quelle für den Schuldendienst.

- Der Cashflow aus dem Projekt und die Aktiva des Projektes dienen als Sicherheiten für die Zins- und Tilgungszahlungen aus der Finanzierung.

- Die Gesellschafter haften nur mit dem eingebrachten Kapital.

- Die Banken bestehen meistens auf einer über das Eigenkapital hinausgehenden Haftung.

- Bilanzentlastung der Gesellschafter und damit weitere Kreditaufnahmemöglichkeiten für den Gesellschafter

- Teilung der Risiken zwischen den Beteiligten. Dabei wird ein Großteil der Risiken auf die Projektgesellschaft übertragen. Eine Analyse der Risiken zeigt die auf die Projektgesellschaft (Kreditnehmer) transferierten Risiken und deren Optimierungsmöglichkeiten. Dabei muss unterschieden werden, welche Risiken durch die Projektgesellschaft versicherbar sind, welche Risiken weitergereicht werden (z. B. an Nachunternehmer) und welche letztlich von der Projektgesellschaft selbst zu tragen sind.

Die Vorteile der Projektfinanzierung sind:

- Erschließung zusätzlicher Finanzierungsquellen in Abhängigkeit von der Projektqualität,

- Erhaltung des Finanzierungsspielraumes wegen eingeschränkter Offenlegung der Verpflichtungen aus dem Projekt,

- Begleichung des Schuldendienstes aus dem Projekt-Cashflow,

- eventuell steuerliche Vorteile aus der gesellschaftsrechtlichen Konstruktion des Projektes.

Bei einem Projektfinanzierungskredit benötigen die Kreditgeber die Fähigkeit, Risiken zu beurteilen und zu übernehmen sowie die Bereitschaft, das Projekt längerfristig zu unterstützen. Neben „Force Majeure" sind die Risikokategorien

- politisches Risiko,

- technisches Risiko,

- kommerzielles Risiko und

- Finanzierungsrisiko

zu unterscheiden. Mit Hilfe der Projektfinanzierung kann man ausnutzen, dass ein Projekt durchaus kreditwürdiger sein kann als einzelne Projektbeteiligte oder eventuell auch die öffentliche Hand selbst. Ein weiterer wichtiger Vorteil kann u. a. auch die umfassende Wirtschaftlichkeitsprüfung im Vorfeld sein.

Dem stehen als mögliche Nachteile gegenüber:

- eventuell höhere Kosten (Margen, andere Gebühren, Kosten der „Due Dilligence"),

- ausführlichere und komplexere Vertragsdokumentation,

- lange Entwicklungsphase,

- umfangreiche Auflagen und Beschränkungen bezüglich der Betriebsflexibilität,

- Banken verlangen besondere Sicherheiten (step-in rights, Verpfändung der Anteile, Abtretung der Ansprüche aus den Projekterlösen).

Für die Kreditgeber stellt sich das Problem, zukünftige Cashflows abschätzen und die Risiken analysieren zu müssen. Die Cashflow-Analyse dient der ex ante-Bestimmung der Ertragskraft des Projektes sowohl unter Planbedingungen als auch unter kritischen Bedingungen. Wichtige Projektkennzahlen sind nachfolgend dargestellt.

Wichtige Überdeckungskennzahlen sind:

Debt-Service-Cover-Ratio   = Cashflow p. a./Schuldendienst p. a.

Interest-Service-Cover-Ratio   = Cashflow p. a./Zinsdienst p. a.

Project-Life-Cover-Ratio   = Barwert zukünftiger Cashflows/Kreditsaldo

Wichtige Profitabilitätskennzahlen sind:

Projektprofitabilität   = interner Zinssatz (vor oder nach Steuern) des Projekt-Cashflow-Stroms

Eigenkapitalverzinsung   = interner Zinssatz der Zahlungsreihe aus Eigenkapitaleinzahlungen und Dividendenauszahlungen

Das Ausmaß der Eigen- und Fremdkapitalanteile ist während des Lebenszyklus variabel und hängt von der Risikosituation ab. Die Kosten des Gesamtkapitals setzen sich dabei aus den Eigen- und Fremdkapitalkosten zusammen. Bei hohem Risikotransfer ist der Anteil des vergleichsweise teuren Eigenkapitals hoch, während bei geringerem Risikotransfer ein zunehmender Ersatz durch günstigeres Fremdkapital bis zu einem bestimmten Verschuldungsgrad möglich ist.

Strukturierter Kommunalkredit[39]

Bei einem strukturierten Kommunalkredit übernimmt die öffentliche Hand die Finanzierung für die Baumaßnahme selbst. Demzufolge wird nur eine Planungs- und Bauleistung, verbunden mit einer Betriebsleistung ausgeschrieben. Dieses Vorgehen bietet sich an, wenn die Baumaßnahme über einen öffentlichen Sonderhaushalt abgewickelt wird. Die öffentliche Hand finanziert die

---

[39] In Anlehnung an Jacob (2002), S. 17.

Abschlagszahlungen während der Bauphase in Analogie zu einem privaten Unternehmen durch einen strukturierten Kassenkredit. Nach Fertigstellung wird dieser durch einen langfristigen, strukturierten Kommunalkredit abgelöst, der nutzungsäquivalent getilgt wird.

Das Modell des strukturierten Kommunalkredits eignet sich besonders für Zweckverbände, Eigenbetriebe und Anstalten des öffentlichen Rechts. Durch deren relative Ferne zum Globalhaushaltskonzept sind bei diesen Institutionen projektbezogene Finanzierungsstrategien am ehesten realisierbar. Ein weiterer guter Ansatzpunkt zeigt sich bei Baumaßnahmen, die einen zumindest annähernd positiven Cashflow erwirtschaften. Dieser kann dann unmittelbar zur Tilgung herangezogen werden.

Als Praxisbeispiel für die Realisierung eines Projektes nach dem vorgenannten Modell kann das Projekt „Schulen des Landkreises Hof" (Hofer Modell) betrachtet werden.[40] Hier wurde im Gegensatz zur klassischen PPP-Realisierung die Endfinanzierung nicht Gegenstand der Auftragsvergabe an den privaten Partner. Die Finanzierung erfolgte wie bei einer konventionellen Errichtung über Kommunalkredite. Der Kreditbedarf der Gesamtinvestitionskosten des Projektes wurde im Vermögenshaushalt des Landkreises dargestellt, was die Erteilung einer Kreditgenehmigung bzw. eine Verpflichtungsermächtigung erforderte. Diese Vorgehensweise ermöglicht die langfristige Finanzierung des Projektes zu Kommunalkreditkonditionen.

Forfaitierungskredit (mit Einredeverzicht)

Forfaitierungsmodelle stellen eine Weiterentwicklung des vorgenannten Modells dar. Die Projektgesellschaft verkauft einen Teil der ihr seitens der öffentlichen Hand zustehenden Ratenzahlungen regresslos an eine Bank. Voraussetzung für den Ankauf der Ratenzahlungen durch Banken zu kommunalkreditähnlichen Konditionen ist der Verzicht der öffentlichen Hand auf die Einrede der Vorausklage für diesen Ratenteil sowie auf die Aufrechnung mit anderen Forderungen gegenüber diesen Banken, nicht jedoch gegenüber den Leistungserstellern. Der entsprechende Teil der Ratenzahlung ist danach unmittelbar von der öffentlichen Hand an das Kreditinstitut zu überweisen, auch im Falle von Leistungsstörungen. Den anderen Teil der Ratenzahlung erhält bei ordnungsgemäßer Leistung die Projektgesellschaft, um die laufenden Kosten decken zu können (z. B. für die Geschäftsbesorgung). Bei Schlechtleistung kann die öffentliche Hand insoweit ihre Zahlungen mindern.

Die wirtschaftlichen Vorteile für die Beteiligten, die Vertragsbeziehungen sowie die Zahlungsflüsse bei der Forfaitierung sind weitgehend mit denen des vorgenannten Modells identisch. Der wesentliche Unterschied der Forfaitierungsmodelle liegt in der Besicherung der Bankfinanzierung durch die öffentliche Hand. Diese Besicherung führt zu einem Bonitätstransfer vom Bieter auf die öffentliche Hand, was mit einer günstigeren Kreditkonditionierung und somit einer Senkung der Finanzierungskosten bei gleichzeitig erforderlicher geringerer Eigenkapitalquote einhergeht. Dies kommt gerade mittelständischen Unternehmen zugute. Die öffentliche Hand muss sich aber in der Betriebsphase – ähnlich wie beim strukturierten Kommunalkredit – besonders gegen Schlechtleistung des privaten Partners absichern.[41]

---

[40] Vgl. http://www.oepp-plattform.de/suchen/tag/31/bilfinger.html.

[41] Vgl. Lehrstuhl für Baubetriebslehre, TU Bergakademie Freiberg (2011), S. 28 ff., Miksch (2007) und Miksch (2007 a), S. 60 f.

Ein Beispiel für eine Projektrealisierung mittels einredefreier Forfaitierung ist das Bildungs-zentrum SeeCampus Niederlausitz.[42] Das Bildungszentrum liegt zwischen den Städten Lauch-hammer und Schwarzheide. Das Grundstück befindet sich in einem Altbergbaugebiet und musste zur Herstellung der notwendigen Standsicherheit umfassend hergerichtet werden. In-nerhalb des Neubaus wurden ein Gymnasium mit Ganztagsschulbetrieb und naturwissen-schaftlicher Ausrichtung sowie ein Oberstufenzentrum für insgesamt ca. 880 Schüler und Auszubildende aus dem Süden des Landkreises Oberspreewald-Lausitz konzentriert. Neben den für die Schüler geforderten Unterrichtsräumen stehen für sowohl schulische als auch au-ßerschulische Zwecke eine 3-Feld-Sporthalle mit angeschlossener Tribüne für 200 Personen, eine Aula, Cafeteria und Bibliothek zur Verfügung. Aufgrund der vereinbarten öffentlichen Nutzung wird die Sporthalle durch die Städte Schwarzheide und Lauchhammer mitfinanziert. Die Finanzierung des Bildungszentrums SeeCampus Niederlausitz erfolgte im Rahmen eines einredefreien Forfaitierungsmodells. Wie bei vielen ÖPP-Projekten üblich, wird der innerhalb der Planungs- und Bauphase anfallende Werklohn gestundet und über die Vertragslaufzeit zurückgezahlt. Zur Absicherung der Risiken, die gewöhnlich durch den Einredeverzicht im Rahmen der gewählten Finanzierungsstruktur für den Landkreis Oberspreewald-Lausitz exis-tieren, wurden notwendige Sicherheiten wie Vertragserfüllungs- und Gewährleistungsbürg-schaften im Vertragswerk verankert.[43]

Leasing/Mietkauf als Kreditsurrogate[44]

Auf das Leasing wurde bereits ausführlich unter Punkt 3.1 eingegangen. In diesem Fall ist das Financial Leasing vorherrschend. Die Grundmietzeit muss zwischen 40 und 90 % der be-triebsgewöhnlichen Nutzungsdauer betragen (vgl. Leasingerlasse). Die Optionen zum Ende der Grundmietzeit müssen mindestens auf Basis des linearen Restbuchwertes gemäß den AfA-Tabellen kalkuliert sein. Werden die Leasingregeln nicht eingehalten, handelt es sich in der steuerlichen Behandlung um Mietkauf.

Beim Leasing/Mietkauf setzen die Zahlungen erst mit der mängelfreien Abnahme der fertig gestellten Baumaßnahme ein. Bis dahin refinanziert sich die Projektgesellschaft über eine Bauzwischenfinanzierung. Dadurch sind die erforderlichen Mittel zur Bezahlung der Pla-nungs- und Baukosten sowie der Versicherungsprämien gesichert. Zinsen werden nicht ge-zahlt, sondern kapitalisiert, d. h. bis zum Ende der Bauzwischenfinanzierung angesammelt. Nach der Abnahme wird die Bauzwischenfinanzierung einschließlich der kapitalisierten Zin-sen durch eine langfristige Finanzierung abgelöst. Die Raten sind so kalkuliert, dass sie die Zins- und Tilgungslast sowie zusätzlich die laufenden Bewirtschaftungskosten decken. Beim Mietkauf geht im Unterschied zum Leasing mit Zahlung der letzten Rate das Eigentum auto-matisch auf den Nutzer über.

Asset Backed Securities (ABS)

Die Nutzung der Kapitalmärkte zur Finanzierung von Investitionen gewann in den vergange-nen Jahren erheblich an Bedeutung. Mit der Emission von Gläubigerpapieren (z. B. Anleihen)

---

[42] Vgl. http://www.seecampus-ev.de.
[43] Vgl. Miksch (2012).
[44] Jacob (2002), S. 17 f.

nimmt der Emittent am anonymen Kapitalmarkt einen langfristigen Kredit auf. Die Besicherung der Anleihen erfolgt durch die Verbriefung eigener Forderungen, welche in einem eigens dafür gegründeten, rechtlich selbstständigen Fonds (Einzweckgesellschaft = Special Purpose Vehicle, SPV) eingebracht werden. Der Fonds emittiert Schuldverschreibungen, die aus den Zahlungseingängen der Forderungen verzinst und getilgt werden. Eine Form der Schuldverschreibungen sind Asset Backed Securities.[45]

Asset Backed Securities stellen eine innovative konkurrierende Finanzierungsalternative zum Factoring oder zur klassischen Anleihe dar.[46] Dabei werden umfangreiche Finanzaktiva, insbesondere Forderungen aus Lieferungen und Leistungen in Form eines Treuhandvermögens gepoolt. Die Ansprüche an diesem Pool werden wertpapiermäßig verbrieft (Securitization) und als handelbare Wertpapiere hauptsächlich an institutionelle Anleger veräußert.

Asset Backed Securities funktionieren nach folgendem Grundprinzip:[47]

- Basis für ABS-Transaktionen bilden Forderungen, die vorhersagbaren Cashflow generieren

- fällig werdende Forderungen dienen zur Tilgung der ABS-Papiere

- da der Verkauf der Forderungen Kosten verursacht, muss der Verkäufer in Abhängigkeit von der Qualität der Forderung und des Verkäufers Abschläge von der Forderungssumme hinnehmen

Die Arten der Forderungen können sein:

- Vermögenswerte, Markennamen, Datenbankbestände, geistiges Eigentum können verbrieft werden

- Forderungsverkäufer sind in der Regel Banken sowie Leasing- und Finanzierungsgesellschaften

Die Refinanzierung erfolgt durch die Zusammenfassung der Forderungen in einem Pool und den Verkauf dieses Pools an eine Zweckgesellschaft. Die Zweckgesellschaft platziert den Pool beispielsweise als Anleihe oder Schuldverschreibung mit einer Laufzeit von in der Regel bis zu 90 Tagen (Commercial Paper).

Mit ABS-Transaktionen wird u. a. die Erreichung folgender Ziele angestrebt:[48]

- Verbesserung der Liquidität

- Diversifizierung von Refinanzierungsmöglichkeiten

- Zugang zum internationalen Kapitalmarkt

- Verbesserung der Bilanzkennzahlen (Rückführung des Fremdkapitalanteils).

Letztlich steht hinter jeder ABS-Transaktion die Idee, Vermögenswerte (Forderungen) in unmittelbar liquide Finanzmittel zu transformieren und diese Finanzmittel zur Optimierung der

---

[45] Vgl. Betsch/Groh/Lohmann (1998), S. 210 ff.
[46] Vgl. Perridon/Steiner/Rathgeber (2009), S. 444.
[47] Welt am Sonntag (2004), S. 38.
[48] Vgl. Arntz/Schultz (1998).

unternehmerischen Ziele zu verwenden. Durch ein hervorragendes Kreditrating werden die Refinanzierungskosten für das Special Purpose Vehicle möglichst niedrig gehalten. Das SPV übernimmt in der Regel keine Dienstleistungsfunktionen in Form von Inkasso, Mahnwesen usw., sondern entrichtet hierfür service fees an den Originator (z. B. Bauunternehmen).

Bei Asset Backed Securities übernehmen die Emittenten keine Haftung. Die Emission der Schuldverschreibungen kann in Abhängigkeit von der Platzierungskraft der Emittenten durch Eigenemission oder über ein Konsortium erfolgen. Sie ist mit Transaktionskosten verbunden.

Mortgage Backed Securities (MBS)[49]

Bei Mortgage Backed Securities lassen sich klassische MBS (True-Sale-Modell) und synthetische MBS unterscheiden. Die Grundstruktur klassischer MBS veranschaulicht Abbildung 17.

Im True-Sale-Modell wird ein Portfolio von Kreditforderungen einschließlich der dazugehörigen Hypotheken und Grundschulden an eine eigens zu diesem Zweck gegründete Gesellschaft (Special Purpose Vehicle, SPV) verkauft. Die Funktion des SPV beschränkt sich i. d. R. auf die Ausgabe von Wertpapieren (MBS) unterschiedlicher Klassen bzw. Tranchen an Investoren zur Finanzierung der angekauften Forderungen. Die Besicherung der Wertpapiere erfolgt durch das jeweilige Portfolio, d. h. den grundpfandrechtlich besicherten Forderungspool.

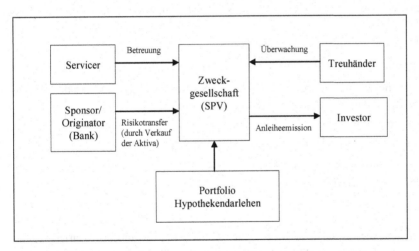

Abbildung 17: **Klassische Mortgage Backed Securities (True Sale)[50]**

Synthetische MBS stellen ein weiteres Finanzierungsmodell dar, das aus Fragen der steuerlichen Konzeption und der Verwaltung des Forderungspools hervorgegangen ist. Die Struktur synthetischer MBS ist in Abbildung 18 dargestellt.

---

[49] Axford/Fenge (2003), S. 18 f.
[50] Vgl. Verband deutscher Hypothekenbanken (2004), S. 12.

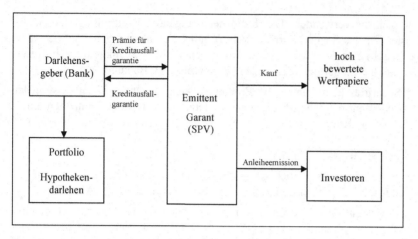

Abbildung 18:   Synthetische Mortgage Backed Securities[51]

Es erfolgen ein Verkauf und eine Verbriefung des Kreditrisikos (und nicht der Forderungen).
Ein Dritter (Garant) übernimmt das Kreditausfallrisiko eines bestimmten Pools an Kreditforderungen und leistet Ersatz für Zahlungsausfälle im Pool. Für die Übernahme der Kreditaus-
fallgarantie erhält der Garant eine entsprechende Vergütung. Im Regelfall dient als Garant
wiederum ein SPV.

Die Vorteile sind:

– hohe Flexibilität: nicht an Beschränkungen des Hypothekenbankgesetzes gebunden

– Bank kann die mit dem Forderungspool verbundenen Kreditrisiken aus der Bilanz
  entfernen und dadurch ihr Eigenkapital entlasten

Als Nachteile sind zu nennen:

– komplexe Strukturen, an der eine Vielzahl von Parteien beteiligt sind

– viele rechtliche Probleme sind zu lösen aufgrund fehlender gesetzlicher Regelung
  von MBS-Transaktionen

Debt Funds

Der Fonds investiert in festverzinsliche Instrumente wie Kredite, Schuldscheindarlehen und
Anleihen. Er wird von Investoren bevorzugt, die kontinuierliche Erträge und nicht zu viel
Risiko präferieren. Debt Funds treten gegenwärtig insbesondere in Großbritannien auf.

Ein Beispiel für einen Debt Funds ist der Hadrian's Wall Capital I, welcher von Aviva Inves-
tors (Versicherungsunternehmen) in Zusammenarbeit mit Hadrian's Wall Capital (Unterneh-
mensberatung) aufgelegt wurde. Mit einem Fondsvolumen von ca. 500 Mio. EUR und 500
Mio. britischen Pfund sind sowohl Investitionen in Großbritannien als auch in Kontinentaleu-

---

[51] Vgl. Verband deutscher Hypothekenbanken (2004), S. 12.

ropa vorgesehen. Die Europäische Investitionsbank investiert ca. 50 Mio. EUR in Hadrian's Wall Capital.[52]

KfW-Darlehen

Zum 01. Januar 2009 wurden die infrastrukutrellen Programme der Kreditanstalt für Wiederaufbau (KfW) umfangreich um- und neustrukturiert. Derzeit stehen unter anderem folgende Programme für Maßnahmen im kommunalen Bereich zur Verfügung (Auswahl):[53]

– Kommunale Infrastruktur: IKK-KfW-Investitionskredit Kommunen (Programmnummer 208)

– Energietische Gebäudesanierung: Energieeffizient Sanieren – Kommunen (Programmnummer 218)

– Energieeffiziente Stadtbeleuchtung: KfW-Investitionskredit Kommunen Premium – Energieeffiziente Stadtbeleuchtung (Programmnummer 215)

– Energetische Stadtsanierung: Energetische Stadtsanierung – Energieeffiziente Quartiersversorgung (Kommunen) (Programmnummer 201)

Im Folgenden werden diese Förderprogramme kurz erläutert.

KfW-Investitionskredit Kommunen (Programmnummer 208)

Mit dem Programm werden Investitionen in die Sozial- und Kommunalinfrastruktur sowie in Projekte der Wohnungswirtschaft finanziert. Die Investitionen müssen bezogen auf das aktuelle Haushaltsjahr Bestandteil des Vermögenshaushalts sein. Auch für das Vorhaben erforderliche Grundstücke sind förderbar, wenn deren Erwerb zum Zeitpunkt der Antragstellung maximal zwei Jahre zurückliegt. Kassenkredite oder Umschuldungen beendeter Projekte werden nicht gefördert. Der jährliche Kreditbetrag beläuft sich pro Antragsteller auf maximal 150 Mio. EUR. Bei einem Kreditvolumen ab 2 Mio. EUR werden je Vorhaben maximal 50 % der förderfähigen Kosten finanziert. Liegt das Kreditvolumen unterhalb der zwei Millionen-Grenze, können bis zu 100 % finanziert werden. Die maximale Laufzeit kann 10, 20 oder 30 Jahre betragen, in Verbindung mit den jeweils maximalen tilgungsfreien Zeiträumen von 2, 3 oder 5 Jahren. Der Zinssatz richtet sich nach dem Kapitalmarkt und wird am Eingangstag des Kreditabrufes für 10 Jahre festgeschrieben. Der Kreditbetrag wird zu 100 %, entweder in einer oder zwei Tranchen, ausgezahlt. Die Tilgung erfolgt wie bei allen anderen vorgestellten Förderprogrammen quartalsweise.

---

[52] http://www. infrastructureinvestor.com/Article.aspx?article=60090&hashID=619574780585337B8A 244847A3CD5D7F366AF67C; http://www.eib.org/projects/pipeline/2010/20100006.htm?lang=de.
[53] Quelle: http://www.kfw.de (Abruf Mai 2012).

KfW-Investitionskredit Energieeffizient Sanieren – Kommunen (Programmnummer 218)

Mit Hilfe des Programms sollen Maßnahmen der energetischen Gebäudesanierung im kommunalen und sozialen Bereich unterstützt werden. Im Fokus der Maßnahmen stehen Energieeinsparungen sowie die Verringerung von CO_2-Emmissionen. Gefördert werden Gebäudesanierungen, die die Anforderungen der Standards „KfW-Effizienzhaus 85" bzw. „KfW-Effizienzhaus 100" erfüllen. Weiterhin sind verschiedene Einzelmaßnahmen förderfähig, welche ebenfalls an technische Mindestanforderungen geknüpft sind. In beiden Fällen richtet sich die Förderung nach der Energieeinsparverordnung. Bis zu 100 % der Investitionskosten einschließlich möglicher Nebenkosten sind förderfähig. Die Kreditlaufzeit kann in der Variante (20/3) oder (30/5) gestaltet werden. Der Zinssatz wird über 10 Jahre fixiert.

KfW-Investitionskredit Kommunen Premium – Energieeffiziente Stadtbeleuchtung (Programmnummer 215)

Ziel des Direktkredites ist es, die Energieffizienz der Beleuchtung nachhaltig zu entwickeln. Im Allgemeinen fallen unter die Förderung Maßnahmen in den Bereichen Straßenbeleuchtung, Beleuchtung von Parkplätzen und anderen Freiflächen, Beleuchtung in Parkhäusern und Tiefgaragen sowie die Errichtung von Ladestationen und für E-Fahrzeuge. Es können bis zu 100 % der förderfähigen Kosten finanziert werden. Die Kreditlaufzeit ist auf 10 Jahre bei 2 tilgungsfreien Jahren festgelegt.

Energetische Stadtsanierung – Energieeffiziente Quartiersversorgung (Kommunen) (Programmnummer 201)

Das Programm richtet sich an Kommunen und bietet diesen zinsvergünstigte langfristige Investitionsfinanzierungen für die Wärmeversorgung sowie die Wasser- und Abwasserversorgung vor dem Hintergrund der energieeffizienten Quartiersversorgung. Generell werden Maßnahmen mitfinanziert, welche die Energieeffizienz der Kommunalinfrastruktur verbessern. Es können bis zu 100 % der förderfähigen Kosten finanziert werden. Der Antragsteller kann zwischen den oben skizzierten üblichen Laufzeitvarianten (10/2), (20/3) oder (30/5) wählen. Als Zinssatz wird der am Auszahlungstag gültige Programmzins verbindlich für die Dauer von 10 Jahren festgeschrieben.

3.3.4 Finanzierung mit Eigenkapital

Die Verteilung der Risiken auf der PPP-Ebene hat entscheidenden Einfluss auf die finanzielle Ausgestaltung und die Nutzung von Finanzierungsspielräumen auf der Unternehmensebene bzw. Ebene der Projektgesellschaft. Den Zusammenhang zwischen Risikotransfer und Eigenkapitalanteil zeigt Abbildung 19.

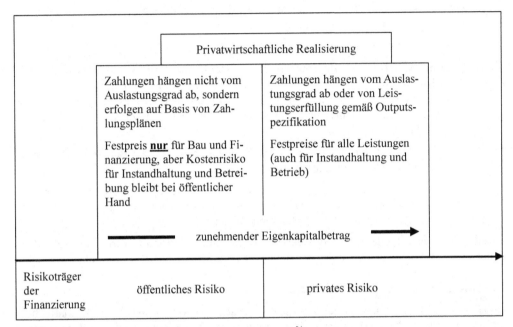

Abbildung 19:   Risikotransfer und Eigenkapitalanteil[54]

Sollte die Finanzkraft der Kooperationspartner nicht ausreichen, wäre die Einbindung institutioneller Eigenkapitalinvestoren zur Verbesserung der Kapitalausstattung der Projektgesellschaft überlegenswert, da diese Investoren eher an einer längerfristig angelegten, gemäßigten Eigenkapitalrendite als an einer kurzfristigen, überdurchschnittlich hohen Wertsteigerung interessiert sind. Als institutionelle Eigenkapitalinvestoren kommen beispielsweise (ausländische) Pensionsfonds, Lebensversicherungsgesellschaften oder sonstige Anlagegesellschaften in Betracht.[55]

Ein Beispiel sind die Infrastrukturfonds von Meridiam.[56] Meridiam hat im Jahr 2012 u. a. in das Straßen-PPP-Projekt E 18 in Finnland und das Straßenbahn-PPP-Projekt Nottingham Express Transit (NET) auf 25 Jahre investiert. Weiterhin ist Meridiam beispielsweise bereits an dem deutschen A-Modell für die A 5 von Beginn an mit 37,5 % beteiligt.[57] In Zukunft könnten auch ÖPP-Fonds nach deutschem Investmentgesetz eine Rolle spielen.[58]

Als Beispiel für Fondsfinanzierungen im Energiebereich kann der Sonnenfonds Donau II GmbH & Co. KG genannt werden. Dieser ging im Dezember 2005 ans Netz. Das Projekt zur

---

[54] Jacob/Stuhr (2002), S. 88.
[55] Vgl. Jacob (2002), S. 19.
[56] Vgl. Rose (2012), S. 167-170.
[57] Vgl. http://www.via-suedwest.de.
[58] Vgl. Jacob/Ilka/Effenberger (2010), S. 617-628, Jacob/Hilbig (2012), S. 38.

Erzeugung von Strom aus Photovoltaikanlagen wurde in zwei örtlich getrennten Anlagen mit Standorten in Penzing und Ballstadt in Bayern realisiert:[59]

- Das Investitionsvolumen beläuft sich auf ca. 22,6 Mio. EUR.

- Der Solarfonds Donau II finanziert sich zu 25,24 % aus Eigenkapital, geleistet durch 215 Kommanditisten und zu 74,76 % aus Fremdkapital. Das Fremdkapital setzt sich aus einem zinsgünstigen Darlehen aus dem European Recovery Program (Zinssatz 3,5 %, Laufzeit 15 Jahre) und dem KfW-Umweltprogramm (Zinssatz 2,95 %, Laufzeit 10 Jahre) zusammen.

- Die Rentabilität der Beteiligung wird mit 6,7 % erwartet, die Beteiligungsdauer ist langfristig angelegt und zeitlich unbegrenzt.

- Das Risiko zu hoher Ertragsprognosen wurde durch Ertragsgutachten minimiert; um Liquiditätsschwankungen aufzufangen, wurde eine Liquiditätsreserve von 50 % der erwarteten jährlichen Stromproduktion gebildet.

Bereits an anderer Stelle wurde der geschlossene Immobilienfonds „Vermögenswerte 6 – Feuerwache Mühlheim an der Ruhr" der Hannover Leasing erläutert (vgl. Kapitel 3.2.3).

Eigenkapital für den Mittelstand

Insbesondere für kleine und mittelständische Unternehmen ist aufgrund ihrer Beschaffenheit mit relativ geringen Bilanzsummen, Jahresumsätzen und einer damit einhergehenden geringen Kapitalausstattung die Zuführung neuer Finanzierungsquellen von besonderer Bedeutung. Zur Verbesserung der Eigenkapitalsituation können mittelständische Unternehmen Beteiligungs-kapital bei Private Equity Fonds oder einer der 15 seit den 1970er Jahren in Deutschland gegründeten Mittelständischen Beteiligungsgesellschaften (MBGen) aufnehmen. Diese beteiligen sich als neutrale Kapitalgeber branchenübergreifend und langfristig (bis zu 15 Jahre) an mittelständischen Unternehmen in ihrem jeweiligen Bundesland.[60]

Das Beteiligungsangebot der regional tätigen MBGen unterscheidet sich je nach Beteiligungs-anlass in der Höhe (i. d. R. ab 20.000 bis 5 Mio. EUR) und in der Ausgestaltung.[61]

---

[59] Vgl. Solarparc AG (2005), S. 6 ff.
[60] Vgl. BVK (2008), S. 1.
[61] Vgl. BVK unter http://www.bvkap.de (Abruf September 2012).

In der Regel werden folgende Beteiligungsanlässe unterschieden:

Beteiligungs-anlass	Eigenkapital für	Beteiligungsart	Höhe	Dauer
Wachstum	Kapazitätserweiterung Internationalisierung Erschließung neuer Märkte	stille Beteiligung offene Beteiligung Kombination aus offener/stiller Beteiligung Genussrechte	200.000 Euro bis 5 Mio. Euro	5 bis 10 Jahre
Existenz-gründung	Unternehmensgründung	Typische stille Beteiligung	20.000 Euro bis 250.000 Euro	i. d. R. 10 Jahre
Innovation	Neue Produktions-verfahren, Entwick-lungsaktivitäten	Minderheitsbeteiligung, direkte und/oder stille Beteiligung	250.000 Euro bis 1,5 Mio. Euro	5 bis 7 Jahre
Turn-around	Hilfe in/nach einer Krise	Minderheits-beteiligung typisch still oder offen oder kombiniert	anfangs 500.000 Euro bis 1 Mio. Euro	5 bis 7 Jahre
Unternehmens-nachfolge	MBO / MBI / Spin off Gesellschafterwechsel	Offene Beteiligung Stille Beteiligung Kombinierte (offe-ne/stille) Beteiligung	250.000 Euro bis 5 Mio. Euro	5 bis 7 Jahre
Eigenkapital für den breiten Mittelstand	Kapitalstruktur-optimierung	Stille Beteiligung Offene Beteiligung Kombinierte (offe-ne/stille) Beteiligung	1 Mio. Euro bis 5 Mio. Euro	6 bis 8 Jahre

Tabelle 6:   Übersicht Beteiligungskapital Mittelständischer Beteiligungsgesellschaften[62]

---

[62] Vgl. BayBG unter http://www.baybg.de.

3.3.5   Mezzanine Finanzierung

Der Begriff stammt aus dem Italienischen („mezzanino") und beinhaltet eine in der Renaissance typische Bauweise eines Halbgeschosses, welches zwischen zwei Hauptgeschossen liegt. In Bezug auf die Finanzierungsmöglichkeiten hat die Mezzanine Finanzierung eine ähnliche Bedeutung und ist vielschichtig auslegbar. Unter ihr versteht man hybride Finanzinstrumente, die eine Zwischenform von Eigen- und Fremdkapital darstellen.[63]

Die Ausgestaltung kann sowohl fremdkapitalnah (Debt Mezzanine, z. B. Nachrangdarlehen) als auch eigenkapitalnah (Equity Mezzanine, z. B. stille Beteiligung) sein. Kennzeichen für Mezzanines Kapital ist die Nachrangigkeit gegenüber klassischem Fremdkapital, da die Gläubiger auch Eigentümereigenschaften besitzen. Mezzanine Finanzierungen werden speziell bei mittelständischen Unternehmen zur Buy-Out- und Wachstumsfinanzierung sowie der Umstrukturierung der Kapitalverhältnisse (Rekapitalisierungs-Mezzanine) angewandt.

Eine wesentliche Ertragskomponente sind Zinszahlungen. Sie erfolgen aufgegliedert in laufenden und einer abschließenden Zinszahlung bei Fälligkeit und erfordern stabile Cashflows. Bei Fälligkeit besteht zumindest die Option auf Eigenkapital. Auch Asset Backed Securities können Mezzanine sein. Dies ist insbesondere dann der Fall, wenn diese nicht mit "A", also erstklassisch geratet wurden.

Investitionen sind u. a. in Form geschlossener Mezzanine-Fonds, per Direktinvestitionen bzw. offenen Fonds mit Schwerpunkt Genussrechte sowie Wandel- und Optionsanleihen möglich.

Vorteile:

–   Die Fremdkapitalquote steigt nicht zu Lasten der Eigenkapitalquote.

–   Dadurch wird der Finanzierungsspielraum tendenziell weiter vergrößert.

–   Die Aufnahme von Mezzanine Kapital ist im Schnitt günstiger.

–   Für Investoren sind vergleichsweise höhere Renditen bei geringerer Korrelation mit anderen Anlageklassen erzielbar.

–   Die Investoren besitzen weiterhin Informations- und Kontrollrechte.

–   Der Finanzierungs- bzw. Anlagehorizont ist mit ca. 5 bis 10 Jahren überschaubar.

Nachteile:

–   Eine auslegbare oder falsche Bilanzierung beim Schuldner könnte die Bilanz verfälschen.

–   Aus der Nachrangigkeit ergeben sich höhere Risiken für die Investoren.

–   Zwangsläufig resultiert daraus auch eine stärkere Notwendigkeit zur Überwachung.

---

[63] Vgl. zur Mezzanine Finanzierung z. B. Richter (2005), S. 36-40.

Charakteristika	Genussrechte	Nachrangdarlehen	Stille Beteiligung (typisch)	Vorzugsanteile	Wandel- oder Optionsanleihe
Vergütungsstruktur	fix und variabel	fix und variabel	fix und variabel	variabel	fix und Wandlungsrecht
Renditeerwartung	10 bis 20 %	10 bis 20 %	10 bis 16 %	ca. 20 %	10 bis 18 %
Informations- und Kontrollrechte	vertraglich vereinbart	vertraglich vereinbart, i.d.R. wie klassisches Fremdkapital	gesetzliche Rechte, die i.d.R. vertraglich erweitert werden	Gesellschafterstellung	Gläubigerstellung; nach Wandlung: Gesellschafterstellung
wirtschaftliches Eigenkapital im Rating	bei entsprechender Ausgestaltung: ja	ja	ja	ja	nein; ab Wandlung: ja
bilanzielles Eigenkapital	je nach Gestaltung	nein	je nach Gestaltung	ja	nein; ab Wandlung: ja
Teilnahme am Verlust	je nach Gestaltung	nein	grundsätzlich ja, kann ausgeschlossen werden	ja	nein; ab Wandlung: ja

Tabelle 7:   **Mezzanine-Varianten in Deutschland**[64]

---

[64] Richter (2005), S. 37. Die Renditeerwartungen dürften sich seit 2005 nicht wesentlich verändert haben.

4   Finanzwirtschaftliche Risikoabsicherung

Die finanzwirtschaftliche Risikoabsicherung kann sich zum einen auf Kreditsicherheiten beziehen, zum anderen auf Sicherheiten über Cashflows, insbesondere Mieteinnahmen. Im Auslandsbau sind zusätzlich die wirtschaftlichen und politischen Risiken besonders abzusichern; wegen der Einbeziehung fremder Währungen sind spezielle Kurssicherungsmaßnahmen zu treffen.

4.1   Kreditsicherheiten[65]

Bei der Kreditvergabe ist es für den Kreditnehmer fast unvermeidbar, eine Sicherheit für den gewünschten Kredit gegenüber dem Kreditgeber zu erbringen. Kreditsicherheiten sind bedingte, direkte Ansprüche auf monetisierbare Vermögenswerte. Es werden Sachsicherheiten und Personensicherheiten unterschieden (vgl. Abbildung 20).

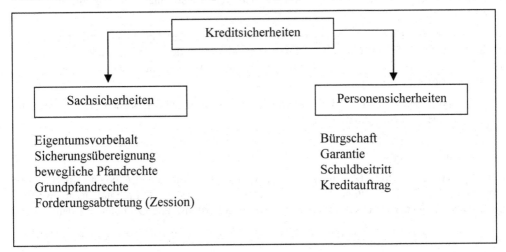

Abbildung 20:   **Kreditsicherheiten**[66]

---

[65] Vgl. Rollwage (2012).
[66] Ebenda, S. 24.

4.1.1 Sachsicherheiten

Sachsicherheiten sind bedingte Zugriffsrechte auf ein Sicherungsgut. Als Sicherungsgut kommen bewegliche Sachen, unbewegliche Sachen (= Grundstücke) und Rechte (insbesondere Forderungen) in Betracht. Zu den Sachsicherheiten gehören Eigentumsvorbehalt, Sicherungsübereignung, bewegliches Pfandrecht, Grundpfandrechte und Forderungsabtretung (Zession).

Der Eigentumsvorbehalt (§ 449 BGB) ist eine Vereinbarung zwischen Käufer und Verkäufer, wonach die Ware bei Übergabe zwar in den Besitz des Käufers übergeht, er aber bis zur vollständigen Bezahlung des Kaufpreises nicht Eigentümer wird.

Die Sicherungsübereignung ist eine Übereignung von beweglichen, i. d. R. für den Schuldner unentbehrlichen Sachen an den Gläubiger zur Sicherung seiner Forderung. Der Gläubiger wird zwar treuhänderischer Eigentümer; die Sache bleibt aber im Besitz des Schuldners, der sie auch weiterhin nutzen kann.

Das Pfandrecht (§ 1204 BGB) ist ein dingliches Recht an beweglichen Sachen oder Rechten, das den Gläubiger berechtigt, sich durch Verwertung des pfandbelasteten Gegenstandes zu befriedigen. Das Pfandrecht ist vom Bestehen einer Forderung abhängig (Akzessorietät). Ein Pfandrecht entsteht durch Einigung zwischen dem Eigentümer und dem Gläubiger über die Entstehung des Pfandrechtes; bei beweglichen Sachen ist zusätzlich die Übergabe der Pfandsache erforderlich (Faustpfandprinzip) und bei Grundstücken eine Eintragung ins Grundbuch (Grundpfandrecht). Beim Pfandrecht gibt der Schuldner Besitz und Nutzung auf, aber nicht sein Eigentum.

Grundpfandrechte sind Belastungen von Grundstücken, die den Gläubiger berechtigen, letztlich eine gerichtliche Zwangsvollstreckung (Versteigerung) des Grundstückes zu verlangen, die der Schuldner dulden muss. Grundpfandrechte entstehen durch eine Eintragung ins Grundbuch. Es gibt zwei Formen der Grundpfandrechte:

–   Hypotheken (§ 1113 BGB) sind akzessorisch, d. h. vom Bestehen einer Forderung des Hypothekengläubigers abhängig,

–   Grundschulden (§ 1191 BGB) sind abstrakt, d. h. nicht vom Bestehen einer Forderung abhängig.

Eine Forderungsabtretung (Zession) liegt vor, wenn der Kreditnehmer (Zedent) zur Besicherung eines Kredites Forderungen, die der Kreditnehmer gegenüber Dritten hat, an den Kreditgeber (Zessionar) abtritt. Drei Formen der Zession sind grundsätzlich zu unterscheiden:

–   Die Einzelzession kommt insbesondere für hohe Forderungsbeträge (z. B. im Exportgeschäft) infrage.

–   Bei der Mantelzession verpflichtet sich der Kreditnehmer, laufend Forderungen in einer bestimmten Höhe abzutreten. Die Abtretung wird hierbei mit Einreichen der betreffenden Forderung vollzogen.

–   Bei der Globalzession wird die Abtretung sämtlicher gegenwärtiger und zukünftiger Forderungen gegenüber einer bestimmten Gruppe von Drittschuldnern vereinbart. Der Zessionar wird hierbei mit dem Entstehen der Forderung Gläubiger, ohne dass es einer besonderen Rechtshandlung bedarf.

Auf einer weiteren Ebene lassen sich offene und stille Zession unterscheiden. Offene Zession bedeutet, dass dem Schuldner die Forderungsabtretung bekannt gemacht wird und er mit befreiender Wirkung nur noch auf ein Konto des Zessionars leisten darf. Dies wird im Geschäftsverkehr im Allgemeinen als Gesichtsverlust angesehen und sollte daher vermieden werden.

4.1.2 Personensicherheiten

Personensicherheiten sind bedingte Haftungszusagen Dritter. Zu den Personensicherheiten gehören Bürgschaft, Garantie, Schuldbeitritt und Kreditauftrag.

Die Bürgschaft ist ein Vertrag, durch den sich ein Dritter (Bürge) gegenüber dem Gläubiger verpflichtet, für die Erfüllung der Verbindlichkeiten des Schuldners einzustehen. Die Bürgschaft ist also akzessorisch, d. h. an das Bestehen einer Forderung gebunden. Zwei Grundformen werden unterschieden:

– Bei der Ausfallbürgschaft ist der Bürge nur dann verpflichtet, den Gläubiger zu befriedigen, wenn der Gläubiger durch erfolglose Zwangsvollstreckung gegen das Vermögen des Schuldners nachweisen konnte, dass er einen Verlust erlitten hat.

– Bei der selbstschuldnerischen Bürgschaft verzichtet der Bürge auf das Recht der Einrede der Vorausklage, d. h. der Gläubiger kann vom Bürgen sofortige Zahlung verlangen, wenn der Schuldner seinen Verpflichtungen nicht nachkommt.

Ein Beispiel für einen Text einer Mängelansprüchebürgschaft ist im Anschluss abgedruckt. Durch die Einredeverzichte kann sich eine solche Bürgschaft einem Garantieversprechen stark annähern.

Die Garantie ist ein abstraktes und unwiderrufliches Zahlungsversprechen, das unbedingt erfolgt und auf erste Anforderung des Begünstigten einzulösen ist. Dabei verpflichtet sich ein Dritter (Garant) für einen bestimmten Erfolg – auch Gefahr oder Schaden – einzustehen.[67] Garantien sind im Gegensatz zu Bürgschaften gesetzlich nicht geregelt und „rechtlich von einem zugrunde liegenden Schuldverhältnis losgelöst"[68], d. h. Garantien sind abstrakte Zahlungsversprechen.

Beim Schuldbeitritt tritt mit Zustimmung des Gläubigers dem Kreditnehmer ein Dritter bei, der die gesamtschuldnerische Haftung für den Kreditbetrag mit übernimmt.

Um einen Kreditauftrag handelt es sich, wenn ein Kreditgeber von einem Dritten (Auftraggeber) beauftragt wird, in eigenem Namen und für eigene Rechnung einem Schuldner Kredit zu gewähren. Es haftet dann der Dritte als Bürge.

---

[67] Grill/Perczynski (2012), S. 387.
[68] Ebenda, S. 387.

(bürgschaftsgebende Bank oder Kautionsversicherer)

Mängelansprüchebürgschaft

Die

- nachstehend Auftragnehmer genannt -

hat gegenüber

- nachstehend Auftraggeber genannt -

für das Bauvorhaben

nach dem Vertrag vom

mit einer Auftragssumme von

für die ausgeführten Arbeiten

eine Mängelansprüchebürgschaft in Höhe von

EUR _____

(i. W. _____)

zu stellen.

Die unterzeichnende Gesellschaft übernimmt für den genannten Auftragnehmer im Rahmen vorstehender Angaben die selbstschuldnerische Bürgschaft zugunsten des Auftraggebers. Auf die Einreden der Anfechtbarkeit und der Aufrechenbarkeit gemäß § 770 BGB sowie der Vorausklage gemäß § 771 BGB wird verzichtet. Die Einreden gemäß § 770 Abs. 2 BGB können jedoch geltend gemacht werden, soweit die Gegenforderung unbestritten oder rechtskräftig festgestellt ist.

Die Bürgschaft ist unbefristet und erlischt mit Rückgabe dieser Bürgschaftsurkunde an uns.

oder

Diese Bürgschaft erlischt am …

Der Anspruch aus der Bürgschaft verjährt mit Ablauf des Zeitraums, in dem die Verjährungsfrist des besicherten Anspruchs im Verhältnis zwischen Auftragnehmer und Auftraggeber endet, spätestens nach 30 Jahren. Wir dürfen nach Ablauf dieses Zeitraums auch die Einrede der Verjährung bezüglich des Anspruchs aus der Bürgschaft erheben.

, den

(Unterschrift und Stempel des Bankinstituts bzw. des Kautionsversicherers)

Für den Baubereich sind vor allem Vertragserfüllungsbürgschaften und Mängelansprüchebürgschaften wichtig. Dieses Bürgschaftsvolumen kann bei Bauunternehmen schnell die Bilanzsumme überschreiten, insbesondere ausgelöst durch den vier- oder fünfjährigen Gewährleistungszeitraum. Von daher wird nach Alternativen gesucht. Eine solche sinnvolle Alternative könnte die Baugewährleistungsversicherung sein, ähnlich wie in Frankreich.[69]

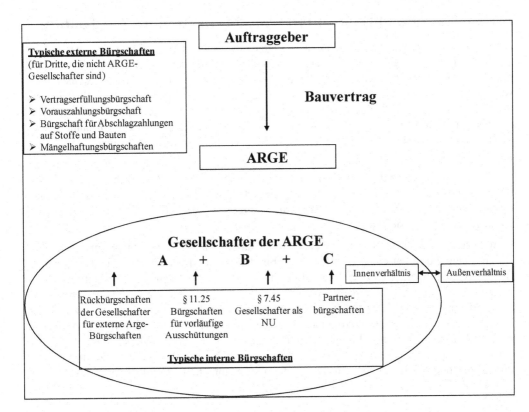

Abbildung 21:   **Externe und interne Bürgschaften bei Argen**[70]

Neben externen Bürgschaften (Außenbürgschaften) hat ein Arge-Gesellschafter im Innenverhältnis Bürgschaften gegenüber seinen Mitgesellschaftern zu stellen (interne Bürgschaften oder Innenbürgschaften, vgl. Abbildung 21).[71] Dadurch werden Innenrisiken der Arge wie z. B. der Ausfall eines Gesellschafters abgesichert. Kommt es am Jahresende zur Auszahlung verfügbarer Gelder an die Gesellschafter, ist für diese vorläufigen Ausschüttungen normalerweise auch eine Bürgschaft zu stellen. Falls die Gesellschafter als Nachunternehmer tätig

---

[69] Vgl. zur Baugewährleistungsversicherung Steyer (2007), S. 22-24. Vgl. auch Kloss/Steyer (2009), S. 479-493.

[70] Jacob/Stuhr/Winter (Hrsg.) (2011), S. 442 mit weiteren Nachweisen.

[71] Ebenda, S. 442 f.

werden, sind für deren Leistungen auch die typischen Bürgschaften wie Vertragserfüllungs- und Mängelansprüchebürgschaft zu hinterlegen. Darüber hinaus kann es zu weiterer Partner-bürgschaften kommen. Für die kombinierte Absicherung von Innen- und Außenverhältnis existieren zumindest fünf unterschiedliche Ansätze.[72]

4.1.3 Patronatserklärungen – Mütter bürgen für die Töchter[73]

Patronatserklärungen (Letter of Awareness, Letter of Comfort, Letter of Intend, Letter of Responsibility) sind Zusagen einer Muttergesellschaft gegenüber den Kreditgebern von Tochter-gesellschaften. Patronatserklärungen stärken die Kreditwürdigkeit von Tochtergesellschaften, weil die Muttergesellschaft bestimmte Erklärungen abgibt wie beispielsweise eine gewisse Kapitalversorgung der Tochtergesellschaft zu garantieren, den Unternehmensvertrag (Konzernverhältnis) mit der Tochtergesellschaft während der Kreditdauer nicht abzuändern oder die Tochtergesellschaft bei der Begleichung von Verbindlichkeiten zu unterstützen.

Patronatserklärungen sind gesetzlich nicht geregelt. Ihre Verpflichtungen und Grenzen sind von deren exaktem Wortlaut abhängig. Ihre Rechtsfolgen können daher sehr unterschiedlich sein, dementsprechend ist auch ihr Wert als Sicherheit verschieden. Beispielsweise kann vereinbart sein, ob und in welchem Umfang die Muttergesellschaft direkt zur Zahlung in Anspruch genommen werden kann.

Es wird grundsätzlich zwischen „weichen" und „harten" Patronatserklärungen unterschieden. Die „weiche" Form hat einen rechtlich unverbindlichen Goodwill-Charakter und ist nicht als Eventualverbindlichkeit zu bilanzieren. Formuliert können diese sein als „Auskunft der Muttergesellschaft über ihre Beteiligungsverhältnisse bei der Tochtergesellschaft oder Verzicht auf deren Änderung" oder „Zusage, die Tochter zur Erfüllung ihrer Verpflichtungen anzuhalten". Lediglich aus einer „harten" Patronatserklärung kann der Kreditgeber die Muttergesellschaft in Anspruch nehmen. Formulierungen sind in diesem Falle: „Verpflichtung zur finanziellen Ausstattung", „Verlustübernahmeverpflichtung", „Vereinbarung des Zurücktretens mit eigener Forderung" oder „Versprechen künftiger Sicherheitsleistung und Abkaufverpflichtung".

---

[72] Vgl. Jacob/Stuhr (2010), S. 382 f.
[73] Gabler Bank-Lexikon (2002).

- Muster -

Patronatserklärung für eine direkte oder indirekte Tochtergesellschaft

Firma: ...

Sehr geehrte Damen und Herren,

wir haben davon Kenntnis genommen, dass Sie der Firma .... einen Kredit bis zu einem Betrag von

.... EUR

(in Worten: .... EUR)

eingeräumt haben. Für Ihre Unterstützung danken wir Ihnen.

Die Firma .... ist eine .....%-ige Tochtergesellschaft der ....

Es ist nicht beabsichtigt, die Beteiligung an dieser Gesellschaft während der Laufzeit dieses Kredites zu reduzieren oder aufzugeben. Sollten wir entgegen dem Vorgesagten eine Änderung in den geschilderten Beteiligungsverhältnissen in Erwägung ziehen, so werden wir Sie davon rechtzeitig unterrichten.

Sollte aufgrund von Anordnungen seitens .... Behörden oder sonstiger .... staatlicher Stellen ein Transfer des Kreditbetrages außer Landes an den Kreditgeber nicht möglich sein, so werden wir mit Ihnen Verhandlungen aufnehmen mit dem Ziel, eine beiderseitige Lösung zu finden.

Mit freundlichen Grüßen

4.1.4 Standby-Letters

Solche Beistandsbriefe sind weicher formuliert als normale Patronatserklärungen und auch nicht im Geschäftsbericht berichtspflichtig. Sie erfüllen aber oftmals einen ähnlichen Zweck. Daraus folgt, dass auch nach dem Verkauf einer Beteiligungsgesellschaft noch über einen längeren Zeitraum faktische Verpflichtungen aus Altgeschäften bestehen können.

4.1.5 Kreditversicherung

Kreditversicherungen können in die Sparten Delkredere-, Kautions- und Vertrauensschaden-versicherung unterteilt werden (vgl. Abbildung 22). Die Delkredereversicherung gliedert sich weiter in:

- – Warenkreditversicherung (WKV),

- – Ausfuhrkreditversicherung (AKV) und

- – Investitionsgüterkreditversicherung (IKV).

Nachfolgend werden die Warenkreditversicherung als Teilbereich der Delkredereversicherung und die Kautionsversicherung näher betrachtet.

Zweck der Warenkreditversicherung[74] ist die Absicherung des Unternehmens gegen Forde-rungsausfälle aus Warenlieferungen und Dienstleistungen. In der Regel erfolgt eine revolvie-rende Deckung im Rahmen eines Mantelvertrages. Das Unternehmen muss hierbei gegenüber seinem Kreditversicherer alle Kunden angeben, bei denen eine bestimmte, vertraglich festge-legte Forderungshöhe (so genannte Anbietungsgrenze) überschritten wird. Diese werden hin-sichtlich ihrer Bonität und der Branchensituation vom Versicherer überprüft. Bei Vereinbarung einer Pauschaldeckung müssen die Kunden, mit denen Umsätze unterhalb der Anbietungs-grenze getätigt werden, dem Versicherer nicht gemeldet werden. Der Versicherungsschutz gilt jedoch nur, wenn der Unternehmer (Versicherungsnehmer) bestimmte Bedingungen erfüllt, zum Beispiel eine positive Auskunft von einer Wirtschaftsauskunftei bei Neukunden erhalten hat.

Die Selbstbeteiligungsquoten liegen i. d. R. zwischen 10 und 35 %. Ein Teil des Forderungs-verlustes ist vom Unternehmen, das eine Warenkreditversicherung abschließt, damit selbst zu tragen. Dieses Risiko darf i. d. R. auch nicht anderweitig abgesichert werden. Als Versiche-rungsfälle kommen bei der Warenkreditversicherung die Zahlungsunfähigkeit des Kunden und der Nichtzahlungstatbestand (so genannter Protracted Default) in Betracht.

---

[74] Vgl. zur Warenkreditversicherung zum Beispiel Meyer (1997), S. 15-70 und Ehler (2005), S. 20-26.

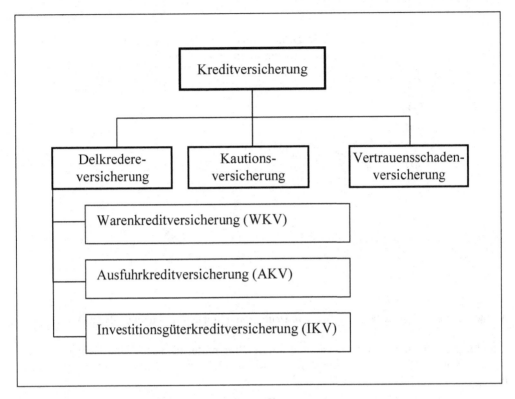

Abbildung 22:   Sparten der Kreditversicherung[75]

Namentlich seien folgende fünf Versicherer für Kreditversicherungen in Deutschland ange-
führt:

  –   Coface Deutschland, Mainz

  –   Atradius Kreditversicherung, Köln

  –   Euler Hermes Deutschland AG, Hamburg

  –   R+V Versicherung AG, Wiesbaden

  –   Zürich Versicherung (Deutschland), Frankfurt am Main

---

[75] Vgl. Meyer (1997), S. 13.

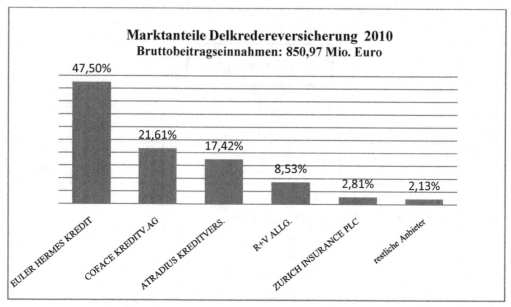

Abbildung 23:   **Delkredereversicherer in Deutschland und deren Marktanteile 2010**[76]

Ein Beispiel für eine Kreditversicherung speziell für mittelständische Unternehmen ist die Modula Kompakt Versicherung der Atradius Kreditversicherung, deren wichtigste Vertragsbedingungen nachfolgend aufgeführt sind.

Beispiel: Die Modula Kompakt Kreditversicherung der Atradius (Stand: September 2011)

Besondere Bedingungen für Unternehmen bis 10 Mio. EUR Jahresumsatz

Die Forderungsausfallversicherung Modula Kompakt wurde speziell für kleine und mittelständische Unternehmen mit einem Jahresumsatz bis 10 Mio. EUR entwickelt. Eingeschlossen sind alle Lieferantenkredite mit Zahlungszielen bis 120 Tage, wobei ein Verlängerungszeitraum von bis zu 60 Tagen möglich ist.

Umfassende Länderliste für den Deckungsschutz

Die Modula Kompakt deckt Forderungsausfälle in Deutschland und folgenden Ländern: Andorra, Australien, Belgien, Dänemark, Finnland, Frankreich, Griechenland, Großbritannien, Irland, Italien, Japan, Kanada, Liechtenstein, Luxemburg, Malta, Monaco, Neuseeland, Niederlande, Norwegen, Österreich, Polen, Portugal, San Marino, Schweden, Schweiz, Slowakei, Slowenien, Spanien, Tschechien, Türkei, Ungarn, Vereinigte Staaten.

---

[76] Nach Angaben des GDV.

Hohes Pauschaldeckungsvolumen

Die Pauschaldeckung beträgt standardmäßig 15.000 EUR, kann aber auf 20.000 EUR gegen einen Prämienaufschlag von 5 % erhöht werden. Grundsätzlich gibt es für die Pauschaldeckung zwei Fälle: Pauschaldeckung durch Bank- und Handelsauskünfte oder durch Zahlungserfahrung.

Einfache Vertragsverwaltung

Die Abrechnung der Prämie erfolgt jährlich auf Basis des Umsatzes. Der Vertrag gilt für das In- und Ausland gleichzeitig. Die Tarife sind übersichtlich und leicht nachzuvollziehen. Der Arbeitsaufwand ist gering. Die Vertragslaufzeit beträgt ein Jahr und verlängert sich automatisch.

Geringe Selbstbeteiligung

Bei Forderungsausfällen entschädigt Atradius bei Wahl der Standardkonditionen 80 % des Nettobetrages. Gegen einen Prämienaufschlag von 15 % kann dieser Satz auf 90 % erhöht werden. Optional kann außerdem die Höchsthaftung auf das 40-fache der Prämie des Versicherungsjahres erhöht werden.

Vorteile auf einen Blick[77]

- Gewährung des Deckungsschutzes bereits ab 1.500 EUR Jahresprämie
- Einfache und schnelle Online-Verwaltung der Police
- Entschädigung erfolgt im Schadenfall bereits ab Zahlungsverzug der Abnehmer
- Optionale Mitversicherung von z. B. Forderungen an Privatpersonen oder Fabrikationsrisiko möglich, ebenso Einschluss einer Vertragsrechtsschutzversicherung möglich
- Fundierte Bonitätsprüfung durch Atradius
- Planungssicherheit und garantierte Liquidität für Unternehmen

---

[77] Vgl. http://www.atraduis.de/produkte/kreditversicherung/modulkompaktfunktion.html.

4.1.6   Kautionsversicherung

Eine Kautionsversicherung[78] dient dazu, Sicherungsansprüche eines Gläubigers, die aus der Erbringung von Lieferungen oder Leistungen eines Hauptschuldners gegenüber dem Gläubiger herrühren, abzudecken. Sie ersetzt dem Gläubiger auf einem konkreten, tatsächlich eingetretenen Schaden beruhende Leistungsausfälle, die dem Gläubiger aufgrund der Zahlungsunfähigkeit des Hauptschuldners entstehen. Abbildung 24 enthält die grundlegende Struktur eines Kautionsversicherungsverhältnisses. Der Versicherungsvertrag kommt zwischen dem Hauptschuldner und dem Kautionsversicherer zustande. Der Kautionsversicherer verbürgt sich gegenüber einem Dritten für die Erfüllung der übernommenen Verpflichtungen des Versicherungsnehmers gegenüber diesem Dritten. In der Regel verlangen die Kautionsversicherer für ihre Dienste die Erbringung von Sicherheiten durch den Hauptschuldner.

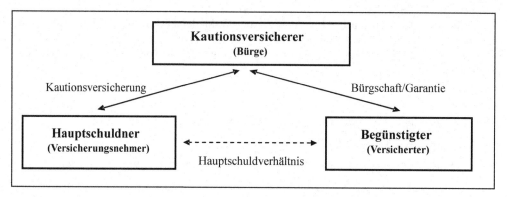

Abbildung 24:   **Grundstruktur Kautionsversicherung**[79]

Garantien spielen in der Baubranche eine untergeordnete Rolle. Daher wird im Folgenden nur auf Bürgschaften eingegangen. Es lassen sich folgende Bürgschaftsarten unterscheiden:

– Bietungsbürgschaft,

– Vertragserfüllungsbürgschaft,

– Anzahlungsbürgschaft und

– Mängelansprüchebürgschaft.

Die Bietungsbürgschaft sichert den Fall ab, dass der Bieter sein eingereichtes Angebot in der Ausschreibungsphase aufrecht erhält und den Auftrag zu den genannten bzw. angebotenen Bedingungen bei Zuschlagserteilung übernehmen wird. An die Bietungsbürgschaft schließt sich häufig eine Vertragserfüllungsbürgschaft an. Sollte der Bieter den Zuschlag nicht erhalten, dann erlischt die Bietungsbürgschaft.

---

[78] Vgl. zur Kautionsversicherung zum Beispiel Kossen (1996), Meyer (1997), S. 118-128 und Bodendiek (2005), S. 27-30.

[79] Vgl. Kossen (1996), S. 29.

Die Vertragserfüllungsbürgschaft dient dazu, die ordnungsgemäße vertragliche Ausführung durch den Auftragnehmer zu gewährleisten. Im Versicherungsfall schuldet der Kautionsversicherer dem Gläubiger Leistungserbringung in Form von Geld.

Mit der Anzahlungsbürgschaft sichert sich der Auftraggeber seine Ansprüche dahingehend ab, dass er die Gegenleistung für die erbrachten Vorauszahlungen bzw. Abschlagszahlungen erhält oder eine Rückzahlung des nicht verbrauchten Teiles erfolgt.

Die Mängelansprüchebürgschaft sichert Ansprüche des Auftraggebers gegenüber dem Auftragnehmer während des Gewährleistungszeitraumes ab.

Die aufgeführten Bürgschaftsarten werden nicht nur von Kautionsversicherern, sondern auch von Kreditinstituten bedient. Für die Unternehmen der Bauwirtschaft wird es jedoch zunehmend schwieriger, Bankavale zu erhalten. Da die Übernahme von Bürgschaften gemäß § 1 Abs. 1 Satz 2 Nr. 8 KWG zu den Bankgeschäften zählt, werden Bankbürgschaften auf die bei dem jeweiligen Kreditinstitut eingeräumte Kreditlinie angerechnet. Für private oder öffentlich-rechtliche Versicherungsunternehmen wie Kautionsversicherer gilt dies nicht.

Abbildung 25 veranschaulicht die auf dem deutschen Markt tätigen Kautionsversicherer und deren Marktanteile in 2010. Die derzeit größten in Deutschland aktiven Anbieter im Bereich Kautionsversicherung sind:

- R+V Versicherung AG, Wiesbaden
- Euler Hermes Deutschland AG, Hamburg
- Zürich Versicherung (Deutschland), Frankfurt am Main
- VHV Allgemeine Versicherung AG, Hannover
- Swiss Re International SE
- AXA Konzern AG, Köln
- Coface Deutschland, Mainz

Weitere Anbieter, zu denen beispielsweise die Versicherungskammer Bayern gehört, nehmen zusammengefasst einen Marktanteil von knapp zwei Prozent ein.

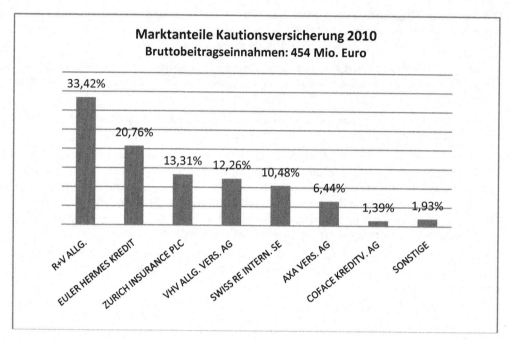

Abbildung 25:   **Kautionsversicherer in Deutschland und deren Marktanteile 2010[80]**

Bei den meisten Kautionsversicherungsverträgen sind Sicherheiten durch den Versicherungsnehmer zu hinterlegen. Sie betragen in der Regel zwischen 10 und 30 % des Bürgschaftsrahmens bzw. -obligos.

Insbesondere für kleine und mittelständische Unternehmen haben sich zwei Hauptversicherer etabliert: Die R+V (Wiesbaden) und die VHV (Hannover).

Nachfolgend wird zur Veranschaulichung beispielhaft auf die VHV Kautionsversicherung Bau-Direkt eingegangen. Für Bauunternehmen, die nur im Einzelfall eine Bürgschaft benötigen, bietet die VHV die Kautionsversicherung Bau-Direkt an – sie kann einfach übers Internet beantragt und für eine einzelne Bürgschaft genutzt werden.[81]

Beispiel: Die Bau-Direkt der VHV (Stand: April 2012)

– Einzelbürgschaft zwischen 1.000 und 100.000 EUR

– Günstiger Einmalbeitrag bei bis zu sechs Jahren Laufzeit der Bürgschaft

– Keine Anrechnung auf Kreditlinie bei der Hausbank

---

[80] Nach Angaben des GDV.
[81] Vgl. https://www.vhv.de/vhv/firmen/Produkte-Kaution-und-Buergschaft-Bau-Direkt.html.

Höchstbetrag* je Einzelbürgschaft	Einmalbeitrag zur Einzelbürgschaft
1.000 EUR	200 EUR
2.500 EUR	300 EUR
5.000 EUR	500 EUR
7.500 EUR	600 EUR
10.000 EUR	700 EUR
12.500 EUR	900 EUR
17.500 EUR	1.300 EUR
25.000 EUR	1.800 EUR
37.500 EUR	2.700 EUR
50.000 EUR	3.600 EUR
62.500 EUR	4.500 EUR
75.000 EUR	5.400 EUR
100.000 EUR	7.200 EUR

*) Der gewählte Höchstbetrag steht für eine einzelne Bürgschaft zur Verfügung. Ein sich evtl. ergebender Differenzbetrag ist nicht weiter nutzbar.

4.2   Sicherheiten über Mieteinnahmen – Erstvermietungsgarantie, Mietgarantie, Generalmietvertrag

Projektentwickler und Bauträger bevorzugen nach der Fertigstellung des Objektes den Verkauf an institutionelle Investoren, um die eigene Liquidität für neue Projekte frei zu machen. Institutionelle Eigenkapitalinvestoren wie Fonds oder Lebensversicherungen erwarten dann in der Regel eine Sicherheitsleistung für die Mieteinnahmen der ersten Jahre. Diese Sicherheitsleistung kann als Erstvermietungsgarantie, Mietgarantie oder als Generalmietvertrag ausgestaltet werden (vgl. Tabelle 8). Erstvermietungsgarantie und normale Mietgarantie zielen dabei auf die Kaltmiete ab. Bei der normalen Mietgarantie wird zusätzlich das Bonitätsrisiko des Mieters mit übernommen. Der Generalmietvertrag zielt auf die Warmmiete ab, d. h. dass auch die Betriebs- und anderen Nebenkosten mit eingeschlossen sind. Generalmietverträge werden bevorzugt gefordert, weil die Investoren in diesem Fall mit einer "Vollvermietung" werben können. In Wirklichkeit handelt es sich jedoch lediglich um eine gewerbliche Zwischenvermietung, hinter der keine tatsächlichen Endnutzer stehen müssen. Zum Bilanzausweis beim Bauträger wird neben den in Tabelle 8 gemachten Ausführungen auf Kapitel 8.11 des Buches verwiesen.

Erstvermietungsgarantie/Erstvermietungszusage

Unter Erstvermietungsgarantie ist die vertragliche Zusage zumeist eines Verkäufers zu verstehen, dass die Mietflächen eines Gebäudes bei Übergabe zu bestimmten Bedingungen vermietet sein werden und kein Mieteinnahmeverlust durch Leerstand bestehen wird. Der Verkäufer übernimmt somit das Leerstandsrisiko sowie ferner das Risiko, dass der vertraglich vorgesehene Mietzins am Markt nicht erzielbar ist; insoweit haftet der Verkäufer für den Differenzbetrag zwischen vertraglich (im Kaufvertrag) vorgesehener und durch abgeschlossene Mietverträge erzielbarer (vereinbarter) Miete. Mit dem Zeitpunkt der Vermietung zu den vertraglichen Bedingungen an einen Erstmieter entfällt die Haftung des Verkäufers. Das Risiko der Nichterfüllung eines abgeschlossenen Mietvertrages durch den Mieter liegt beim Käufer.

Die Rechtsfolgen und damit die wirtschaftlichen Konsequenzen im Einzelnen bestimmen sich nach der konkreten vertraglichen Gestaltung. Anstelle des Begriffs „Erstvermietungsgarantie" sollte derjenige der „Erstvermietungszusage" verwendet werden, damit nicht der Eindruck entstehen kann, es handele sich um eine „Einstandspflicht" für die Vermietung als solche (mit der möglichen Konsequenz eines über das Leerstandsrisiko hinausgehenden Schadensersatzanspruches).

Mietgarantie

Für die Mietgarantie oder präziser Mieteinnahmegarantie gilt das für die Erstvermietungszusage Ausgeführte mit der Maßgabe, dass der Verkäufer dafür einsteht (garantiert), dass der Käufer eine vertraglich vereinbarte Miete auch tatsächlich erhält. Der Verkäufer haftet dem Käufer daher zusätzlich für die vertragsgerechte Erfüllung der Zahlungsansprüche aus dem jeweiligen Mietvertrag durch den/die Mieter. Hervorzuheben ist hier das Bonitätsrisiko sowie das erneute Leerstandsrisiko im Falle einer vorzeitigen Beendigung des Mietvertrages, soweit dies nicht vom Käufer zu vertreten ist.

Generalmietvertrag

Unter einem Generalmietvertrag ist ein Mietvertrag zwischen dem Verkäufer (oder einem von diesem benannten Dritten) und dem Käufer zu verstehen, bei dem der Verkäufer als Mieter sämtliche (oder auch nur die nicht vermieteten) Mietflächen eines Gebäudes regelmäßig zum ausschließlichen Zweck der Untervermietung an die eigentlich vorgesehenen Mieter (Endnutzer) anmietet und der Käufer nach Ablauf des Generalmietvertrages in die bestehenden Untermietverträge eintritt. Der Generalmietvertrag wird insbesondere von Fondsgesellschaften aus rein kosmetischen Gründen bevorzugt, da das Gebäude im Prospekt als voll vermietet ausgewiesen werden kann.

	Erstvermietungsgarantie	Mietgarantie	Generalmietvertrag
Definition	Zusage, dass die Mietflächen bei Übergabe zu bestimmten Bedingungen vermietet sein werden (= Entlassung für die untervermieteten Flächen)	Zusage, dass die Mietflächen bei Übergabe zu bestimmten Bedingungen vermietet sein werden und der Käufer die Miete tatsächlich auch erhält	Mietvertrag, bei dem i. d. R. der Verkäufer zum Zwecke der Absicherung der Mieteinnahmen mit dem Käufer einen Mietvertrag schließt, regelmäßig zum ausschließlichen Zweck der Untervermietung an die eigentlich vorgesehenen Endnutzer (Mieter)
Risikoübernahme	• Leerstand • Nichterzielung des kaufvertraglich vorgesehenen Mietzinses	Darüber hinaus • Erfüllung der Zahlungsansprüche • Bonitätsrisiko • Vorzeitige Beendigung der Mietverhältnisse = Mietausfallrisiko	Darüber hinaus • Betriebs- und Nebenkosten
Varianten	• Mit nachträglicher Kaufpreisanpassung • Ohne nachträgliche Kaufpreisanpassung	• Entlassung für die untervermieteten Flächen	• Anmietung Gesamtfläche • Anmietung nicht vermietete Fläche • Entlassung für die untervermieteten Flächen
Haftung entfällt	mit dem Zeitpunkt der Vermietung zu den vertraglichen Bedingungen	bei Fristablauf	bei Fristablauf
Bilanzierung – Ausweis	• Bildung einer Rückstellung für drohende Verluste aus schwebenden Geschäften unter Berücksichtigung sämtlicher bis zum Bilanzstichtag bekannter Risiken • Bis zum Zeitpunkt der Übergabe des Objektes besteht ein Wahlrecht, solange ein Gewinn in der Übergangsperiode realistisch ist • Bilanzierungspflicht erst ab Übergabe des Objektes, da erst dann eine wirtschaftliche Belastung für den Veräußerer entsteht		

Tabelle 8: Mietgarantien

4.3   Spezielle Absicherung von wirtschaftlichen und politischen Risiken im Auslandsbau sowie Wechselkurssicherungsmaßnahmen

4.3.1   Finanzwirtschaftliche Risiken und Lösungen im Streitfalle

Die auslandsspezifischen Risiken lassen sich grundsätzlich in wirtschaftliche und politische Risiken unterteilen (vgl. Abbildung 26).[82]

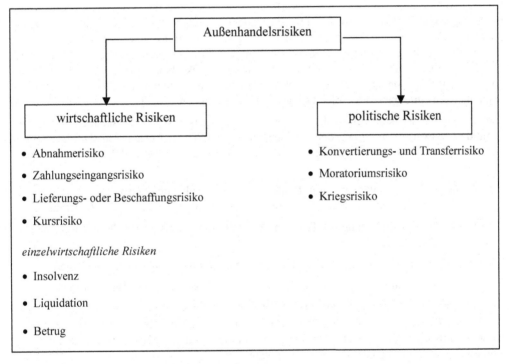

Abbildung 26:   Außenhandelsrisiken

In Bezug auf die wirtschaftlichen Risiken[83] besteht für den Exporteur ein Risiko in der Form, dass der Importeur die vertragsgemäß gelieferte Ware nicht abnimmt (so genanntes Abnahme-

---

[82] Vgl. zu diesem Kapitel auch Jacob/Stuhr/Winter (Hrsg.) (2011), S. 344-357 und Endisch/Jacob/Stuhr (2000), S. 534-540.
[83] In Anlehnung an Grill/Perczynski (2012), S. 523.

risiko). Zudem ist der Exporteur dem Risiko ausgesetzt, dass der Importeur seine Zahlungsverpflichtungen nicht vertragsgemäß erfüllt (so genanntes Zahlungseingangsrisiko). Für den
Importeur besteht die Gefahr der nicht vertragsgemäßen Lieferung durch den Exporteur (so
genanntes Lieferungs- oder Beschaffungsrisiko). Schließlich besteht für beide Seiten die Gefahr von Schwankungen des Wechselkurses. Die genannten Risiken beruhen hauptsächlich auf
der Tatsache, dass ein zeitgleicher Austausch von Leistung und Gegenleistung nicht möglich
ist und dass zum Teil erhebliche Unterschiede in Rechtsordnung und Geschäftsauffassung
zwischen verschiedenen Ländern bestehen. Zudem kann sich die Erlangung und Durchsetzung
der eigenen Rechtsposition im Ausland als durchaus schwierig erweisen (siehe Abschnitt
Möglichkeiten der Konfliktbeilegung). Zu den wirtschaftlichen Risiken zählen in besonderer
Weise auch die einzelwirtschaftlichen Risiken wie beispielsweise Insolvenz, Liquidation oder
Betrug.

Zu den politischen Risiken, die mit Außenhandelsgeschäften verbunden sind, gehören das
Konvertierungs- und Transferrisiko, das Moratoriumsrisiko und das Kriegsrisiko. Das Kon-
vertierungs- und Transferrisiko besteht insbesondere bei Ländern mit Zwangsdevisenbewirt-
schaftung. Der Importeur hat zwar seine Zahlung an seine Bank geleistet, diese kann den
Betrag aber nicht in die fremde Währung umtauschen (konvertieren) bzw. an die Bank des
Exporteurs überweisen (transferieren). Das Moratoriumsrisiko beinhaltet die Gefahr des Ver-
bots der Ausfuhr von Devisen aufgrund gesetzgeberischer Maßnahmen. Das Kriegsrisiko
beinhaltet den Untergang des Objektes vor Gefahrübergang auf den Kunden.

Die besonderen Risiken bei Auslandsbaugeschäften ergeben sich hauptsächlich durch die
zumindest teilweise Erbringung der Werkleistung „vor Ort" im Ausland, so dass besondere
Vorleistungen und Aufwendungen des Bauunternehmers unabdingbar sind. Besondere Risiken
ergeben sich u. a. aus:

–   den im Zusammenhang mit Bauleistungen zu stellenden Bietungs-, Anzahlungs-,
    Zwischenzahlungs-, Liefer- und Leistungsgarantien einschließlich der Zollgarantien,

–   den für die Errichtung der Bauanlage, des Bauwerkes usw. erforderlichen Montage-
    und Baugeräten,

–   den im Zusammenhang mit der Baustelleneinrichtung aufzuwendenden Kosten,

–   den im Zusammenhang mit der Errichtung der Bauanlage, des Bauwerkes usw. auf-
    zuwendenden Kosten für die Baustellenbevorratung.

Zusätzliche Risiken ergeben sich für den Bauunternehmer im politischen Bereich, beispielsweise in Form einer Behinderung der Bauarbeiten durch politische Maßnahmen im Schuldner-
land oder einer Beschlagnahmung von Vermögenswerten.

Möglichkeiten der Konfliktbeilegung

Durch die mit Außenhandelsgeschäften verbundenen verschärften Probleme und Risiken lassen sich vertragliche Konflikte nicht immer vermeiden. Im Zusammenhang mit der Konfliktbeilegung wird zwischen staatlicher und institutioneller Gerichtsbarkeit unterschieden. Als
Sonderform fungiert die Ad hoc-Schiedsgerichtsbarkeit. Grundsätzlich ist anzumerken, dass
Gerichtsprozesse insbesondere im Ausland oftmals sehr langwierig sind und zudem der Aus-
gang des Prozesses mit Unsicherheit behaftet ist. In Bezug auf die staatliche Gerichtsbarkeit
können sich außerdem Probleme bei der Vereinbarung des Gerichtsstandes und der Anerken-

nung und Vollstreckung deutscher Urteile im Ausland ergeben (vgl. Tabelle 9). Die Institutionen der institutionellen Gerichtsbarkeit enthält Tabelle 9. Hohe Akzeptanz besitzt in diesem Zusammenhang die Internationale Handelskammer ICC mit Sitz in Paris. Über die Anerkennung und Vollstreckung von ausländischen Schiedssprüchen gibt Tabelle 9 eine vorläufige Indikation.

Anerkennung und Vollstreckung deutscher Urteile	institutionelle Schiedsgerichtsbarkeit	Anerkennung und Vollstreckung von ausländischen Schiedssprüchen
China: herrschende Meinung: ja	China: CIETAC - China International Economic and Trade Arbitration Commission	New Yorker Übereinkommen über die Anerkennung und Vollstreckung ausländischer Schiedssprüche vom 10. Juni 1958
Indien: umstritten		
Indonesien: nein	Malaysia: Regional Centre for Arbitration in Kuala Lumpur	
Malaysia: ja		
Singapur: ja	Singapur: Singapore International Arbitration Centre	China: ja
Thailand: nein		Indien: ja
Vietnam: fraglich	Internationale Handelskammer ICC Paris; Das Büro in Hongkong bietet keine administrativen Funktionen an.	Singapur: ja
Philippinen: nein		Thailand: ja
		Vietnam: ja
		Philippinen: ja

Tabelle 9: Indikation über Anerkennung und Vollstreckung von Urteilen und Schiedssprüchen

4.3.2 Absicherung von Auslandsbau- und Exportgeschäften

Im Rahmen von Exportgeschäften sind insbesondere die Personensicherheiten in Form von Bürgschaften und Garantien von Bedeutung. Zur Absicherung der mit Exportgeschäften verbundenen Risiken haben sich in der Praxis die Ausfuhrgarantien und -bürgschaften der Bundesrepublik Deutschland, die Ausfuhrkreditversicherungen privater Risikoversicherer sowie das Dokumentenakkreditiv und das Dokumenteninkasso als Instrumente des dokumentären Zahlungsverkehrs etabliert.

Staatliche Exportkreditversicherung (Hermes)

Deutsche Unternehmen können aufgrund haushaltrechtlicher Genehmigungen der Bundesrepublik Deutschland Deckungsschutz für politische und wirtschaftliche Risiken aus Exportgeschäften erhalten. Dazu wurde ein Mandatskonsortium bestehend aus der Euler Hermes Deutschland AG (Hamburg) und der PricewaterhouseCoopers AG Wirtschaftsprüfungsgesellschaft (PwC, Frankfurt am Main) gebildet. Die Federführung obliegt der Euler Hermes Deutschland AG, die im Auftrag und für Rechnung der Bundesrepublik Deutschland die staatlichen Ausfuhrgewährleistungen bearbeitet. Der staatliche Hermes dient als Instrument zur mittel- und langfristigen Exportabsicherung.

a) Gedeckte Risiken

Politische Risiken:

– Forderungsausfälle durch gesetzgeberische oder behördliche Maßnahmen, kriegerische Ereignisse, Aufruhr oder Revolution im Ausland (so genannter allgemeiner politischer Schadensfall), d. h. Zahlungsanspruch des Exporteurs ist schon entstanden, da Ware geliefert,

– Schadensfälle aus nicht durchführbarer Konvertierung und Transferierung der vom Schuldner in Landeswährung eingezahlten Beträge durch Beschränkungen des zwischenstaatlichen Zahlungsverkehrs (in der Vergangenheit der häufigste Schadensfall),

– Verlust von Ansprüchen aus nicht möglicher Vertragserfüllung aus politischen Gründen (Embargo, Blockade), d. h. Zahlungsanspruch des Exporteurs ist noch nicht entstanden und Ware noch nicht geliefert,

– Verlust von Waren vor Gefahrübergang infolge politischer Umstände (Ware ist beim Käufer z. B. wegen Beschlagnahme, Zerstörung etc. nicht eingetroffen).[84]

Wirtschaftliche Risiken:

– Forderungsausfälle im Nichtzahlungsfall (Protracted Default), z. B. generelle Zahlungsunwilligkeit oder über eine definierte Frist andauernde Nichtzahlung,

– Forderungsausfälle durch Konkurs, amtlichen oder außeramtlichen Vergleich, erfolglose Zwangsvollstreckung und Zahlungseinstellung.[85]

---

[84] Vgl. http://www.agaportal.de.
[85] Vgl. ebenda.

b) Deckungsformen

In Bezug auf die Ausfuhrgewährleistungen stehen folgende Formen zur Verfügung:

-   Ausfuhrgarantien, wenn der ausländische Vertragspartner des deutschen Exporteurs eine Privatperson oder eine nach zivil- oder handelsrechtlichen Vorschriften organisierte Gesellschaft ist

-   Ausfuhrbürgschaften, wenn der ausländische Vertragspartner des deutschen Exporteurs ein Staat oder eine Körperschaft des öffentlichen Rechts ist bzw. wenn eine derartige Institution aufgrund Gesetzes oder durch Garantieübernahme für einen privaten Kunden haftet

Die Ausfuhrgewährleistungen können deutschen Exporteuren für die Risiken vor Versand (Fabrikationsrisikodeckungen) und für die Risiken nach Versand (Ausfuhrdeckungen) gewährt werden (vgl. Abbildung 27).

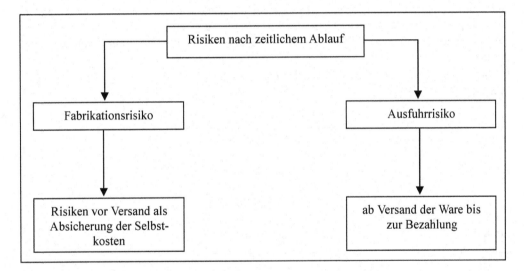

Abbildung 27:   Risiken nach zeitlichem Ablauf

Fabrikationsrisikodeckungen können isoliert oder in Kombination mit einer Ausfuhrdeckung in Anspruch genommen werden. Sie empfehlen sich besonders bei Spezialanfertigungen, da diese im Falle einer Nichtauslieferung kaum anderweitig absetzbar sind.[86]

Der Deckungsnehmer ist in jedem Schadenfall mit einer bestimmten Quote am Ausfall selbst beteiligt. Bei Ausfuhrgarantien/-bürgschaften beträgt diese in der Regel 5 % für die politischen Risiken und 15 % für die wirtschaftlichen Risiken und Nichtzahlungsrisiken. Bei Fabrikationsrisikogarantien/-bürgschaften ist mit einem Selbstbehalt von 5 % für alle Risiken zu rechnen. Das Risiko aus der Selbstbeteiligung darf nicht durch zusätzliche Maßnahmen abge-

---

[86] Vgl. ebenda.

sichert werden. Eine faktische Reduzierung könnte jedoch durch Vereinbarung einer Kunden-
vorauszahlung bzw. -anzahlung erzielt werden.

c) Antragsverfahren und Gebühren

Der Antrag auf Übernahme einer Ausfuhrgewährleistung sollte bei der Euler Hermes Deutschland AG bereits bei fortgeschrittenem Verhandlungsstadium gestellt werden, da zum einen die
Antragsbearbeitung einen gewissen Zeitraum in Anspruch nimmt und zum anderen etwaige
Auflagen und Einschränkungen bei Vertragsabschluss Berücksichtigung finden können. Allerdings fallen mit der Antragstellung Gebühren an.

Der Antragsteller hat für die Bearbeitung seines Antrags Bearbeitungsentgelte in Form einer
Antragsgebühr, einer Ausfertigungsgebühr und einer Verlängerungsgebühr zu entrichten. Für
übernommene Ausfuhrgewährleistungen berechnet Euler Hermes ebenfalls Entgelte (Prämien), die u. a. von der Länderkategorie, dem Auftragswert, der Laufzeit der Forderungen und
dem Status des Bestellers abhängen. In Bezug auf die Länderkategorie ist anzumerken, dass
der staatliche Hermes nicht für sämtliche Länder Deckungsschutz gewährt. Im so genannten
AGA-Report der Euler Hermes Deutschland AG werden u. a. ausgewählte Länderinformatio-
nen, die aktuelle Länderklassifizierung und neue bzw. geänderte Ländereinstufungen veröf-
fentlicht.

Die Länder, mit denen die BRD per 06.07.2012 keinen Investitionsförderungsvertrag hat, sind
in Abbildung 28 aufgeführt.

Dominikanische Republik	Kolumbien
Eritrea	Myanmar
Gambia	Seychellen
Irak	Taiwan

Abbildung 28:   **Länderliste der Auslandsgeschäftsabsicherung des staatlichen Hermes**[87]

d) Hermes-Deckung speziell für die Bauwirtschaft

Die besonderen Risiken, die bei der Durchführung von Auslandsbaugeschäften durch die
Produktion vor Ort bestehen, können ebenfalls im Rahmen der Ausfuhrgewährleistungen des
Bundes abgesichert werden. Die Absicherung der typischen Risiken bei Baugeschäften im
Ausland erfolgt über die Bauleistungsdeckung.[88]

---

[87] Vgl. http://www.agaportal.de/pages/dia/deckungspraxis/laenderliste.html.
[88] Vgl. für die nachfolgenden Ausführungen die Produktinformation zur Bauleistungsdeckung der Euler
Hermes Deutschland AG.

A. Bauleistungen zu leistungsnahen Zahlungsbedingungen (BL-Deckung)

Für Bauleistungsgeschäfte, bei denen die gesamte Bauleistungsforderung fortlaufend nach Situationen gezahlt wird, kann beim Bund eine Bauleistungsdeckung zu Sonderbedingungen beantragt werden. Der Unternehmer kann dadurch seine Forderungen für die von ihm erbrachten Lieferungen und Leistungen absichern (Bauleistungsforderungsdeckung). In diese Deckung sind die Vertragsgarantiedeckung (zu stellende Vertragsgarantien mit Ausnahme der Bietungsgarantie) und Baugerätedeckung (Montage- und Baugeräte) als Nebendeckungen mit eingeschlossen. Die BL-Deckung kann mit weiteren Deckungen kombiniert werden (z. B. mit einer Vertragsgarantiedeckung zur Absicherung einer Bietungsgarantie), zudem können weitere Risiken mit abgesichert werden (vgl. dazu unter C. Deckungserweiterungen). An Kosten fallen Bearbeitungsgebühren (abhängig vom Auftragswert) und das Deckungsentgelt bzw. die Prämie (abhängig von der Risikoklasse) an. Der Selbstbehalt, den der Unternehmer im Schadenfall tragen muss, beträgt für Bauleistungsforderungs-, Vertragsgarantie- und Baugerätedeckung entweder 5 % für politische und 15 % für wirtschaftliche Risiken oder 10 % für alle Risiken. Der Unternehmer kann eine von beiden Alternativen auswählen.

B. Bauleistungen zu Kreditbedingungen

Wenn die Bezahlung der Bauleistung nicht fortlaufend nach Situationen erfolgt, sondern kreditiert wird, kommen die üblichen Entgelt- und Selbstbeteiligungssätze zur Anwendung. Die Selbstbeteiligung beträgt einheitlich 5 %. Diese Variante umfasst nicht die automatische Absicherung von Vertragsgarantien oder Montage- und Baugeräten wie im Fall A. Sämtliche Zusatzdeckungen müssen demnach gesondert beantragt und bezahlt werden.

C. Deckungserweiterungen

Tabelle 10 gibt einen Überblick über die Möglichkeiten der Erweiterung des Deckungsschutzes.

Baustellenkostendeckung	für Baustelleneinrichtung aufzuwendende Kosten
Bevorratungskostendeckung	Kosten für auf der Baustelle gelagerte Baustoffe und Bauteile
Gerätedeckung (Sonderform: globale Gerätedeckung)	Risiko der Beschlagnahmung oder des Verlustes/der Beschädigung/ der Vernichtung von Baugeräten aus politischen Gründen
Einlagerungsdeckung	Montage- und Baugeräte, die nach Ablauf einer Gerätedeckung bzw. nach Erstellung des Bauwerkes bis zu einem weiteren Einsatz im Ausland eingelagert werden sollen
Ersatzteillagerdeckung	Geräteersatzteile bis zur Höhe von 20% des Gerätewertes
Vertragsgarantiedeckung	Verlusten aus einer politisch bedingten oder widerrechtlichen Ziehung
Höchstbetragsdeckung für Nachtragsforderungen	Forderungen, die aufgrund von Mehrleistung entstehen

Tabelle 10:   Deckungserweiterungen

Private Exportkreditversicherung

Zu den privaten Risikoversicherern gehören zum Beispiel Atradius, Coface Deutschland, die Euler Hermes Deutschland AG u. a. Institute. Diese Versicherer bieten für Exportgeschäfte die so genannte Ausfuhrkreditversicherung an. Diese deckt in der Regel lediglich das wirtschaftliche Risiko (Insolvenzrisiko). Zur Absicherung des politischen Risikos sollten primär die Ausfuhrgewährleistungen des Bundes in Anspruch genommen werden.

Dokumentenakkreditiv

Das Dokumentenakkreditiv ist zunächst ein Instrument des dokumentären Zahlungsverkehrs. Speziell bei der Lieferung von fertigen Komponenten wie beispielsweise im Anlagenbau, dem Bau von Kraftwerken oder Kläranlagen kann es eine interessante Variante zur Risikoabsicherung darstellen, wenn es sich um ein bankbestätigtes Akkreditiv handelt (confirmed, irrevocable L/C). Zudem können auch Länder abgesichert werden, für die keine Hermes-Deckung erhältlich ist.

a) Definition und Dokumentenerstellung

Ein Akkreditiv ist ein

- bedingtes (Akkreditivbedingungen wie zum Beispiel benötigte Dokumente),

- befristetes (Akkreditivfristen wie Gültigkeit, Verladedatum, Dokumentenvorlagefrist),

- abstraktes (vom Grundgeschäft losgelöst),

- (unwiderrufliches)

Zahlungsversprechen der akkreditiveröffnenden Bank, einen bestimmten Betrag (Akkreditivbetrag) an den Akkreditivbegünstigten (Exporteur) zu zahlen.

Die Bedeutung des Akkreditivs besteht vor allem darin, dass im Gegensatz zum staatlichen Hermes das volle Forderungsvolumen ohne Selbstbehalt abgesichert werden kann. In den Abbildungen 29 und 30 ist der grundlegende Ablauf graphisch dargestellt.

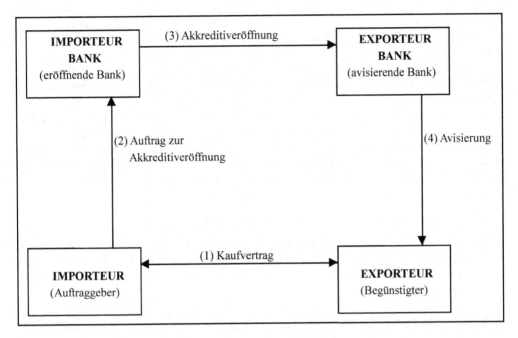

Abbildung 29:   Akkreditiv, Teil I (vor Warenauslieferung)

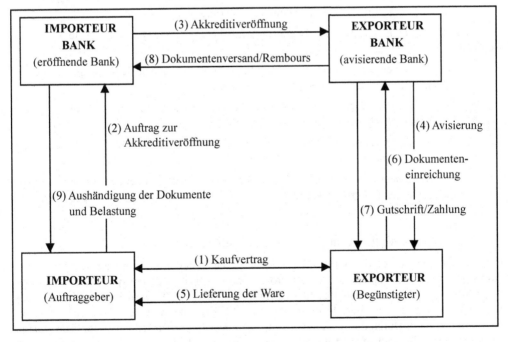

Abbildung 30:   Akkreditiv, Teil II (Fortsetzung nach Warenauslieferung)

Nachdem zwischen Importeur und Exporteur der Kaufvertrag abgeschlossen wurde (1), gibt der Importeur seiner Bank den Auftrag zur Akkreditiveröffnung (2). Bereits bei Abschluss des Liefergeschäftes muss gegebenenfalls über einen Bestätigungsauftrag im Akkreditiv entschieden werden. Die Bank des Importeurs (eröffnende Bank) nimmt daraufhin die Akkreditiveröffnung gegenüber der Bank des Exporteurs (avisierende Bank) vor (3). Der Exporteur prüft Inhalt und Laufzeit des vorgelegten Akkreditivs und entscheidet mit seiner Bank über Sicherungsmöglichkeiten. Nach der Avisierung (4) erfolgt die Lieferung der Ware durch den Exporteur (5). Dieser reicht anschließend die Dokumente bei seiner Bank ein (6) und erhält eine entsprechende Gutschrift bzw. Auszahlung (7). Die avisierende Bank verschickt die Dokumente an die eröffnende Bank (8). Im letzten Schritt händigt die eröffnende Bank die Dokumente an den Importeur aus und belastet dessen Konto in entsprechender Höhe (9).

Das Akkreditiv ist ein abstraktes Zahlungsinstrument, d. h.

- für die Banken besteht kein rechtlicher Bezug zum Grundgeschäft.

- die Dokumente, die unter Akkreditiven eingereicht werden, dürfen von den Banken lediglich anhand des vorliegenden Akkreditivs sowie der ERA 500 (Einheitliche Richtlinien und Gebräuche für Dokumentenakkreditive, ICC Publikation Nr. 500) geprüft werden.

- sämtliche Absprachen zwischen dem Exporteur und dem Abnehmer dürfen bei der Prüfung nicht berücksichtigt werden, sofern sie nicht Bestandteil des Akkreditivs sind.

- kleinste Unstimmigkeiten innerhalb der Dokumente können zu einem Verlust der Zahlungssicherung bzw. zu Zahlungsverzögerungen führen.

Daraus können folgende allgemeine Grundsätze für die Erstellung der Dokumente abgeleitet werden:

1. Alle Dokumente müssen die im Akkreditiv vorgeschriebenen Bedingungen sowie die allgemeinen Vorschriften der ERA 500 erfüllen.

2. Die Dokumente dürfen sich untereinander nicht widersprechen (z. B. durch unterschiedliche Markierungsangaben).

3. Alle Dokumente sollten einen Bezug zum Akkreditiv enthalten (z. B. durch die Akkreditivnummer).

4. Die Dokumente müssen innerhalb der für das Akkreditiv geltenden Vorlagefrist vorgelegt werden (sofern nicht anders vorgeschrieben innerhalb von 21 Tagen nach Verladung).

b) Absicherungsmöglichkeiten, Gebühren und Risiken

Beim bestätigten Akkreditiv gibt die „bestätigende" Bank (in der Regel die avisierende Bank) zusätzlich zum Zahlungsversprechen der eröffnenden Bank ihr Zahlungsversprechen ab. Das Akkreditiv muss hierbei einen Bestätigungsauftrag an die bestätigende Bank enthalten. Der Vorteil für den Exporteur besteht darin, dass das Länderrisiko von der bestätigenden Bank übernommen wird. Durch die Bestätigung entstehen dem Exporteur jedoch zusätzliche Kosten (Bestätigungsprovision/Deferred-Payment-Provision). Die Höhe der Provision richtet sich nach dem Länderrisiko des entsprechenden Landes, d. h. eine Bestätigung wird nur abgegeben, wenn eine kreditmäßige Ordnung gegenüber der Akkreditivbank möglich ist. Des Weiteren sind bei bestimmten Ländern (z. B. Iran) nur sehr schwer Bestätigungsaufträge zu erhalten.

Die Ankaufszusage entspricht einer Bestätigung, der Begünstigte beauftragt jedoch die avisierende Bank mit der Abgabe ihrer Bestätigung. Sie ist in der Regel aufgrund der rechtlich schwächeren Position der die Ankaufszusage abgebenden Bank gegenüber der Akkreditivbank etwas teurer als eine Bestätigung.

Die Schutzzusage entspricht einer Ankaufszusage, sie wird jedoch von einer dritten Bank, welche nicht in die Avisierung (lediglich in die Abwicklung) eingeschaltet ist, abgegeben.

Bei der Inanspruchnahme von Akkreditiven fallen unterschiedliche Arten von Gebühren bzw. Provisionen an. Tabelle 11 enthält für die Bestätigungsprovision und die Deferred-Payment-Provision eine Indikation (Stand Juli 2012) in Abhängigkeit von der jeweiligen Ländereinstufung. Die Deferred-Payment-Provision fällt wegen des zunehmenden Risikos tendenziell etwas höher aus als die Bestätigungsprovision. Für die Avis- und Abwicklungsprovision wird im Allgemeinen ein Pauschalbetrag berechnet. Akkreditivgebühren sollten bei der Kalkulation Berücksichtigung finden.

Land	Hermes Risikoklasse	Bestätigungsprovision/ Deferred-Payment-Provision
Malta	0	0,5 % p.a.
Taiwan	1	0,5 % p.a.
China	2	0,9 % p.a.
Indien	3	1,0 % p.a.
Rumänien	4	1,1 % p.a.
Vietnam	5	1,6 % p.a.
Kenia	6	2,0 % p.a.
Pakistan	7	2,4 % p.a.

Tabelle 11:   Indikation für Akkreditivgebühren (Stand Juli 2012)

Im Zusammenhang mit Akkreditiven sind folgende Risiken zu berücksichtigen:

1. Bestimmte Akkreditivbedingungen (z. B. Lieferfristen oder geforderte Dokumente) sind nicht erfüllbar.

2. Die Akkreditivbedingungen entsprechen nicht dem Vertrag (z. B. Art und Umfang der gelieferten Ware oder Lieferbedingungen).

3. Es wird vereinbart, dass bestimmte Dokumente vorzulegen sind, die der Abnehmer auszustellen hat (so genannte Strapazierung). In diesem Fall entsteht sehr schnell eine Abhängigkeit vom Abnehmer.

4. Die Bonität der Auslandsbank ist unzureichend.

5. Das Länderrisiko des Abnehmerlandes ist hoch.

6. Die Dokumente sind unstimmig. Kleinste Unstimmigkeiten innerhalb der Dokumente können zu einem Verlust der Zahlungssicherung bzw. zu Zahlungsverzögerungen führen.

7. Das Akkreditiv wird nicht rechtzeitig eröffnet.

Dokumenteninkasso

Beim Dokumenteninkasso geht es um die Bearbeitung von genau definierten Dokumenten durch Banken mit dem Ziel, Zahlung zu erhalten. Auftraggeber ist häufig der exportierende Bankkunde, der seine Bank mit dem Inkassovorgang betraut. Rechtsgrundlage sind regelmäßig die Einheitlichen Richtlinien für Inkassi, die von der Internationalen Handelskammer in Paris herausgegeben werden. Gegenüber der besonderen Sicherheit beim Akkreditiv muss beim Inkasso kritisch angemerkt werden, dass dieses die Bank nur als Briefträger ausweist, d. h. es werden nur formale Prüfungen der Dokumente durch die Bank vorgenommen. Bei Nichtzahlung des ausländischen Endkunden ist eine Zahlungshaftung der mit dem Inkasso beauftragten Bank in der Regel ausgeschlossen.

4.3.3 Finanzierungsalternativen im Rahmen der Exportfinanzierung[89]

Der Lieferkredit des Exporteurs ist ein Instrument zur Finanzierung längerfristiger Exportgeschäfte. In der Regel vereinbaren Exporteur und Importeur Anzahlungen in einer bestimmten Höhe, der Restbetrag wird vom Exporteur gestundet. Im Rahmen der Exportfinanzierung gewähren die AKA Ausfuhrkredit-Gesellschaft mbH Frankfurt und die Geschäftsbanken dem Lieferanten unter bestimmten Voraussetzungen Kredite.

Der Bestellerkredit ist ebenfalls ein Instrument zur Finanzierung längerfristiger Exportgeschäfte, bei dem allerdings eine Bank im Land des Exporteurs dem Importeur bzw. Besteller einen Kredit gewährt. Die Kredit gewährende Bank begleicht sämtliche Zahlungsverpflichtungen des Bestellers für dessen Rechnung – ausgenommen An- und Zwischenzahlungen. Der Besteller leistet anschließend den Schuldendienst an die Bank. Der Hauptvorteil für den Ex-

---

[89] Im Folgenden z.B. in Anlehnung an Eichwald/Pehle (2000), S. 806-814.

porteur besteht in einer Entlastung sowohl in finanzieller als auch in bilanzieller Hinsicht. Bestellerkredite werden unter Erfüllung bestimmter Voraussetzungen und Leistung der geforderten Sicherheiten von der AKA Ausfuhrkredit-Gesellschaft mbH Frankfurt, der Kreditanstalt für Wiederaufbau (KfW IPEX-Bank GmbH) und den Geschäftsbanken zur Verfügung gestellt.

In Abbildung 31 ist der Ablauf eines Bestellerkredits schematisch und beispielhaft dargestellt.

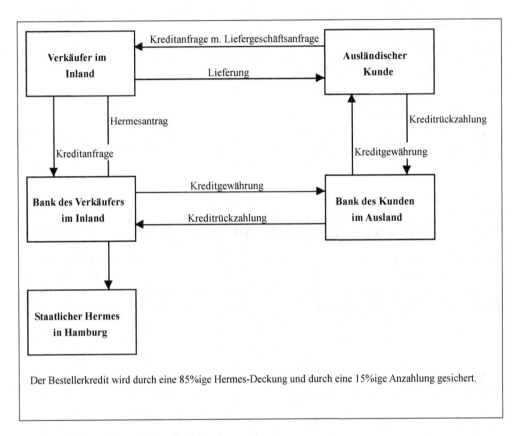

Der Bestellerkredit wird durch eine 85%ige Hermes-Deckung und durch eine 15%ige Anzahlung gesichert.

Abbildung 31:   Bestellerkredit

Der ausländische Kunde stellt an den Verkäufer im Inland eine Kreditanfrage mit Liefergeschäftsanfrage. Daraufhin richtet dieser eine Kreditanfrage an seine Hausbank und stellt einen Antrag bei der Euler Hermes Deutschland AG auf Gewährung einer staatlichen Ausfuhrgarantie/-bürgschaft zur Absicherung des Exportgeschäfts. Da der staatliche Hermes keinen Deckungsschutz zu 100 % ermöglicht, ist eine Absicherung des Restrisikos mittels Anzahlungsvereinbarung zu empfehlen. Im positiven Fall gewährt die Bank des Verkäufers dem ausländischen Kunden über dessen Bank den Kredit. Somit kann der Importeur nach erfolgter Lieferung durch den Exporteur seine Zahlungsverpflichtungen erfüllen. Die Kreditrückzahlung vollzieht sich schließlich über die Bank des Importeurs an die Bank des Exporteurs.

Neben dem Lieferkredit des Exporteurs und dem Bestellerkredit ist die Forfaitierung ein weiteres Instrument der Exportfinanzierung, das sich in den letzten Jahrzehnten entwickelt und etabliert hat. Unter Forfaitierung ist der An- bzw. Verkauf von zu einem späteren Zeitpunkt fällig werdenden Forderungen aus Exportgeschäften zu verstehen. Ein Rückgriff auf den vorherigen Eigentümer der Forderung ist ausgeschlossen. Das bedeutet, dass der Exporteur nach dem regresslosen Verkauf seiner Exportforderung in Bezug auf das wirtschaftliche und politische Risiko vollständig entlastet wird. Die Erfüllungs- und Gewährleistungsrisiken hingegen trägt er weiterhin.

Für den Exporteur ergeben sich im Einzelnen die nachfolgend aufgeführten Vorteile:

1. Abwälzung des Länderrisikos

2. Abwälzung des einzelwirtschaftlichen Risikos

3. Abwälzung des Währungsrisikos

4. Bilanzentlastung

5. Liquiditätszufluss

6. einfache Abwicklung

7. geeignet für jede Unternehmensgröße

4.3.4 Stellen von Sicherheiten für Zahlungen

Es können eine ganze Reihe von Bürgschaften (Bonds) oder Garantien anfallen. Tabelle 12 gibt bezüglich Garantien einen generellen Überblick. Da Bankgarantien fast als Bargeld angesehen werden können, sollte man damit möglichst vorsichtig umgehen und lieber zu Bürgschaften ohne Einredeverzicht greifen.

Garantien	
Deutschsprachige Bezeichnung	*Englischsprachige Bezeichnung*
Bietungsgarantie	Provisional Letter of Guarantee
Liefergarantie	Delivery Guarantee
Gewährleistungsgarantie	Guarantee for Warranty Obligations
Vertragserfüllungsgarantie	Performance Guarantee
Anzahlungsgarantie	Advance Payment Guarantee
Zollgarantie	Customs Guarantee

Tabelle 12:   Garantien

4.3.5 Mögliche Wechselkurssicherungsmaßnahmen

Zu Kurssicherungsmaßnahmen sollte immer dann gegriffen werden, wenn Währungsinkongruenzen zwischen Einzahlungen und Auszahlungen auftreten. Die gängigste Form der Kurssicherung von Währungsforderungen und -verbindlichkeiten ist der Abschluss eines entsprechenden Geschäfts am Devisenterminmarkt (so genanntes Devisentermingeschäft). Damit verfügt man – ungeachtet des in der Zukunft liegenden Liefer- und Leistungstermins – über eine sichere Kalkulationsbasis. Unter einem Devisentermingeschäft versteht man eine Vereinbarung über einen in der Zukunft liegenden Austausch einer Währung gegen eine andere mit Festlegung aller notwendigen Einzelheiten, insbesondere des Betrages, des Kurses und des Zeitpunktes, zu dem das Geschäft erfüllt wird. Der beim Abschluss vereinbarte Kurs (Terminkurs) hängt von zwei Größen ab: Vom heutigen Kassakurs sowie von einem Auf- oder Abschlag zu diesem Kassakurs. Der Auf- oder Abschlag, Report oder Deport genannt, spiegelt die Zinsdifferenz zwischen den kontrahierten Währungen wider.

Eine weitere Möglichkeit der Kurssicherung bietet das Devisenoptionsgeschäft. Ähnlich wie beim Devisentermingeschäft wird gegen Zahlung einer Optionsprämie eine Vereinbarung über einen zukünftigen Währungsaustausch getroffen unter Festlegung von Betrag, Kurs und Zeitpunkt des Ablaufes der Option. Der Unterschied zum Devisentermingeschäft besteht darin, dass für den Kunden kein Zwang zum Währungsaustausch besteht. Somit kann er je nach Kursentwicklung wählen, ob er die Option bis zum Ablauf der Laufzeit ausübt oder ob er sie verfallen lässt. Eine Absicherung über Devisenoptionen ist jedoch nur beschränkt möglich, zudem vergleichsweise teuer und auf bestimmte Währungen beschränkt.

Abschließend sei noch erwähnt, dass als weitere Alternative auch die Möglichkeit besteht, Fremdwährungskredite (in der Projektvertragswährung) aufzunehmen, deren Auszahlungsbetrag sofort in die Währung der Projektausgaben getauscht wird. Der Kredit wird anschließend über den Cashflow der Vertragswährung des Projektes getilgt.

5 Projekt- und unternehmensbezogene Liquiditätsplanung sowie Ermittlung der Kapitalkosten

5.1 Projektbezogene Liquiditätsplanung

Die Vorgehensweise bei der projektbezogenen Liquiditätsplanung lässt sich am besten anhand eines Beispiels erklären.[90] In Abbildung 32 sind auf der gepunkteten Linie die monatlichen Projektkosten aufgetragen. Der Einfachheit halber mögen Kostenanfall und Zahlungszeitpunkt übereinstimmen. Die Abweichungen werden in vielen Fällen marginal sein. Die dünne durchgezogene Linie kennzeichnet die liquiditätsmäßig zufließenden Verkaufserlöse. Wie das Schaubild zeigt, fallen Kosten vom ersten Tage an, während die Verkaufserlöse erst ab Periode 9 einsetzen. Somit müssen die Projekte von der Baufirma oder dem Bauträger teilweise vorfinanziert werden. Aus den kumulierten kostenmäßigen Ausgaben und kumulierten liquiditätsmäßig zufließenden Einnahmen ergibt sich dann die gestrichelte Linie mit dem Liquiditätsverlauf. Hier ist zu erkennen, dass ab Periode 8 die maximal zur Verfügung stehende Kreditlinie von 4 Mio. EUR überschritten ist. Das bedeutet, dass der in diesem Fall vorgelegte „Business Plan" gar nicht realisierbar ist.

Der Projektablauf darf deshalb nicht wie geplant umgesetzt werden, sonst wird das Projekt später zahlungsunfähig. Die Kostenverläufe bzw. Verkaufserlöse müssen hier vielmehr durch Umplanungen solange modifiziert werden, bis die Kreditlinie ausreicht. Anderenfalls ist das Projekt finanziell nicht realisierbar. Häufig lässt sich eine derartige projektbezogene Liquiditätsplanung relativ einfach durchführen. Dies verdeutlicht auch das Beispiel. Trotzdem wird sie noch viel zu wenig durchgeführt.

Ein weiterer Vorteil dieses Instrumentes ist, dass man die Eigenmittelrentabilität „ganz nebenbei" mit ermitteln kann. In dem Beispiel sieht man, dass in Periode 0 ca. 500 TEUR Eigenmittel eingesetzt wurden. Diese Eigenmittel haben sich bis Periode 19 auf ca. 1.000 TEUR verdoppelt. Die Eigenmittelrentabilität liegt damit bei der neunzehnten Wurzel aus (1.000/500 =) 2 entsprechend bei 3,7 % per Periode.

---

[90] Vgl. zu diesem Kapitel auch Jacob/Stuhr/Winter (Hrsg.) (2011), S. 34-39.

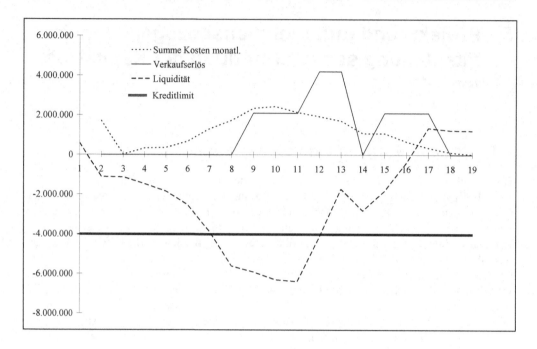

Abbildung 32:   Exemplarischer Verlauf der Zahlungsströme im Projekt

Eine solche projektbezogene Liquiditätsplanung reicht jedoch noch nicht aus. Selbst wenn bei allen Projekten der Projekt-Cashflow positiv ist, kann das Bauunternehmen trotzdem zahlungsunfähig werden. Dies hängt mit den übergeordneten Kosten der Betriebsbereitschaft zusammen. Beispielsweise müssen Niederlassungen finanziert, Kosten für nicht genutzte Geräte bezahlt, die Kosten der Hauptverwaltung, Kosten für Wirtschaftsprüfer, Steuerberater, Geschäftsbericht, Hauptversammlung etc. finanziell abgedeckt sein.

5.2   Unternehmensbezogene Liquiditätsplanung

Zur projektbezogenen Liquiditätsplanung muss folglich die unternehmensbezogene Liquiditätsplanung oder allgemeiner Finanzplanung hinzutreten.

Bei der unternehmensbezogenen Finanzplanung steht die Einjahresfinanzplanung im Vordergrund, die manchmal auch Liquiditätsplanung genannt wird. Durch die Langfristigkeit der einzelnen Aufträge sind im Jahresabschluss bereits konkrete Planinformationen für das Folgejahr enthalten. Denn die finanziellen Auswirkungen der bestehenden Aufträge sind bekannt. Die für das Erreichen der Planproduktion noch zu akquirierenden Neuaufträge sind bezüglich Zeit, Umsatz, Kosten und Zahlungsmodalitäten hinzuzuschätzen.

In Tabelle 13 ist die Auftragsentwicklung eines mittelständischen Bauunternehmens nach Aufträgen geordnet. Für Januar beispielsweise ergibt sich eine Auftragssumme von 2.274 TEUR, Restkapazitäten sind nicht mehr vorhanden. Im Februar sind Aufträge für 6.100 TEUR zu verzeichnen, aber es ist noch eine Restkapazität von 929 TEUR vorhanden, und es können noch Nachunternehmer bis 800 TEUR eingesetzt werden.

Auch die Umsatzsteuer und sonstige Erträge sind mit zu berücksichtigen. Speziell die Umsatzsteuer ist kein durchlaufender Liquiditätsposten.

Auftrag	A-Wert	Anz.	Jan.	Feb.	März	April
Fakturierplan basier. auf AV-Plan						
BASF	2.600	2.000	600			
Raschig	1.500	1.000		500		
Stadt Lw	710			600	110	
GKW Mhm.	25.100	4.530	1.674			
Daimler-Benz, Wörth	7.500	3.330		2.000		
Opel, K´lautern	2.384			1.000		168
Südzucker, Off.stein	8.100	2.000		1.000		
Hoechst, Ffm.	600					100
Schott, Mainz	500			500		
div.	1.544			500		
Summe	50.538	12.860	2.274	6.100	110	268
Restkapazität lt. AV/Produktionspl.			0	929	1.024	1.030
Sub-Unternehmer						
-Planung nach Vorhaben			0	800	0	500
Umsatzgröße -gesamt-						
Finanzplanung			2.274	7.829	1.134	1.798
zzgl. USt. und sonstige Erträge			**2.601,5**	**8.934,2**	**1.301,9**	**2.058,8**

Tabelle 13: **Erwartete Auftragsentwicklung**

Die Umsatzsumme der erwarteten Auftragsentwicklung, die als letzte Zeile der Tabelle fett herausgehoben ist, wird dann in die Planergebnisrechnung übertragen (vgl. Tabelle 14, Zeile 1).

Planerfolgsrechnung und Liquiditätsplanung sind in dem Ansatz rechentechnisch miteinander verzahnt. Zu sehen ist hier zunächst der gleiche Umsatz für Januar bis April, jetzt in die Planergebnisrechnung übernommen.

Sodann ist – ausgehend von der Planergebnisrechnung – in der Liquiditätsplanung die mit einer gewissen Verzögerung vermutete Rechnungsbegleichung durch den Kunden geschätzt, in der Zeile 1 der Liquiditätsplanung wieder fett herausgehoben. Diese Verzahnung zwischen Planergebnisrechnung und Liquiditätsplanung vereinfacht eine aussagefähige Finanz- und Vertriebskontrolle. Die Kombinationsplanung ist ein hochinteressanter Ansatz, gerade für Unternehmen mit Einzelfertigung.[91]

---

[91] Vgl. dazu im einzelnen Wagner/Klinke (2000), S. 35-62.

Planergebnis-rechnung	Stand 1.1. TEUR	Jan TEUR	Feb TEUR	Mrz TEUR	Apr TEUR
Erlöse					
Erlösplan	-9.151,3	**2.601,5**	**8.934,2**	**1.301,9**	**2.058,8**
Kasse/Postscheck	25,0				
Bankguthaben	4.698,4				
Kapitalentwicklung	425,0				
Gesellschafterdarl.	51,8				
Erlöse insg.	-3.951,1	2.601,5	8.934,2	1.301,9	2.058,8
Kosten					
Aufwandsplan	3.521,7	1.251,2	1.805,5	959,7	1.146,6
Einkaufsplan/Kred.	5.093,4	1.189,7	3.133,0	2.048,2	2.588,5
Investitionsplan		0,0	0,0	0,0	0,0
Plan d. S. Aufw.	21,0	17,2	17,2	62,6	17,2
Darlehen	3.177,2				
Kapital	1.083,8				
Kosten insg.	12.897,1	2.458,1	4.955,7	3.070,5	3.752,3
Überdeckung	0,0	143,4	3.978,5	0,0	0,0
Unterdeckung	-16.848,2	0,0	0,0	-1.768,6	-1.693,5
Kum. Deckungsent.	-16.848,2	-16.704,8	-12.726,3	-14.494,9	-16.188,4

Liquiditäts-planung		Jan TEUR	Feb TEUR	Mrz TEUR	Apr TEUR
Einnahmen					
Erlösplan		**4.053,3**	**4.737,2**	**4.990,5**	**3.000,0**
Kasse/Postscheck					
Bankguthaben					
Kapitalentwicklung					
Gesellschafterdarl.					
Einnahmen insg.		4.053,3	4.737,2	4.990,5	3.000,0
Ausgaben					
Aufwandsplan		785,6	1.340,2	664,3	1.277,0
Einkaufsplan/Kred.		2.554,9	3.934,9	3.443,5	2.497,7
Investitionsplan		0,0	0,0	0,0	0,0
Plan d. S. Aufw.		38,2	17,2	62,6	17,2
Darlehen		16,5	16,5	18,5	16,5
Kapital					
Ausgaben insg.		3.395,2	5.308,8	4.188,9	3.808,4
Überdeckung		658,1	0,0	801,6	0,0
Unterdeckung		0,0	-571,6	0,0	-808,4
Kum. Deckungsent.		658,1	86,5	888,1	79,7

Tabelle 14:   **Planergebnisrechnung und unternehmensbezogene Liquiditätsplanung**

Die gegenüber der Planung tatsächliche Auftragsstruktur, Umsatz- und Liquiditätsentwicklung sollte idealerweise in turnusmäßigen Steuerungssitzungen mit der Geschäftsleitung besprochen werden (Projektgruppe aus Vertrieb, Produktion, Einkauf, Finanzen). Eine quartalsweise Aktualisierung hat sich unter dem Aspekt Kosten/Nutzen als sinnvoll erwiesen.

5.3   Ermittlung der Kapitalkosten

Wenn man wie in Abbildung 32 die Zahlungsströme konkret plant, kann man den Eigenkapitaleinsatz in der (Vor-)Kalkulation konkret mit den Eigenkapitalkosten vor persönlichen Steuern des Anlegers bewerten. Die Kosten des Fremdkapitals ergeben sich dann konkret aus den Zinskosten des aufgenommenen Bankkredits. Soweit aber nur pauschal aus vorhandener Liquidität eines Unternehmens finanziert wird, greift man zum Konzept der durchschnittlichen Kapitalkosten (englisch: Weighted Average Cost of Capital, WACC). Hier geht man von den durchschnittlichen Bilanzrelationen für die Eigenkapitalquote des Unternehmens aus, der Rest ist dann Fremdkapital. Das Eigenkapital wird mit den Eigenkapitalzinsen und das Fremdkapital mit den Fremdkapitalzinsen angesetzt. Dann ermittelt man den Mischzins entsprechend der Eigenkapitalquote des Unternehmens. Bilfinger Berger führt in seinem Geschäftsbericht zum WACC aus: „Als Kapitalkostensatz dient er als Messgröße für die Finanzierung des betrieblich gebundenen Vermögens im Kapitalrenditecontrolling von Bilfinger Berger. Er entspricht dem Verzinsungsanspruch der Eigen- und Fremdkapitalgeber und wird als gewichteter Durchschnitt von Eigen- und Fremdkapitalkosten ermittelt."[92]

Wie ein Mittelständler analog vorgehen könnte, zeigt das nachfolgende Beispiel zur Ermittlung der Kapitalkosten.[93] Es wird von 75 % Fremdkapitalanteil und 25 % Eigenkapitalanteil ausgegangen. Eine weit darunter liegende Eigenkapitalquote wird heute von Banken nicht mehr als kreditwürdig akzeptiert. Die Eigenkapitalverzinsung muss wegen des höheren impliziten Risikos über dem Fremdkapitalzins liegen. Denn das Eigenkapital wird nicht dinglich abgesichert und wird nur dann verzinst, wenn Gewinn erwirtschaftet wird. Ferner ist zu berücksichtigen, dass Eigenkapitalzinsen voll der Gewerbeertragsteuer unterliegen. Dauerschuldzinsen bzw. Zinsen für Fremdkapital hingegen werden bei der Gewerbeertragsteuer nur zu 75 % einbezogen, da als Betriebsausgaben erfasste Dauerschuldzinsen bei der Ermittlung der Gewerbeertragsteuer zu 25 % wieder hinzugerechnet werden können. Bei einer Ausschüttung unterliegt die Dividende beim Anleger einer Abgeltungssteuer in Höhe von 25 %. Von einer Berücksichtigung des Solidaritätszuschlages sowie evtl. der Kirchensteuer wird hier abgesehen.

---

[92] Bilfinger Berger (2012), S. 191.
[93] Vgl. Jacob/Stuhr/Winter (Hrsg.) (2011), S. 38 f. Vgl. dazu auch vereinfacht Perridon/Steiner/Rathgeber (2009), S. 525-528.

Fremdkapital (75 %)

Zinssatz: 8 %

14 % (= 400 % x 0,035) Gewerbesteuer bei 400 % Hebesatz und 3,5 % Messzahl

Einrechnung zu 75 % (Hinzurechnung 1/4 Dauerschuldzinsen)

0,75 x 0,08 x 1/ (1-0,14 x 0,25) = 6,22 % inklusive Gewerbesteuer[94]

Eigenkapital (25 %) – Fall Thesaurierung

Zinssatz: 12 % (da keine dingliche Sicherung möglich)

15 % Körperschaftsteuer

0,25 x 0,12 x 1/ (1 – 0,14) x 1/ (1 – 0,15) = 4,10 % inklusive Gewerbesteuer und Körperschaftsteuer[95]

Kapitalkosten = 6,22 % + 4,10 % = 10,32 % inklusive Steuern der Kapitalgesellschaft

Eigenkapital (25 %) – Fall Vollausschüttung

Ausschüttung (25 % Abgeltungssteuer beim Anleger)

0,25 x 0,12 x 1/ (1 – 0,14) x 1/ (1 – 0,15) x 1/ (1 – 0,25) = 5,47 % inklusive Gewerbesteuer und Körperschaftsteuer[96]

Kapitalkosten = 6,22 % + 5,47 % = 11,69 % inklusive Steuern der Kapitalgesellschaft und der Abgeltungssteuer der Anleger

---

[94] Keine Einbeziehung der Körperschaftsteuer, da Fremdkapitalzinsen als Betriebsausgabe abzugsfähig sind; retrograder Rechengang: 6,22 % - 0,14 x 0,25 x 6,22 = 6,0 % (= 0,75 x 8 %).

[95] Retrograder Rechengang: 4,10 % - 0,14 x 4,10 - 3,53 x 0,15 = 3,0 % (= 0,25 x 12 %).

[96] Retrograder Rechengang: 5,47 % - 0,14 x 5,47 - 4,70 x 0,15 - 4,0 x 0,25 = 3,0 % (= 0,25 x 12 %).

6 Bilanzierung: Einführung und Übersicht

Der Teil zur Bilanzierung in der Bauwirtschaft ist wie folgt untergliedert. Nach der Einführung in das HGB- und IFRS-Rechnungslegungssystem wird in Kapitel sieben auf die Kontenrahmen im Allgemeinen und den Baukontenrahmen im Speziellen eingegangen, da sie die Grundlage für das Rechnungswesen und Controlling der Baufirmen und deren Eigen- und Arge-Baustellen bilden. Kapitel acht beschäftigt sich mit wichtigen Grundlagen der Rechnungslegung nach HGB und IFRS. Dieses Kapitel soll verdeutlichen, warum sich bei wichtigen Positionen der Baubilanz zum Teil erhebliche Unterschiede zwischen der HGB- und der IFRS-Bilanzierung ergeben. Die im Jahresabschluss von Bauunternehmen bedeutenden Positionen betreffen zum einen die Gewinn- und Verlustrechnung (Umsatzerlöse, Positionsgliederung der Gewinn- und Verlustrechnung nach Gesamtkostenverfahren versus Umsatzkostenverfahren, EBIT und EBITA sowie Beteiligungs- und Zinsergebnis) und zum anderen die Bilanz (unfertige Bauwerke einschließlich Nachträge, Anzahlungen, fertige Bauwerke einschließlich Nachträge und Gewährleistung, Unternehmenskooperationen, Schalung und Rüstung, Massenbaustoffe, Immobilien, Leasing und langfristige Miete, die Behandlung von Public Private Partnerships, aktive und passive latente Steuern sowie betriebliche Altersversorgung und Pensionsrückstellungen). Dabei wird für die genannten Positionen die Bilanzierung sowohl nach HGB als auch nach IFRS erläutert. Da im Regelwerk der IFRS zum Teil baubezogene Ausführungsbestimmungen fehlen, wird an einigen Stellen auf die Bestimmungen der US-amerikanischen Generally Accepted Accounting Principles hingewiesen. Außerdem finden die US-GAAP im Baubereich weltweit breiten Einsatz. Sie werden im neunten Kapitel einer näheren Betrachtung unterzogen.

Einzelbilanz und Konzernbilanz werden zusammen behandelt. Lediglich in den Kapiteln 8.8, 8.14 und 8.16 gibt es Sonderfragen der Konzernbilanz.

Die Ausführungen werden mit Beispielen aus drei Geschäftsberichten unterlegt, dem Geschäftsbericht von Bilfinger Berger, von Strabag und der französischen VINCI, dem größten europäischen Baukonzern. Die entsprechenden Passagen aus dem VINCI-Geschäftsbericht wurden aus dem Englischen ins Deutsche übersetzt. Bei allen drei Berichten handelt es sich um IFRS-Bilanzen.

Wichtige Grundlagen zur Rechnungslegung nach HGB und IFRS

Nach **HGB** ist grundsätzlich jeder Kaufmann verpflichtet, einen Abschluss aufzustellen (§ 242 Abs. 1 HGB) Eine Ausnahme besteht seit BilMoG für bestimmte Einzelkaufleute. Wenn deren Umsatz nicht mehr als 500.000 Euro und deren Jahresüberschuss nicht mehr als 50.000 Euro an zwei aufeinander folgenden Abschlussstichtagen aufweisen, können sie sich von der handelsrechtlichen Pflicht zur Buchführung und damit auch von der Erstellung eines Abschlusses befreien lassen (vgl. §§ 241 a HGB, 242 Abs. 4 HGB). Steuerrechtlich ist jedoch in jedem Fall das Ergebnis aus der Geschäftstätigkeit zu ermitteln (Einnahmenüberschussrechnung nach § 4 Abs. 3 EStG).

Die deutsche handelsrechtliche Rechnungslegung zeichnet sich durch eine Orientierung an den Gläubigerinteressen aus. Das bedeutet, dass dem Gläubigerschutz bzw. der nominellen Kapitalerhaltung eine herausragende Bedeutung zukommt. Der nach dem HGB aufgestellte

Einzelabschluss zielt darauf ab, den vorsichtig bemessenen, ausschüttungsfähigen Gewinn zu ermitteln. Im Konzernabschluss steht dahingegen die Vermittlung von Informationen im Vordergrund.

Die Grundsätze bei der Aufstellung von HGB-Jahresabschlüssen bestehen aus den Grundsätzen ordnungsmäßiger Buchführung (GoB) als Normen der Rechnungslegung allgemeiner Art und spezifischen Rechnungslegungsvorschriften.[97] Eine einheitliche Systematisierung der GoB existiert bislang nicht. In § 252 HGB sind unter anderem nachfolgende Bewertungsprinzipien gesetzlich verankert.

- Vorsichtsprinzip (Gewinnrealisation, Verlustantizipation)

- periodengerechte Zuordnung der Aufwendungen und Erträge

- Einzelbewertung von Vermögen und Schulden

- Unternehmensfortführung

Abbildung 33:   Ausgewählte Prinzipien nach § 252 HGB

Neben den im HGB kodifizierten gibt es weitere, ebenfalls verbindlich anzuwendende GoB, die sich aus der allgemeinen Bilanzierungspraxis heraus entwickelt haben.

Für die nachfolgenden Betrachtungen zur Bilanzierung unfertiger und fertiger Bauwerke nach HGB ist insbesondere die Stellung und Bedeutung des Vorsichtsprinzips hervorzuheben. Es beinhaltet einen vorsichtigen Ansatz und eine vorsichtige Bewertung von Vermögen und Schulden sowie einen vorsichtigen Ansatz und eine vorsichtige Bemessung von Aufwendungen und Erträgen.[98] Ausfluss des Vorsichtsprinzips ist, dass Gewinne erst berücksichtigt werden dürfen, wenn sie durch einen Umsatzakt realisiert sind (Gewinnrealisation). Bereits absehbare oder erwartete Verluste sind dahingegen im Jahresabschluss zu zeigen, auch wenn sie noch nicht realisiert sind (Verlustantizipation).

Bestandteile von HGB-Abschlüssen sind gemäß Abbildung 34 auf jeden Fall Bilanz sowie Gewinn- und Verlustrechnung. Bei Kapitalgesellschaften kommt noch der Anhang hinzu. Kapitalmarktorientierte Kapitalgesellschaften, die keinen Konzernabschluss aufstellen, müssen zudem noch eine Kapitalflussrechnung und einen Eigenkapitalspiegel erstellen. Eine Segmentberichterstattung kann wahlweise erfolgen.

---

[97] Weber/Rogler (2004), S. 58.
[98] Ebenda, S. 59.

	Bilanz	GuV-Rechnung	Anhang	Kapital-flussrech-nung	Eigen-kapital-spiegel	Segment-bericht-erstattung
alle Kaufleute	⊗	⊗				
KapG (nicht kapitalmarktorient.)	⊗	⊗	⊗			
KapG (kapital-marktorientiert)	⊗	⊗	⊗	⊗	⊗	(⊗)

Abbildung 34:   Bestandteile HGB-Abschluss

Große und mittelgroße Kapitalgesellschaften[99] müssen zusätzlich zum Jahresabschluss einen Lagebericht erstellen.

Durch die Globalisierung der unternehmerischen Tätigkeiten sind international einheitliche Rechnungslegungsnormen und Bilanzierungspraktiken seit geraumer Zeit von Interesse. Der Grundstein wurde vor fast 40 Jahren mit der Gründung des International Accounting Standards Board durch unterschiedliche Länder in London gelegt. Diese privatrechtliche Organisation hatte es sich zum Ziel gesetzt, international einheitliche Rechnungslegungsstandards zu erarbeiten und auf deren weltweite Akzeptanz und Anwendung hinzuwirken.

Diese Entwicklungen blieben nicht ohne Auswirkung auf die europäische und deutsche Rechnungslegung (vgl. Abbildung 35). Seit 2005 müssen daher Bauunternehmen, deren Aktien am geregelten Markt zum Handel zugelassen sind, ihren Konzernabschluss nach International Financial Reporting Standards (**IFRS**) erstellen und prüfen lassen.[100] Der Konzernabschluss nicht kapitalmarktorientierter Unternehmen kann mit befreiender Wirkung nach IFRS erstellt werden, d. h. es ist dann kein zusätzlicher HGB-Abschluss erforderlich. Im Einzelabschluss sämtlicher Unternehmen dominiert dahingegen das HGB. Diejenigen Unternehmen, die ihren Einzelabschluss veröffentlichen müssen, können anstelle des HGB-Abschlusses einen IFRS-Abschluss publizieren.

---

[99] Die Einteilung in kleine, mittelgroße und große Kapitalgesellschaften erfolgt anhand bestimmter Größenkriterien (Bilanzsumme, Umsatzerlöse, Arbeitnehmer), vgl. dazu § 267 HGB.

[100] Vgl. Verordnung (EG) Nr. 1606/2002 vom 19.7.2002.

	Konzernabschluss	Einzelabschluss
Kapitalmarktorientierte Unternehmen	**IFRS** (Pflicht) Art. 4 IAS-Verordnung	**HGB** (aber Wahlrecht zur Offenlegung nach IFRS) § 325 Abs. 2 a HGB
Nicht kapitalmarktorientierte Unternehmen	**HGB** oder **IFRS** (Wahlrecht) § 315 a Abs. 3 HGB	

Abbildung 35:   Rechnungslegungsvorschriften im Einzel- und Konzernabschluss

IFRS-Abschlüsse stellen die Information der aktuellen und potentiellen Investoren in den Mittelpunkt. Sie zielen darauf ab, nützliche und relevante Informationen zur Verfügung zu stellen (decision usefulness).

Das Regelwerk setzt sich aus einem Rahmenwerk (Framework), den eigentlichen Standards und Interpretationen zu den Standards zusammen. Im Framework sind die allgemeinen Bilanzierungsgrundsätze festgehalten wie zum Beispiel Ansatzvorschriften und Bewertungsmaßstäbe. Die einzelnen Standards behandeln einen abgegrenzten Themenbereich, zum Beispiel die Bilanzierung von Fertigungsaufträgen in IAS 11. Die Vorschriften sind im Grundsatz sowohl für den Einzel- als auch den Konzernabschluss gültig. Die Interpretationen zu den Standards stammen vom International Financial Reporting Interpretations Committee (IFRIC).

Abbildung 36 enthält die Rechnungslegungsgrundsätze nach IFRS. Grundlegend sind die beiden Annahmen der Periodenabgrenzung und der Unternehmensfortführung (going concern). Außerdem gibt es qualitative Anforderungen, die das Rahmenkonzept an die Erstellung von Abschlüssen stellt (z. B. Relevanz und glaubwürdige Darstellung). Diese Anforderungen erfahren zum Teil gewisse Einschränkungen wie zum Beispiel Kosten-Nutzen-Erwägungen.

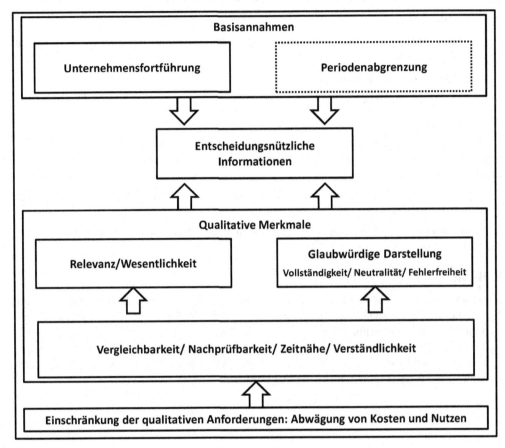

Abbildung 36:   Rechnungslegungsgrundsätze nach IFRS[101]

Im Vergleich zu den deutschen GoB wird deutlich, dass dem Vorsichtsprinzip eine schwächere Bedeutung zukommt. Daraus ergeben sich Auswirkungen auf die Bilanzierung in Bauunternehmen. Gewinne aus langfristigen Fertigungsaufträgen beispielsweise können – sofern bestimmte Voraussetzungen erfüllt sind – bereits mit Baufortschritt realisiert werden.

---

[101] Theile, in: Heuser/Theile (Hrsg.) (2012), Rn 270 (S. 87).

IFRS-Abschlüsse müssen zwingend folgende Bestandteile beinhalten:

- Bilanz

- Gesamtergebnisrechnung (Gewinn- und Verlustrechnung, Ermittlung des sonstigen Ergebnisses)

- Eigenkapitalveränderungsrechnung

- Kapitalflussrechnung

- Anhang

Kapitalmarktorientierte Unternehmen, deren Eigenkapital- oder Schuldinstrumente öffentlich gehandelt werden, haben darüber hinaus eine Segmentberichterstattung zu erstellen sowie das Ergebnis je Aktie zu ermitteln.[102]

Dem Konzernabschluss kommt im angelsächsischen Raum in der Regel eine größere Bedeutung als dem Einzelabschluss zu.

Die nachfolgenden Ausführungen konzentrieren sich auf Bilanz, Gewinn- und Verlustrechnung und Anhang.

E-Bilanz

Mit dem Gesetz zur Modernisierung und Entbürokratisierung des Steuerverfahrens vom 28.12.2008 wurde der Ausbau der elektronischen Kommunikation zwischen den Steuerpflichtigen und der Finanzverwaltung vorangetrieben. Zukünftig sollen die Abschlüsse auf elektronischem Weg mittels gegliederter Datenschemata (so genannte Taxonomien) übermittelt werden. Grundsätzlich sind sämtliche Unternehmen ab dem Wirtschaftsjahr 2013 betroffen, die ihren Gewinn nach § 5 EStG oder § 4 Abs. 1 EStG ermitteln.[103]

---

[102] Vgl. Buchholz (2011), S. 32.
[103] Vgl. Bundesministerium der Finanzen (2012).

7 Kontenrahmen einschließlich Baukontenrahmen

Eine wichtige Grundlage jedes Rechnungslegungssystems bildet der Kontenrahmen. Er enthält eine systematische Übersicht der Konten, die für die Durchführung des betrieblichen Rechnungswesens des Unternehmens von Relevanz sind bzw. sein könnten.[104] Aus diesem überbetrieblichen Kontenrahmen erstellt das einzelne Unternehmen seinen unternehmensspezifischen Kontenplan, in den die Konten des Kontenrahmens übernommen werden, die das Unternehmen benötigt. Gegebenenfalls sind Erweiterungen oder Ergänzungen vorzunehmen, um den unternehmensspezifischen Bedürfnissen Rechnung zu tragen.[105] Daher stimmen die Kontenpläne der verschiedenen Unternehmen häufig nicht überein, so dass es gerade bei Kooperationen mit anderen Unternehmen zu Abstimmungsproblemen kommen kann, wenn beispielsweise in einer Bauarbeitsgemeinschaft das betreffende Bauunternehmen nicht kaufmännisch federführend ist und seine Konten mit der Arge-Buchhaltung abstimmen muss.

Unter funktionalen Gesichtspunkten, also der Frage, nach welchen Kriterien die Konten zu Kontengruppen und die Kontengruppen zu Kontenklassen zusammengefasst werden, kann zwischen dem Prozessgliederungsprinzip und dem Abschlussgliederungsprinzip differenziert werden.[106] Beim Prozessgliederungsprinzip erfolgt der Aufbau des Kontenrahmens nach dem Wertefluss und der damit verbundenen Abrechnungsfolge des Güter- und Geldkreislaufes des Unternehmens. Durch die damit einhergehende Verknüpfung von Finanzbuchführung sowie Kosten- und Leistungsrechnung sind derartige Kontenrahmen dem Einkreissystem zuzuordnen. Das Abschlussgliederungsprinzip orientiert sich am Aufbau von Bilanz und Gewinn- und Verlustrechnung und ist demzufolge eng mit der Finanzbuchführung verbunden. Die Konten der Kosten- und Leistungsrechnung werden üblicherweise in einer separaten, nachgeschalteten Kontenklasse erfasst. Finanzbuchhaltung und Kosten- und Leistungsrechnung werden demnach in zwei getrennten Buchungskreisen geführt. Daher sind diese Kontenrahmen nach dem Zweikreissystem aufgebaut.

Die gängigen Kontenrahmen sind formal nach dem dekadischen Prinzip gegliedert, d. h. sie folgen einer numerischen Unterteilung in Kontenklassen (von null bis neun) und Kontengruppen (von null bis neun). Nachfolgend werden verschiedene Kontenrahmen mit den dazugehörigen Kontenklassen dargestellt. Auf die Angabe der Kontengruppen, die eine weitere Aufteilung der Kontenklassen darstellen, wird aus Platzgründen verzichtet.

---

[104] Vgl. Eisele/Knobloch (2011), S. 717.
[105] Vgl. ebenda, S. 717.
[106] Vgl. dazu und zum Folgenden z. B. Bieg (2011), S. 183-185 und Eisele/Knobloch (2011), S. 719 f.

Gemeinschaftskontenrahmen der Industrie (GKR)

Konten-klassen	Inhalt	Funktionale Gliederung (Prozessgliederungsprinzip)
0	Anlagevermögen, langfristige Verbindlichkeiten, Eigenkapital, Rückstellungen, Rechnungsabgrenzung	Vorbereitung betriebliche Leistungserstellung
1	Finanz- und Privatkonten	
2	Abgrenzungskonten	
3	Einkäufe und Bestände an Waren und Stoffen	
4	Kostenarten	Produktionsablauf
5/6	Kostenstellen	
7	Kostenträgerbestände an Erzeugnissen und Leistungen	
8	Erlöse und andere betriebliche Erträge	Verwertung Betriebsleistung
9	Abschluss	

Tabelle 15:   GKR

Der Gemeinschaftskontenrahmen orientiert sich am Prozessgliederungsprinzip und versucht damit, bei der Kontenordnung und Kontenklassenbildung die Parallelität zwischen betrieblichem Güterkreislauf und dessen wertmäßiger Erfassung im betrieblichen Rechnungswesen zu berücksichtigen.[107] Der GKR konnte in der Praxis keine einhellige Zustimmung erlangen, was zur Entwicklung weiterer Kontenrahmen führte. Neben dem Industriekontenrahmen sind dabei insbesondere die Kontenrahmen der DATEV e. G. (Datenverarbeitungsorganisation des steuerberatenden Berufes in Deutschland) hervorzuheben.

DATEV-Kontenrahmen

Von den DATEV-Kontenrahmen sind der Standardkontenrahmen SKR 03 und der Standardkontenrahmen SKR 04 gebräuchlich, wobei sich der SKR 03 am GKR und der SKR 04 am Industriekontenrahmen (IKR) orientiert.

---

[107] Vgl. Bieg (2011), S. 185.

Konten-klassen	Inhalt	Funktionale Gliederung (Prozessgliederungsprinzip)	
0	Anlage- und Kapitalkonten	Vorbereitung betriebliche Leistungserstellung	
1	Finanz- und Privatkonten		
2	Abgrenzungskonten		
3	Wareneingangs- und Bestandskonten		
4	Betriebliche Aufwendungen	Produktionsablauf	
5/6	Frei		
7	Bestände an Erzeugnissen		
8	Erlöskonten	Verwertung Betriebsleistung	
9	Vortrags-, Kapital- und statistische Konten		

Tabelle 16:   SKR 03 (2010)

Konten-klassen	Inhalt	Funktionale Gliederung (Abschlussgliederungsprinzip)		
0	Anlagevermögenskonten (Immaterielle Vermögensgegenstände, Sachanlagen, Finanzanlagen)	Aktivkonten	Bestands-konten (Bilanz)	
1	Umlaufvermögenskonten (Vorräte, Forderungen, Geldkonten, aktive Rechnungsabgrenzungsposten)			
2	Eigenkapitalkonten/Fremdkapitalkonten	Passivkonten		
3	Fremdkapitalkonten (Rückstellungen, Verbindlichkeiten, passive Rechnungsabgrenzungsposten)			
4	Betriebliche Erträge	Ertragskonten	Erfolgskonten (Gewinn- und Verlust-rechnung)	
5/6	Betriebliche Aufwendungen	Aufwands-konten		
7	Weitere Erträge und Aufwendungen	Ertrags- und Aufwands-konten		
8	Frei			
9	Vortrags-, Kapital- und statistische Konten			

Tabelle 17:   SKR 04 (2010)

Baukontenrahmen (BKR)

Für die Belange der Bauwirtschaft wurde der Baukontenrahmen (BKR) entwickelt, der in der Grundkonzeption auf dem für industrielle Unternehmen entwickelten Industriekontenrahmen (IKR) aufbaut und um bauspezifische Aspekte angepasst und erweitert wurde. Der BKR umfasst zwei Rechnungskreise (vgl. Abbildung 37). Der externe Rechnungskreis bzw. Rechnungskreis I enthält die Konten der Finanzbuchführung, d. h. die Aktivkonten der Bilanz mit den Kontenklassen null bis zwei, die Passivkonten mit den Kontenklassen drei bis vier sowie die Ertrags- und Aufwandskonten der Gewinn- und Verlustrechnung (Kontenklassen fünf bis sieben). Die Konten für die Eröffnungs- und Abschlussbuchungen sind in der Kontenklasse acht zusammengefasst. Der interne Rechnungskreis (Rechnungskreis II) beinhaltet mit der Kontenklasse neun die Baubetriebsrechnung einschließlich Abgrenzungsrechnung. In der Baubetriebsrechnung werden die aus der unternehmerischen Tätigkeit entstandenen Kosten und Leistungen zahlenmäßig erfasst und dargestellt. Dies geschieht im Rahmen der Kosten- und Leistungsrechnung.

Rechnungskreis I (externer Rechnungskreis)

Konten-klassen	Inhalt	Funktionale Gliederung (Abschlussgliederungsprinzip)	
0	Sachanlagen und immaterielle Anlagewerte	Aktivkonten	Bestands-konten (Bilanz)
1	Finanzanlagen und Geldkonten	Aktivkonten	Bestands-konten (Bilanz)
2	Vorräte, Forderungen und aktive Rechnungsabgrenzungsposten	Aktivkonten	Bestands-konten (Bilanz)
3	Eigenkapital, Wertberichtigungen und Rückstellungen	Passivkonten	Bestands-konten (Bilanz)
4	Verbindlichkeiten und passive Rechnungsabgrenzungsposten	Passivkonten	Bestands-konten (Bilanz)
5	Erträge	Ertragskonten	Erfolgskonten (Gewinn- und Verlust-rechnung)
6	Betriebliche Aufwendungen	Aufwands-konten	Erfolgskonten (Gewinn- und Verlust-rechnung)
7	Sonstige Aufwendungen	Aufwands-konten	Erfolgskonten (Gewinn- und Verlust-rechnung)
8		Eröffnung und Abschluss	

Rechnungskreis II (interner Rechnungskreis)

Konten-klassen	Inhalt	
9	Baubetriebsabrechnung einschl. Abgrenzungsrechnung	

Abbildung 37:   Überblick zum Baukontenrahmen[108]

Ein konkreter, aus dem Baukontenrahmen abgeleiteter und um die Konten der Bauarbeitsge-meinschaften erweiterter Kontenplan der Finanzbuchhaltung ist im Anhang 3 abgebildet.

Zur Klärung der Frage, ob im Einkreis- oder Zweikreissystem gearbeitet werden sollte, ist es sinnvoll, die Begriffe Aufwand aus der Finanzbuchführung und Kosten aus der Kosten- und Leistungsrechnung gegenüberzustellen (vgl. Abbildung 38). Dann wird deutlich, dass der in gleicher Höhe als Kosten verrechneter Zweckaufwand den Grundkosten entspricht (z. B. Baumaterialverbrauch, Löhne, Gehälter oder Nachunternehmereinsatz) und sich Unterschiede zwischen beiden Größen im Bereich der kalkulatorischen Kosten (Anders- und Zusatzkosten) ergeben. Anderskosten sind Kosten aus der Kosten- und Leistungsrechnung, denen in der Finanzbuchführung ein Aufwand in anderer Höhe gegenübersteht (z. B. kalkulatorische anstel-

---

[108] Vgl. Jacob/Heinzelmann/Stuhr (2008), S. 1385 f.

le bilanzieller Abschreibung). Als Zusatzkosten werden diejenigen Kosten bezeichnet, denen kein Aufwand gegenübersteht (z. B. kalkulatorischer Unternehmerlohn, Zinsen auf das Eigenkapital).

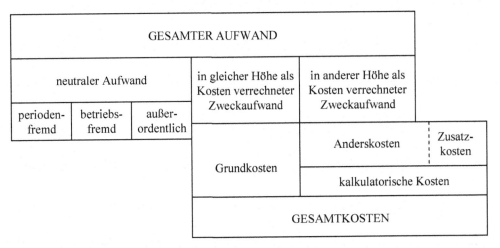

Abbildung 38:   **Abgrenzung der Begriffe Aufwand und Kosten**[109]

Da sich in der Praxis Aufwand und Kosten in der Regel lediglich im Bereich der kalkulatorischen Kosten unterscheiden, ist die Arbeit im Einkreissystem häufig als ausreichend zu betrachten.

---

[109] In Anlehnung an Eisele/Knobloch (2011), S. 794.

8 Bauwirtschaftlicher Jahresabschluss nach HGB und IFRS

8.1 Umsatzerlöse

Die Position Umsatzerlöse bzw. Revenue ist sowohl nach HGB als auch nach IFRS der Ausgangspunkt der staffelförmigen Gewinn- und Verlustrechnung.

In Anlehnung an die Definition nach § 277 Abs. 1 HGB sind unter den Umsatzerlösen nach deutschen Vorschriften die Erlöse aus dem Verkauf und der Vermietung und Verpachtung von für die gewöhnliche Geschäftstätigkeit des Unternehmens typischen Erzeugnissen und Waren auszuweisen. Zudem sind sämtliche Erlöse aus Dienstleistungen aufzuführen, die aus der gewöhnlichen Geschäftstätigkeit des Unternehmens resultieren. Dabei sind die Bruttoerlöse nach Abzug von Erlösschmälerungen (Preisnachlässe, zurückgewährte Entgelte) und der Umsatzsteuer auszuweisen. Es erfolgt somit ein Nettoausweis. Sollten die Umsatzobjekte (Erzeugnisse, Waren und Dienstleistungen) nicht als typisch klassifiziert werden, so erfolgt der Ausweis in der Gewinn- und Verlustrechnung unter der Position sonstige betriebliche Erträge.

Im IFRS-Rechnungslegungssystem geht der Begriff der Umsatzerlöse über den des handelsrechtlichen hinaus, da hier alle Erträge im Rahmen der gewöhnlichen Geschäftstätigkeit erfasst werden. Darunter zählen sowohl Einnahmen aus dem Verkauf von Gütern als auch solche aus der Erbringung von Dienstleistungen.

8.2 GuV nach Gesamtkostenverfahren versus Umsatzkostenverfahren

Die Gewinn- und Verlustrechnung (GuV) ist Bestandteil des handelsrechtlichen Jahresabschlusses und kann vereinfacht in die Erträge und Aufwendungen des Betriebs- und Finanzbereiches, die außerordentlichen Erträge und Aufwendungen sowie die Steuern unterteilt werden.

Dabei ist die GuV gemäß § 275 Abs. 1 HGB entweder nach dem Gesamtkostenverfahren oder dem Umsatzkostenverfahren zu erstellen. Die beiden Verfahren unterscheiden sich im Hinblick auf die Unterteilung und den Umfang der ausgewiesenen Aufwendungen und Erträge. Im Gesamtkostenverfahren werden den in der Periode angefallenen Erträgen alle Aufwendungen gegenübergestellt, die für die Erbringung der Betriebsleistung angefallen sind. Die Gliederung erfolgt hierbei nach Aufwandsgüterarten, also Materialaufwand, Personalaufwand und Abschreibungen. Im Umsatzkostenverfahren werden den Erträgen die Aufwendungen gegenübergestellt, die zur Erzielung der Umsatzerlöse angefallen sind (so genannte Umsatzaufwendungen). Diese werden nach den Funktionsbereichen Herstellung, Verwaltung und Vertrieb gegliedert. Abbildung 39 vermittelt dazu einen zusammenfassenden Überblick.

Erträge und Aufwendungen des Betriebsbereiches	
Gesamtkostenverfahren	**Umsatzkostenverfahren**
Umfang	**Umfang**
Erbringung der Betriebsleistung	Erzielung der Umsatzerlöse
Gliederung	**Gliederung**
nach Aufwandsgüterarten	nach Funktionsbereichen
Materialaufwendungen	Herstellung
Personalaufwendungen	Verwaltung
Abschreibungen	Vertrieb

Erträge und Aufwendungen des Finanzbereiches

Außerordentliche Erträge und Aufwendungen

Ertragsteuern und sonstige Steuern

Abbildung 39:   Grobstruktur der HGB-GuV

Zu beachten ist, dass das Gesamt- und das Umsatzkostenverfahren bei gleicher Bewertung der Herstellungskosten immer zum gleichen Jahresüberschuss oder -fehlbetrag führen. Dies ist dadurch begründet, dass im Gesamtkostenverfahren im Gegensatz zum Umsatzkostenverfahren auch Bestandsveränderungen, die sowohl positiv als auch negativ sein können, in der Gewinn- und Verlustrechnung enthalten sind.

Abbildung 40 enthält einen Vorschlag zur Gliederung der IFRS-GuV nach dem Gesamt- und Umsatzkostenverfahren.

Gesamtkostenverfahren (Nature of Expense Method)

Umsatzerlöse (Revenue)	XX
Bestandsveränderungen (Changes in inventories of finished goods and work in progress)	XX
Sonstige betriebliche Erträge (Other income)	XX
Materialaufwand (Raw material and consumables used)	XX
Personalaufwand (Employee benefits expense)	XX
Abschreibungen (Depreciation and amortisation expense)	XX
Sonstige betriebliche Aufwendungen (Other expenses)	XX
Finanzierungsaufwend. Ohne Equity-Gesellschaften (Finance costs)	XX
Finanzierungserträge ohne Equity-Gesellschaften (Finance revenues)	XX
Ergebnisbeiträge aus nach der Equity-Methode bilanzierten Beteiligungen (Share of the profit or loss of associates and joint ventures accounted for using the equity method)	XX
Ergebnis vor Steuern (Profit or loss before tax)	XX
Ertragsteuern (Income tax expense)	XX
Ergebnis aus fortgeführten Geschäftsbereichen (Profit or loss for the period from continuing operations)	XX
Ergebnis aus der Aufgabe von Geschäftsbereichen (Profit or loss from discontinued operations)	XX
Ergebnis der Periode (Profit or loss for the period)	XX
Ergebnisanteil der Minderheitsgesellschafter (Profit or loss attributable to non-controlling interest)	XX
Ergebnisanteil der Eigenkapitalgeber (Profit or loss attributable to owners of the parent)	XX
Ergebnis je Aktie (Earnings per share)	XX

Umsatzkostenverfahren (Cost of Sales Method)

Umsatzerlöse (Revenue)	XX
Herstellungskosten der zur Erzielung der Umsatzerlöse erbrachten Leistungen (Cost of Sales)	XX
Bruttoergebnis vom Umsatz (Gross Profit)	XX
Sonstige betriebliche Erträge (Other income)	XX
Vertriebskosten (Distribution costs)	XX
Sonstige Verwaltungskosten (Administrative expenses)	XX
Sonstige betriebliche Aufwendungen (Other expenses)	XX
Finanzierungsaufwend. Ohne Equity-Gesellschaften (Finance costs)	XX
Finanzierungserträge ohne Equity-Gesellschaften (Finance revenues)	XX
Ergebnisbeiträge aus nach der Equity-Methode bilanzierten Beteiligungen (Share of the profit or loss of associates and joint ventures accounted for using the equity method)	XX
Ergebnis vor Steuern (Profit or loss before tax)	XX
Ertragsteuern (Income tax expense)	XX
Ergebnis aus fortgeführten Geschäftsbereichen (Profit or loss for the period from continuing operations)	XX
Ergebnis aus der Aufgabe von Geschäftsbereichen (Profit or loss from discontinued operations)	XX
Ergebnis der Periode (Profit or loss for the period)	XX
Ergebnisanteil der Minderheitsgesellschafter (Profit or loss attributable to non-controlling interest)	XX
Ergebnisanteil der Eigenkapitalgeber (Profit or loss attributable to owners of the parent)	XX
Ergebnis je Aktie (Earnings per share)	XX

Abbildung 40:   Gliederung der IFRS-GuV nach dem Gesamt- und Umsatzkostenverfahren[110]

---

[110] Coenenberg/Haller/Schultze (2012), S. 558.

8.3   EBIT und EBITA

EBIT steht für Earnings before Interest and Taxes und EBITA für Earnings before Interest, Taxes and Amortization. Bei beiden handelt es sich um zwei absolute Kennzahlen zur Beurteilung der operativen Ertragskraft einer Unternehmung. EBIT umfasst den Jahresüberschuss/Jahresfehlbetrag vor Steuern, Zinsergebnis und außerordentlichem Ergebnis. EBITA bereinigt zusätzlich zum EBIT die Goodwill-Abschreibungen. Beide Kennzahlen ermöglichen im Vergleich zur Betrachtung des Jahresüberschusses bzw. Jahresfehlbetrages aussagekräftigere Vergleiche zur Ertragskraft von Unternehmen. Denn die Herausrechnung der Zinsen ermöglicht z. B. eine Aussage über die Ertragskraft der Unternehmen unabhängig von deren Kapitalstruktur.

8.4   Beteiligungs- und Zinsergebnis

Die Aufwendungen und Erträge des Finanzbereiches lassen sich in den Zinsbereich und den Beteiligungsbereich gliedern. Durch Saldierung der einzelnen Aufwendungen und Erträge erhält man zum einen das Zinsergebnis und zum anderen das Beteiligungsergebnis.

Zins- und Beteiligungsergebnis sind nicht im gesetzlichen Gliederungsschema vorgesehen. Im Großen und Ganzen ist ihre Zusammensetzung bei allen Jahresabschlüssen gleich, wobei die genaue Abgrenzung den Unternehmen obliegt und im Anhang anzugeben ist.

8.5   Unfertige Bauten einschließlich Nachträge

8.5.1   Bilanzansatz und Bilanzausweis

HGB

Das Bauwerk wird i. d. R. auf fremdem Grund und Boden erstellt. Aus zivilrechtlichem Blickwinkel werden die eingebauten beweglichen Bestandteile zu Bestandteilen des Grundstücks und gehen somit in das Eigentum des Grundstückseigentümers über. Da für den Bilanzansatz jedoch die wirtschaftliche Betrachtungsweise maßgebend ist, wird das unfertige Bauwerk beim Bauunternehmen bilanziert.[111] Ausgewiesen werden unfertige Bauten nach HGB im Umlaufvermögen unter der Bilanzposition B.I.2. „Umlaufvermögen Vorräte: unfertige

---

[111] Ansonsten wäre auch kein Bilanzansatz für eigene Bauten des Anlagevermögens auf fremdem Grund und Boden möglich, vgl. z. B. Adler/Düring/Schmaltz (2011), § 266 HGB Rn. 42. Ebenso wäre bei bestimmten Leasingverträgen eine Bilanzierung beim Leasingnehmer nicht möglich, vgl. Förschle/Kroner, in: Beck'scher Bilanzkommentar (2012), § 246 HGB Rn. 39; Winnefeld (2006), Kapitel F Rn. 390. Denn auch in diesen beiden Fällen ist der Bilanzierende zivilrechtlich nicht Eigentümer. In beiden Fällen trägt der Bilanzierende wirtschaftlich die Gefahr des zufälligen Untergangs; genauso wie das Bauunternehmen bei den unfertigen Bauten, bis der Auftraggeber den Bau abgenommen hat.

Erzeugnisse, unfertige Leistungen". Ein Ausweis im Anlagevermögen scheitert daran, dass zum Anlagevermögen diejenigen Vermögensgegenstände gehören, die dazu bestimmt sind, dem Geschäftsbetrieb dauernd zu dienen (vgl. Legaldefinition in § 247 Abs. 2 HGB), die Erstellung unfertiger Bauten jedoch zum regulären Geschäftsbetrieb eines Bauunternehmens gehört. Da der Entgeltanspruch erst mit Bauabnahme entsteht (§§ 631 Abs. 1, 641 Abs. 1 BGB), kommt ein Ausweis unter den Forderungen nicht in Betracht. Die Bilanzkommentare kommen überwiegend zum gleichen Ergebnis.[112]

IFRS

Nach IAS 11 ist nicht explizit geregelt, unter welchem Bilanzposten der Ausweis zu erfolgen hat. Es wird sowohl ein Ausweis unter den Vorräten (unfertige Erzeugnisse) als auch den Forderungen für möglich gehalten, wobei die zuletzt genannte Variante bei Anwendung der Percentage of Completion-Methode bevorzugt wird. Dann werden Forderungen gezeigt („künftige Forderungen aus Fertigungsaufträgen"). Es wird auch als zulässig erachtet, diese Forderungen mit den übrigen Forderungen zusammenzufassen und im Anhang entsprechende Angaben zu machen.[113]

8.5.2   Gewinn- und Verlustrealisation

Gewinnrealisation nach HGB

Für Vermögensgegenstände und damit auch für Baustellen gilt das Prinzip der Einzelbewertung (§ 252 Abs. 1 Nr. 3 HGB), nach dem jeder Vermögensgegenstand für sich zu bewerten ist. Da es sich bei unfertigen Bauwerken um eigen erstellte Vermögensgegenstände handelt, erfolgt die Bewertung zu Herstellungskosten. Seit dem Inkrafttreten des BilMoG sind die handels- und steuerrechtlichen Wertansätze identisch. Die Wertuntergrenze umfasst sowohl die Material- und Fertigungseinzelkosten als auch angemessene Teile an Material- und Fertigungsgemeinkosten. Vertriebskosten dürfen weder in der Handels- noch in der Steuerbilanz angesetzt werden. Abbildung 41 verdeutlicht die aktivierungspflichtigen und nicht aktivierungspflichtigen bzw. aktivierungsfähigen sowie die mit Aktivierungsverbot versehenen Kostenarten nach Handels- und Steuerrecht. Für die Handelsbilanz sind die Bestandteile der Herstellungskosten in § 255 Abs. 2 und Abs. 3 HGB und für die Steuerbilanz in R 6.3 EStR verankert.

---

[112]Vgl. Adler/Düring/Schmaltz (2011), § 266 HGB Rn. 109; Ellrott/Krämer, in: Beck'scher Bilanzkommentar (2012), § 266 HGB Rn. 96 ff.; Ellrott/Roscher, in: Beck'scher Bilanzkommentar (2012), § 247 HGB Rn. 65; Dusemond/Heusinger-Lange/Knop, in: Küting/Pfitzer/Weber (Hrsg.) (2012), § 266 HGB Rn. 72.

[113] Vgl. Adler/Düring/Schmaltz (2011 a), Abschnitt 16: Fertigungsaufträge, Rn. 153 f.

Kostenart	Einbeziehung
Materialeinzelkosten	Pflicht
Fertigungseinzelkosten	Pflicht
Sondereinzelkosten der Fertigung	Pflicht
Materialgemeinkosten	Pflicht
Fertigungsgemeinkosten	Pflicht
Abschreibungen des Anlagevermögens	Pflicht
Allgemeine Verwaltungskosten	Wahlrecht
Aufwendungen für	
soziale Einrichtungen des Betriebs	Wahlrecht
freiwillige soziale Leistungen	Wahlrecht
betriebliche Altersversorgung	Wahlrecht
Zinsen für Fremdkapital, das zur Finanzierung der Herstellung eines Vermögensgegenstandes verwendet wird, soweit sie auf den Zeitraum der Herstellung entfallen	Wahlrecht
Forschungs- und Vertriebskosten	Verbot

Abbildung 41: **Handels- und steuerrechtliche Bestandteile der Herstellungskosten**

Für die bilanzielle Behandlung von Gewinnaufträgen ist nach deutschen Vorschriften das Realisationsprinzip zu beachten. Es ist in § 252 Abs. 1 Nr. 4 HGB kodifiziert und besagt, dass Gewinne nur dann zu berücksichtigen sind, wenn sie durch Umsätze am Abschlussstichtag realisiert sind. Das bedeutet, dass der aus einem Bauauftrag resultierende Gewinn erst mit dem Zeitpunkt der Fertigstellung und Abnahme verwirklicht werden darf. Bis zu diesem Zeitpunkt ist das Halbfabrikat mit seinen Herstellungskosten zu bewerten. Dies hat i. d. R. zur Folge, dass während der Durchführung des Bauvorhabens Auftragszwischenverluste ausgewiesen werden, obwohl der Auftrag insgesamt mit Gewinn abschließt. Diese Vorgehensweise ist Ausfluss des in der deutschen Rechnungslegung verankerten Vorsichtsprinzips und dessen vergleichsweise hohen Stellenwertes. Eine Teilgewinnrealisation ist nur dann zulässig, wenn das Bauvorhaben in selbstständig abgrenzbare Teilleistungen untergliedert wurde, für die nach Fertigstellung der Teilleistung jeweils eine Teilabnahme stattfindet.

Verlustrealisation nach HGB

Für die Bewertung von Verlustaufträgen ist das strenge Niederstwertprinzip zu berücksichtigen, das für die Bewertung des Umlaufvermögens gilt. Dieses ist in § 253 Abs. 4 HGB wie folgt kodifiziert: „Bei Vermögensgegenständen des Umlaufvermögens sind Abschreibungen vorzunehmen, um diese mit dem niedrigeren Wert anzusetzen, der sich aus einem Börsen- oder Marktpreis am Abschlussstichtag ergibt. Ist ein Börsen- oder Marktpreis nicht festzustellen und übersteigen die Anschaffungs- oder Herstellungskosten den Wert, der den Vermögensgegenständen am Abschlussstichtag beizulegen ist, so ist auf diesen Wert abzuschreiben." Denn kein fremder Dritter würde freiwillig ein Halbfabrikat zu einem Preis erwerben, der einen voraussichtlichen Verlust beinhaltet.

Der nach der retrograden Methode vom Verkaufspreis her bestimmte beizulegende Wert ermittelt sich wie folgt:[114]

	Auftragswert
minus	Erlösschmälerungen
minus	noch anfallende Selbstkosten (aus Arbeitskalkulation abgeleitet)
=	beizulegender Wert zum Bilanzstichtag

Vom fiktiven Erwerber für das Halbfabrikat müssen zumindest die Fremdkapitalzinsen aus der weiteren Kapitalbindung bis zum Fertigstellungszeitpunkt und der Bezahlung durch den Kunden eingespielt werden. Ebenso sind zu erwartende Pönalen oder Gewährleistungskosten einzubeziehen. Alle diese Posten gehören in eine ordentliche, laufend fortgeschriebene Arbeitskalkulation.[115] Nur so kommt zum Bilanzstichtag eine verlustfreie Bewertung zustande, die den Anforderungen des strengen Niederstwertprinzips genügt.

Ein spezielles Problem tritt auf, wenn der beizulegende Wert negativ wird. Diese Situation kann insbesondere in frühen Projektphasen auftreten, da dann die Herstellungskosten noch gering sind. In Höhe des Negativwertes ist dann eine Rückstellung für drohende Verluste aus schwebenden Geschäften zu bilden,[116] denn die vertraglich versprochene Bauleistung ist noch nicht erbracht. Diese Rückstellung darf in der Handelsbilanz nicht fehlen, denn nach einem Urteil des Bundesgerichtshofes[117] führt das Fehlen einer Drohverlustrückstellung zur Nichtigkeit der Handelsbilanz. Der Wirtschaftsprüfer müsste folglich das Testat einschränken. Steuerlich dagegen ist seit 1998 durch den damals neu eingefügten § 5 Abs. 4 a EStG eine Drohverlustrückstellung nicht mehr erlaubt. Mittelständische Bauunternehmen können seitdem nicht mehr mit einer kombinierten Handels- und Steuerbilanz auskommen.[118]

---

[114] Vgl. Adler/Düring/Schmaltz (2011), § 253 HGB Rn. 525 und 527 ff.; Kozikowski/Roscher, in: Beck'scher Bilanzkommentar (2012), § 253 HGB Rn. 521 ff.

[115] Zur baubetrieblichen Arbeitskalkulation vgl. Jacob/Stuhr/Winter (Hrsg.) (2011); vgl. partiell auch Paul (1998) oder in Kurzform bei Jacob (2000), S. 54 f.

[116] Vgl. z. B. Adler/Düring/Schmaltz (2011), § 253 HGB Rn. 529; Winnefeld (2006), F Rn. 393; Kozikowski/Roscher, in: Beck'scher Bilanzkommentar (2012), § 253 HGB Rn. 524.

[117] BGH-Urteil vom 1.3.1982, BGHZ 1983, 341; vgl. auch Jacob/Heinzelmann (1998), S. 47.

[118] Vgl. Jacob/Heinzelmann (1998), S. 46 f.

Gewinnrealisation nach IFRS

Bei langfristiger Auftragsfertigung erfolgt die Gewinnrealisation gemäß IAS 11 in Abhängigkeit vom Fertigstellungsgrad (Percentage of Completion-Methode). Es sind grundsätzlich zwei Ausprägungen zu unterscheiden.[119] Für beide Alternativen ist nachstehend jeweils ein Beispiel gebildet.

I. Geschätzte anteilige Erlöse des Jahres i

Alternative A

Gesamte geschätzte Erlöse des Auftrages mal Fertigstellungsgrad abzüglich den Vorjahren zuzurechnende Erlöse

Alternative B

Gesamter geschätzter Bruttogewinn des Auftrages mal Fertigstellungsgrad abzüglich den Vorjahren zuzurechnender Bruttogewinn zuzüglich tatsächlich für den Auftrag im Jahr i angefallener Kosten

II. Ergebniswirksame Kosten

Alternative A

Gesamte geschätzte Auftragskosten mal Fertigstellungsgrad im Jahr i abzüglich ergebniswirksamer Kosten der Vorjahre

Alternative B

Tatsächlich im Jahr i für den Auftrag angefallene Kosten

---

[119] In Analogie zu AICPA Inc. (2011), S. 152 f.

Bilanzierungsbeispiel für die Alternativen A und B

Ausgangsdaten des fiktiven Beispiels, alle Zahlen in EUR:

Erlöse	1.000.000	
Kosten	900.000	
Bruttogewinn	100.000	
Zusatzinformation		
Jahr 1	kumulierte Werte	Berichtsjahreswerte
in Rechnung gestellte Beträge	200.000	200.000
angefallene Kosten	300.000	300.000
Fertigstellungsgrad	25 %	
Jahr 2		
in Rechnung gestellte Beträge	750.000	550.000
angefallene Kosten	650.000	350.000
Fertigstellungsgrad	75 %	
Jahr 3		
in Rechnung gestellte Beträge	1.000.000	250.000
angefallene Kosten	900.000	250.000
Fertigstellungsgrad	100 %	
Gewinn- und Verlustrechnung	Alternative A	Alternative B
Jahr 1		
Erlöse	250.000	325.000
den Erlösen zuzurechnende Kosten	225.000	300.000
Bruttogewinn	25.000	25.000
Bruttogewinn in % der Erlöse	10 %	7,7 %
Jahr 2		
Erlöse	500.000	400.000
den Erlösen zuzurechnende Kosten	450.000	350.000
Bruttogewinn	50.000	50.000
Bruttogewinn in % der Erlöse	10 %	12,5 %
Jahr 3		
Erlöse	250.000	275.000
den Erlösen zuzurechnende Kosten	225.000	250.000
Bruttogewinn	25.000	25.000
Bruttogewinn in % der Erlöse	10 %	9,1 %

Bilanz Aktiva (Passiva)		
Jahr 1		
Überschuss der Kosten der unfertigen Bauten einschließlich geschätzter Gewinn über in Rechnung gestellte Beträge	125.000	
noch nicht in Rechnung gestellte Umsätze		125.000
Jahr 2		
Überschuss der in Rechnung gestellten Beträge über Kosten der unfertigen Bauten einschließlich geschätzter Gewinn	(25.000)	
zu viel in Rechnung gestellte Umsätze		(25.000)
Jahr 3	—	—

Bei beiden Ausprägungen muss auf jeden Fall der Fertigstellungsgrad bestimmt werden: Bei Alternative A für die anteiligen Kosten und Erlöse und bei Alternative B für den anteiligen Gewinn. Diesbezüglich gibt es eine Vielzahl von Methoden, die sich danach systematisieren lassen, ob eine Input- oder Outputgröße als Bezugsgröße für die Messung des Fertigstellungsgrades herangezogen wird:

Input-Messmethoden

- Einsatzverbrauchsmethoden

- Arbeitsstunden (unter Einschluss der Subunternehmer-Arbeitsstunden)

- bewertete Arbeitsstunden

- Maschinenstunden

- Materialmengen

- Kostenvergleichsmethoden

  - direkte Kosten

  - direkte und indirekte Kosten

Output-Messmethoden

- hergestellte Einheiten

- abgerechnete Einheiten

- hergestellte Straßenlänge

- Wertschöpfung (Erlöse ./. Vorleistungen)

Alle Messmethoden verfolgen das Ziel einer möglichst genauen Bestimmung des Fertigstellungsgrades bei vertretbaren Kosten. Unter Umständen sollte die Ermittlung des Fertigstellungsgrades unabhängigen Ingenieuren oder Architekten übertragen werden. Die Genauigkeit der Messmethoden sollte in gewissen Abständen immer wieder durch die Bestandsaufnahmen von Ingenieuren oder Architekten oder anderem qualifiziertem Personal überprüft werden.

Der Nachteil der Input-Messmethoden besteht darin, dass Ineffektivität beim Faktoreinsatz und Fehlkalkulationen nicht berücksichtigt werden können. Es wird „Schlendrian mit Schlendrian" verglichen. Ein möglicher Nachteil der Output-Messmethoden ist darin zu sehen, dass eine genaue Messung bei vertretbaren Kosten in manchen Fällen nicht gegeben ist. Die genaueren Output-Messmethoden sind aus baubetriebswirtschaftlicher Sicht jedoch eindeutig zu bevorzugen.

Die Percentage of Completion-Methode darf nur dann angewendet werden, wenn das Ergebnis der Auftragsarbeit zuverlässig abgeschätzt werden kann (IAS 11.22-11.24). Kann das Ergebnis des Fertigungsauftrages nicht verlässlich bestimmt werden und decken die erwarteten gesamten Auftragserlöse die gesamten Auftragskosten, dann ist die Zero Profit Margin-Methode anzuwenden. Der Erlös ist gemäß IAS 11.32 lediglich in Höhe der in der Periode angefallenen, wahrscheinlich einbringbaren Auftragskosten zu erfassen, und die Auftragskosten sind in der Periode ihres Anfallens als Aufwand zu erfassen. Die bereits in früheren Perioden ausgewiesenen Gewinne sind zu stornieren, was zum Ausweis eines Verlustes führt. Sofern das Ergebnis des Fertigungsauftrages wieder verlässlich geschätzt werden kann und die Gründe für die Nichtanwendung der Percentage of Completion-Methode somit entfallen sind, sind gemäß IAS 11.35 wieder Teilgewinne zu realisieren.

Verlustrealisation nach IFRS

Sofern abzusehen ist, dass die Gesamtkosten die Gesamterlöse übersteigen werden, müssen die erwarteten Verluste sofort als Aufwand berücksichtigt werden (IAS 11.36). Dabei ist es unerheblich, ob der Fertigungsauftrag bereits begonnen wurde oder wie weit das Projekt bereits fortgeschritten ist oder ob Erträge bei anderen Aufträgen entstehen (vgl. IAS 11.37). Zu erwartende Verluste sind nicht fertigungsbegleitend wie die erwarteten Gewinne, sondern sofort in voller Höhe auszuweisen.[120]

8.5.3   Berücksichtigung von Nachträgen

Nach herrschender Meinung sollten Nachtragsansprüche im deutschen Recht bilanzmäßig erst berücksichtigt werden, wenn sie der Bauherr anerkannt hat. Dies gilt auch im Hinblick auf die verlustfreie Bewertung. Strittig ist, ob der Nachtrag schon vorher mit dem wahrscheinlich zu realisierenden Prozentsatz berücksichtigt werden darf.

Nach IFRS hängt die Berücksichtigung von Nachträgen vom Verhandlungsstand mit dem Kunden ab. Die Verhandlungen müssen grundsätzlich so weit fortgeschritten sein, dass der Kunde die Kompensationszahlung wahrscheinlich akzeptieren wird und der Betrag verlässlich bewertet werden kann (vgl. IAS 11.13 und IAS 11.14). Prämien (z. B. für die vorzeitige Vertragserfüllung) dürfen berücksichtigt werden, wenn das Projekt so weit fortgeschritten ist, dass das Erreichen der Voraussetzungen zur Erlangung der Prämie wahrscheinlich ist und der Prämienbetrag verlässlich bewertet werden kann (vgl. IAS 11.15).

---

[120] Vgl. hierzu z. B. Lüdenbach/Hoffmann (2012), S. 927 (§ 18 Rn 41).

8.5.4   Bilanzierungspraxis

Geschäftsbericht 2011 von Bilfinger Berger, IFRS-Konzernbilanz

Allgemeine Bilanzierungs- und Bewertungsmethode

„Für Forderungen aus *Fertigungsaufträgen* erfolgt die Bilanzierung gemäß IAS 11 nach der Percentage-of-Completion (PoC)-Methode. Entsprechend dem Fertigstellungsgrad werden die realisierten Beträge bei den Umsatzerlösen ausgewiesen.

Der Fertigstellungsgrad wird im Wesentlichen aus dem Anteil der bis zum Bilanzstichtag erreichten Leistung an der zu erbringenden Gesamtleistung bestimmt. Soweit für Fertigungsaufträge Leistungen erbracht wurden, die den Betrag der dafür erhaltenen Abschlagszahlungen übersteigen, erfolgt der Ausweis innerhalb des Postens *Forderungen aus Lieferungen und Leistungen.* Soweit der Betrag der erhaltenen Zahlungen aus gestellten Abschlagsrechnungen höher ist als die erbrachte Leistung, erfolgt der Ausweis unter den *Verbindlichkeiten aus Percentage-of-Completion.* Die Forderungen aus Percentage-of-Completion entsprechen dem Saldo der gestellten Abschlagsrechnungen abzüglich hierauf erhaltener Zahlungen; sie werden zusammen mit den Forderungen aus Lieferungen und Leistungen ausgewiesen. Drohende Verluste werden zum Zeitpunkt ihres Bekanntwerdens in voller Höhe berücksichtigt."[121]

„*Umsatzerlöse* aus Fertigungsaufträgen werden – soweit die Anwendungsvoraussetzungen erfüllt sind – gemäß IAS 11 Construction Contracts nach der Percentage-of-Completion-Methode erfasst. Die Ermittlung des Fertigstellungsgrades erfolgt überwiegend auf der Basis der Relation der am Stichtag erreichten Leistung zu der insgesamt geschuldeten Leistung. Daneben wird der Fertigstellungsgrad auch aus dem Verhältnis der Ist-Kosten bis zum Stichtag zu den geplanten Gesamtkosten ermittelt (Cost-to-Cost-Methode). Soweit das Ergebnis aus Fertigungsaufträgen nicht verlässlich geschätzt werden kann, werden Umsatzerlöse nach der Zero-Profit-Methode in Höhe der angefallenen und wahrscheinlich einbringbaren Auftragskosten erfasst."[122]

Spezielle Erläuterungen zur Bilanz

„Die zum Bilanzstichtag nach der Percentage-of-Completion-Methode bewerteten, aber noch nicht schlussabgerechneten *Fertigungsaufträge* sind wie folgt ausgewiesen:

Bilfinger Berger (in Mio. €)	2011	2010
Angefallene Kosten zuzüglich Ergebnisse nicht abgerechneter Projekte	4.957,5	4.496,5
abzüglich gestellter Abschlagsrechnungen	4.905,0	4.480,9
Saldo	**52,5**	**15,6**
davon künftige Forderungen aus Fertigungsaufträgen	368,0	315,0
davon Verbindlichkeiten aus Percentage-of-Completion	315,5	299,4

---

[121] Bilfinger Berger AG (2012), S. 137.
[122] Bilfinger Berger AG (2012), S. 138.

Der Betrag der künftigen Forderungen aus Fertigungsaufträgen ist innerhalb der Forderungen aus Lieferungen und Leistungen ausgewiesen.

Der Gesamtbetrag der erhaltenen Anzahlungen betrug im Geschäftsjahr 4.683,3 (Vorjahr: 4.242,9) Mio. €."[123]

Geschäftsbericht 2011 von Strabag, IFRS-Konzernbilanz

Allgemeine Bilanzierungs- und Bewertungsmethode

„Bei Forderungen aus Fertigungsaufträgen wird eine Ergebnisrealisierung nach der Percentage-of-Completion-Methode des IAS 11 vorgenommen. Als Maßstab für den Fertigstellungsgrad dient die zum Bilanzstichtag tatsächlich erbrachte Leistung. Wenn das zukünftige Ergebnis aufgrund von Unsicherheiten im weiteren Bauablauf nicht verlässlich ermittelt werden kann, erfolgt der Ansatz des Fertigungsauftrages mit Auftragskosten. Drohende Verluste aus dem weiteren Bauverlauf werden durch entsprechende Abwertungen berücksichtigt.

Wenn die bewertete Leistung, die im Rahmen eines Fertigungsauftrags erbracht wurde, die hierauf erhaltenen Anzahlungen übersteigt, erfolgt der Ausweis aktivisch unter den Forderungen aus Fertigungsaufträgen. Im umgekehrten Fall erfolgt ein gesonderter passivischer Ausweis."[124]

„Umsatzerlöse aus der Auftragsfertigung werden fortlaufend nach Maßgabe des Auftragsfortschritts (Percentage-of-Completion-Methode) realisiert. Als Maßstab für den Fertigstellungsgrad dient die zum Bilanzstichtag tatsächlich erbrachte Leistung."[125]

Spezielle Erläuterungen zur Bilanz

Strabag (in Mio. €)	31.12.2011			31.12.2010		
		davon			davon	
	Gesamt	kurzfristig	langfristig	Gesamt	kurzfristig	langfristig
Forderungen aus Lieferungen und Leistungen						
Forderungen aus Fertigungsaufträgen	1.055,8	1.055,8	0	911,6	911,6	0
hierauf erhaltene Anzahlungen	-893,9	-893,9	0	-717,9	-717,9	0
	161,9	161,9	0	193,7	193,7	0
Übrige Forderungen aus Lieferungen und Leistungen	201,0	198,0	3,0	140,3	139,2	1,0
Forderungen gegen Arbeitsgemeinschaften	27,0	27,0	0	24,7	24,7	0
Gesamt	**389,9**	**386,9**	**3,0**	**358,7**	**357,6**	**1,0**

„Die **Forderungen aus Fertigungsaufträgen** sämtlicher zum Bilanzstichtag nicht abgerechneter Aufträge stellen sich wie folgt dar:

---

[123] Bilfinger Berger AG (2012), S. 154.
[124] Strabag AG (2012), S. 75.
[125] Strabag AG (2012), S. 77.

Strabag (in Mio. €)	31.12.2011	31.12.2010
Forderungen aus Fertigungsaufträgen		
bis zum Bilanzstichtag angefallene Kosten	1.535,6	1.303,7
Gesamtforderungen aus Fertigungsaufträgen/Nettoerlöse	1.549,8	1.408,3
abzüglich passivisch ausgewiesene Forderungen	-494,0	-496,7
	1.055,8	911,6

Forderungen aus Fertigungsaufträgen in Höhe von 494.031 T € (Vorjahr 496.663 T €) werden unter den Verbindlichkeiten ausgewiesen, da die hierauf erhaltenen Anzahlungen die Forderungen übersteigen."[126]

Geschäftsbericht 2011 von VINCI, IFRS-Konzernbilanz

Der Konzern erfasst Erträge und Aufwendungen aus Fertigungsaufträgen nach dem Leistungsfortschritt gemäß IAS 11 (Percentage of Completion-Methode). In der Bausparte bestimmt sich der Leistungsfortschritt im Allgemeinen nach dem konkreten Baufortschritt. In den anderen Sparten (Eurovia und VINCI Energies) werden die angefallenen Kosten als Maß für den Leistungsfortschritt herangezogen.

Falls bei der Zwischenkalkulation eines Auftrags ein Verlust prognostiziert wird, werden nach bestmöglicher Ergebnisvorausschätzung Rückstellungen für drohende Verluste aus schwebenden Geschäften gebildet. Dabei können gegebenenfalls Ansprüche auf zusätzliche Einnahmen oder Nachträge Berücksichtigung finden, sofern diese wahrscheinlich sind und verlässlich bewertet werden können.

Im Rahmen von Fertigungsaufträgen vor Durchführung der entsprechenden Arbeiten eingenommene Teilzahlungen werden auf der Passivseite der Bilanz unter "Erhaltene Anzahlungen" erfasst.[127]

8.6 Anzahlungen

Nach der VOB wird bei den Anzahlungen zwischen Abschlagszahlungen und Vorauszahlungen unterschieden: Abschlagszahlungen sind Zahlungen bis zur Höhe des Wertes der jeweils nachgewiesenen Leistung. Vorauszahlungen sind Zahlungen für noch nicht erbrachte Leistungen.

In der deutschen Bilanzierung wird jedoch nicht exakt zwischen Abschlagszahlungen und Vorauszahlungen differenziert. Abschlagszahlungen können bis zur Höhe der bilanzierten Kosten für „unfertige Bauten" aktivisch abgesetzt werden. Darüber hinausgehende Abschlagszahlungsbeträge und alle Vorauszahlungsbeträge werden passivisch in der Position „Erhaltene Anzahlungen" ausgewiesen.

---

[126] Strabag AG (2012), S. 90.
[127] Vgl. VINCI (2012), S. 188. Eigene Übersetzung.

Laut Untersuchungen des Betriebswirtschaftlichen Instituts der Bauindustrie (BWI-Bau) kommt erhaltenen Anzahlungen in der Bauwirtschaft eine bedeutende Rolle zu. Dabei betreffen im Durchschnitt 95 Prozent der erhaltenen Anzahlungen Abschlagszahlungen und lediglich fünf Prozent Vorauszahlungen.[128] Diese Zahlen belegen, wie wichtig eine fachgerechte Trennung der erhaltenen Anzahlungen in Abschlags- und Vorauszahlungen nicht nur für die Bilanzerstellung, sondern auch die Bilanzanalyse ist.

Im Rahmen der Bilanzanalyse sollte gerade im Hinblick auf die Aussagefähigkeit von Kennzahlen davon abgesehen werden, die auf der Aktivseite von den Vorräten abgesetzten erhaltenen Anzahlungen, denen bereits erbrachte (Teil-)Leistungen gegenüberstehen, in die Verbindlichkeiten umzugliedern.[129] Wie die jeweiligen Kreditinstitute mit den erhaltenen Anzahlungen im Rahmen der Bilanzanalyse umgehen, hängt vom betreffenden Institut ab.[130]

Beim Ausweis der Anzahlungen wird nach IFRS-Vorschriften bilanziell keine Unterscheidung zwischen Abschlagszahlung und Vorauszahlung getroffen. Sind die Anzahlungen (bzw. die in Rechnung gestellten Beträge) größer als die bisher ausgeführte Leistung, wird die Differenz passiviert. Sind umgekehrt die Anzahlungen geringer als die bisher ausgeführte Leistung, so wird in Höhe dieses Unterschiedsbetrages ein Aktivposten gebildet.

8.7   Fertige Bauten einschließlich Nachträge und Gewährleistung

Eine Forderung aus Lieferungen und Leistungen entsteht beim Bau-Werkvertrag mit Abnahme oder Teilabnahme. Die Gewinne sind nach deutschen Vorschriften zu diesem Zeitpunkt handelsbilanziell und steuerlich zu realisieren (Completed Contract-Methode). Nach den IFRS-Vorschriften erfolgt die Realisierung von Gewinnen dagegen nach Baufortschritt (Percentage of Completion-Methode). Nachtragsforderungen sollten nach herrschender Meinung erst eingebucht werden, wenn der Bauherr sie anerkannt hat. Eine Besonderheit stellt § 16 Abs. 3 Nr. 2 VOB/B dar, nach der faktisch alle Forderungen in der Schlussrechnung berücksichtigt sein müssen, ansonsten geht der Vergütungsanspruch verloren. Auch die Mehrwertsteuer ist dann sofort abzuführen, obwohl der Bauherr noch nicht bezahlt hat und vielleicht nie bezahlen wird. Also muss die Schlussrechnung zunächst mit vollem Wert angesetzt werden, der Forderungsbetrag sollte anschließend aber im Wege der Einzelwertberichtigung zunächst auf den Wert gemindert werden, den der Bauherr anerkennt. Die Bemessungsgrundlage der Umsatzsteuer wird dann auch entsprechend korrigiert. Die Umsatzsteuerberichtigung wird von der Finanzverwaltung jedoch versagt, wenn das Bauunternehmen dem Kunden nicht gleichzeitig

---

[128] Vgl. http://www.bwi-bau.de/uploads/media/Rundschreiben_plus_Umfrage.pdf und Oepen/Jacob (2011), S. 10.

[129] Vgl. hierzu die Argumentation bei Oepen/Jacob (2011), S. 10 f. mit Verweis auf die „Gutachterliche Stellungnahme zur Bedeutung von erhaltenen Anzahlungen und Fertigungsaufträgen sowie ihrer bilanziellen und bilanzanalytischen Einordnung bei Unternehmen der Bauindustrie" von Prof. Dr. Karlheinz Küting, vgl. Küting (2008).

[130] Vgl. hierzu zwei Beispiele (Deutsche Bundesbank sowie DSGV/Sparkassen-Finanzgruppe) bei Oepen/Jacob (2011), S. 13 f.

eine Gutschrift erteilt.[131] Weiterhin ist eine Pauschalwertberichtigung auf die Summe der nicht einzelwertberichtigten Forderungen zulässig. Steuerlich wird dabei „derjenige Prozentsatz anerkannt, der aufgrund der tatsächlichen Forderungsausfälle in der Vergangenheit nachweisbar ist. Hierdurch können sich Unterschiede zwischen Handels- und Steuerbilanz ergeben."[132]

Mit Bauabnahme beginnt die Gewährleistungsfrist zu laufen. Die Gewährleistung nach VOB beträgt für Bauwerke vier Jahre, nach BGB fünf Jahre, die aber auch ausbedingbar ist. Je nach Bausparte, Bauobjekt und Gewährleistungszeitraum sind unterschiedliche Gewährleistungsrückstellungen zu bilden. Erfahrungswerte werden für Großunternehmen mit ca. 0,5 bis 2,5 % der Bauleistung genannt,[133] für kleine und mittlere Unternehmen können dem Unternehmerhandbuch für Bauorganisation und Baubetriebsführung (BAUORG) 0,5 bis 2 % entnommen werden.[134] Für die Anerkennung von Gewährleistungsrückstellungen fordert die Finanzverwaltung regelmäßig den Nachweis, dass in Vorjahren Gewährleistungen in Anspruch genommen wurden.[135]

8.8   Unternehmenskooperationen

8.8.1   Einführung

Grundsätzlich kann zwischen horizontalen, vertikalen und lateralen Kooperationen differenziert werden. Bei den horizontalen Kooperationen, zumeist in Form einer Arge, handelt es sich um eine unternehmensübergreifende Zusammenarbeit zwischen gleichen Gewerken. Diese Form der Kooperation ist für die Bauwirtschaft unter anderem für länderübergreifende Kooperationen interessant. Bei einer so genannten Planer-Arge beispielsweise kooperieren mehrere Planungsbüros, die im Außenverhältnis mit dem Auftraggeber einen Planungsvertrag abschließen.[136]

Eine weitaus größere Bedeutung gebührt vertikalen Kooperationen. Diese beinhalten die firmenübergreifende Zusammenarbeit unterschiedlicher Gewerke, d. h., es arbeiten Unternehmen mit verschiedenen Kernkompetenzen zusammen. Vertikale Kooperationen werden demzufolge entlang der Wertschöpfungskette gebildet. Auf diese Art und Weise kann dem Kunden eine umfassende Dienstleistung angeboten werden. In engem Zusammenhang zu vertikalen Kooperationen bzw. Argen steht die Thematik der Systemführerschaft bei Bauunternehmen.

---

[131] Vgl. Jacob/Heinzelmann/Stuhr (2008), Rn 31, S. 1396 f.

[132] Heno (2011), S. 338.

[133] Vgl. Ogiermann (1981), S. 92.

[134] Vgl. Voigt (1998), S. XVI/15.

[135] Vgl. Jacob/Heinzelmann/Stuhr (2008), Rn 32, S. 1397.

[136] Vgl. Jacob/Stuhr/Ilka (2011), S. 179 sowie den Mustervertrag des Bundesverbandes beratender Ingenieure (VBI), vgl. dazu die beigelegte CD zu Jacob/Ring/Wolf (Hrsg.) (2008).

Grundsätzlich lassen sich drei Varianten von Kooperationen unterscheiden:[137]

- Eigenständige Joint Venture-Gesellschaften bzw. corporate ventures (GmbH, GmbH & Co. KG): Darunter sind Projektgesellschaften zu verstehen, die für den gesamten Lebenszyklus eines Bauwerkes gebildet werden und in der Regel mit einer eigenen Rechtspersönlichkeit ausgestattet sind.

- Dach-Arge als Holding: Dach-Argen werden zumeist für das GU- und GÜ-Geschäft gebildet, häufig in Form einer GbR. Im Falle einer strategischen Partnerschaft oder Systempartnerschaft kommt aufgrund der Langfristigkeit möglicherweise auch eine eigene Rechtspersönlichkeit infrage. Die Gesellschafter führen den Auftrag auf Ebene der Dach-Arge nicht gemeinschaftlich aus. Vielmehr wird die zu erbringende Leistung in Einzelleistungen zerlegt, die dann von den einzelnen Gesellschaftern selbstständig und eigenverantwortlich auf Basis von Nachunternehmerverträgen erbracht werden.[138]

- Normale Ausführungs-Arge: Die normale Ausführungs-Arge, die teilweise auch als Los-Arge, Beistellungs-Arge oder auch Leistungs-Arge bezeichnet wird, wird für die gemeinsame Ausführung einzelner größerer Gewerke gebildet. Bei dieser Form der Kooperation überwiegt die Rechtsform der GbR. Der Auftrag wird „auf Ebene der Arge von allen Gesellschaftern gemeinschaftlich ausgeführt [...]. Die Gesellschafter stellen der Arge entsprechend den im Innenverhältnis getroffenen Vereinbarungen Geldmittel, Personal, Geräte, Stoffe und sonstige Leistungen zur Verfügung. Bei diesen Beistellungen handelt es sich um entgeltliche Drittleistungen (und nicht um gesellschaftsrechtliche Beitragsleistungen), die nach dem Kostendeckungsgrundsatz vergütet werden."[139]

Die Dach-Arge Planung und Bau stellt eine Sonderform der Dach-Arge dar, bei der sich Planer und Bauunternehmen und damit Unternehmen unterschiedlicher Branchen zusammenschließen.[140]

Idealtypischer Ablauf einer Kooperation bei Planen und Bauen aus einer Hand

Abbildung 42 zeigt den idealtypischen Ablauf einer Kooperation, der sich aus drei Phasen zusammensetzt.

---

[137] Vgl. Blochmann/Jacob/Wolf (2003), S. 80.
[138] Vgl. hierzu auch Jacob/Stuhr/Ilka (2011), S. 178 und die dort angegebene Literatur.
[139] Ebenda, S. 178.
[140] Vgl. hierzu auch Winter/Giese (2008).

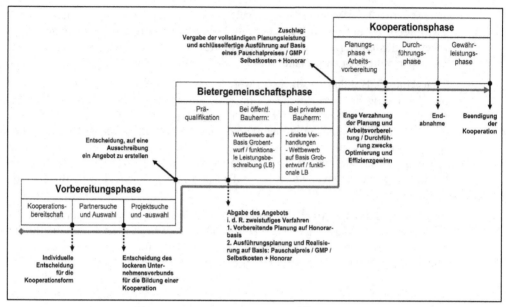

Abbildung 42:   Idealtypischer Ablauf einer Kooperation[141]

In der Vorbereitungsphase geht es darum, Kooperationsbereitschaft zu signalisieren, entsprechend geeignete Kooperationspartner zu suchen und auszuwählen sowie ein entsprechendes Bauvorhaben zu finden. Am Ende der ersten Phase steht die Entscheidung der kooperierenden Unternehmen, ein Angebot für eine bestimmte Ausschreibung zu erstellen.

„In der Bietergemeinschaftphase läuft üblicherweise ein zweistufiges Angebotsverfahren zwischen Auftraggeber und Auftragnehmer ab. Ist die Präqualifikation erfolgreich gewesen, wird bei privaten Auftraggebern zuerst ein entsprechender Vertrag für die vorbereitende Planung auf Honorarbasis geschlossen. Durch das frühzeitige Zusammenspiel von Planer und Ausführendem verfügt der Auftraggeber am Ende dieser Stufe über eine optimierte Planung. An diesem Punkt, dem Ende der Bietergemeinschaftsphase, steht sowohl eine Entscheidung des Auftraggebers als auch der Bietergemeinschaft an, ob die Zusammenarbeit fortgesetzt werden soll. Im positiven Fall gibt die Bietergemeinschaft ein zweites Angebot für die eigentliche Baugenehmigungsplanung, Ausführungsplanung und Ausführung ab. Dieses Vertragsangebot kann auf unterschiedlichen Vergütungsarten basieren (wie einem Pauschalpreis, einer Zielvereinbarung mit oder ohne GMP (Guaranteed Maximum Price) oder auch einer Selbstkostenvereinbarung mit Honorar).[142]

In der Kooperationsphase werden durch die enge Verzahnung von Planung und Arbeitsvorbereitung die Vorteile der interdisziplinären Zusammenarbeit besonders sichtbar. Beispielsweise

---

[141] Jacob (Hrsg.) (2009), S. 24 und die dort angegebene Literatur.
[142] Vgl. Winter (2003), S. 131 ff.

wissen ausführende Firmen in der Regel sehr gut, wie sich bestimmte Anforderungen mit dem geringsten Aufwand umsetzen lassen. Unter der Einbeziehung gelernter Planer können sich beide Seiten hier optimal abstimmen."[143]

Eigenständige Joint Venture-Gesellschaften

Abbildung 43 zeigt die typische Struktur einer Projektgesellschaft für den gesamten Lebenszyklus, die in der Regel in der Rechtsform einer GmbH oder einer GmbH & Co. KG gegründet wird.

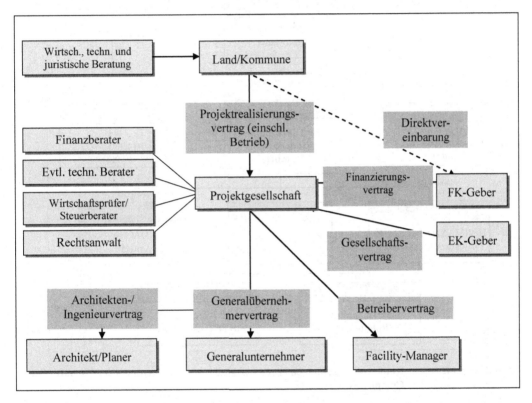

Abbildung 43:   **Allgemeine   Projektstruktur   einer   eigenständigen   Joint   Venture-Gesellschaft[144]**

In Abbildung 44 ist diese Projektstruktur an einem Beispiel konkretisiert. Das an früherer Stelle beim Forfaitierungskredit mit Einredeverzicht gewählte Beispiel des SeeCampus Niederlausitz (vgl. Kapitel 3.3.3) sieht in der Projektstruktur folgendermaßen aus: Die Projektge-

---

[143] Jacob/Stuhr (2010), S. 380.
[144] Lehrstuhl für Baubetriebslehre, TU Bergakademie Freiberg (2011), S. 24, Download unter
   http://www.bauindustrie-nord.de/content/ppp-public-private-partnership.

sellschaft ist als GmbH organisiert. Ed. Züblin ist Generalübernehmer mit Architektur und Fachplanung in Nachunternehmergewerken. Das Projektmanagement liegt bei der Hermann Kirchner Projektgesellschaft und das Facility-Management bei der Dywidag Service GmbH. In diesem Fall gehören die drei direkten Vertragspartner der Projektgesellschaft alle zum Strabag-Konzern. Das (bei Forfaitierung mit Einredeverzicht) geringe Eigenkapital stammt von der Hermann Kirchner Projektgesellschaft. Das Fremdkapital wird von der Deutschen Kreditbank, einer Tochter der BayernLB, zur Verfügung gestellt.

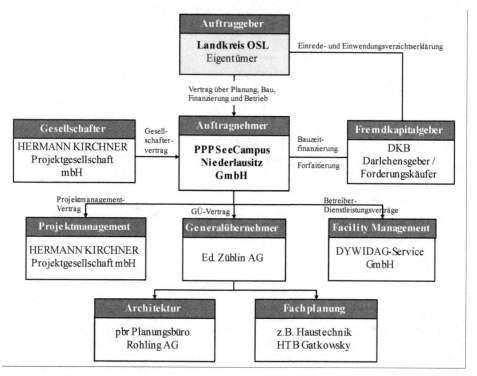

Abbildung 44:   **Konkretes Beispiel einer eigenständigen Joint Venture-Gesellschaft: See-Campus Niederlausitz[145]**

Dach-Arge als Holding

In einer wie vorstehend beschriebenen PPP-Struktur kann die Generalunternehmeraufgabe auch durch eine Dach-Arbeitsgemeinschaft der Gesellschafter ausgeübt werden. Solch eine Struktur ist in Abbildung 45 schematisch dargestellt. Die Gesellschafter üben als Nachunternehmer dieser Dach-Arge die Bauausführung auch selbst losweise aus.

---

[145] Vgl. hierzu http://www.seecampus-ev.de.

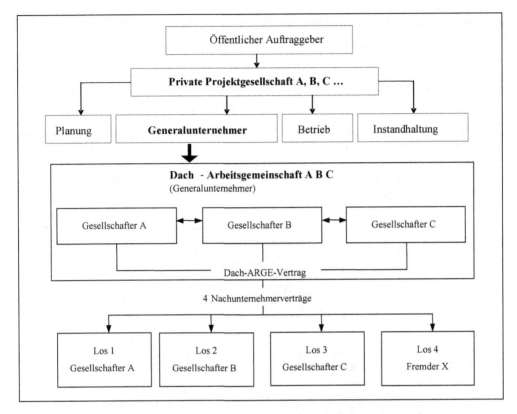

Abbildung 45:   Allgemeine Struktur einer Dach-Arge als Holding

Von praktischer Relevanz sind so genannte doppelstöckige Argen, wie das nachfolgende Bei-spiel „Betreibermodell BAB A4 Hörselberge" zeigt.[146] Im September 2007 wurde die Projekt-gesellschaft Via Solutions Thüringen GmbH & Co. KG mit den Gesellschaftern HOCHTIEF PPP Solutions GmbH und VINCI Concessions mit der Finanzierung, der Planung, dem Neu- und Ausbau sowie dem Erhalt und Betrieb der insgesamt 45 km langen Konzessionsstrecke „Betreibermodell BAB A4 Hörselberge" beauftragt.[147] Mit der Realisierung des Neu- und Ausbaus hat die Via Solutions die Bau-ARGE VCT im Rahmen eines Generalunternehmerver-trages (Pauschalvertrag) beauftragt. Die Bau-ARGE erbringt ca. 75 % aller Bauleistungen.[148]

---

[146] Das Beispiel wurde in großen Teilen wörtlich entnommen aus: Jacob/Stuhr/Ilka (2011), S. 179 f.
[147] Vgl. Bau-Arbeitsgemeinschaft VCT A4 (o. J.), S. 4.
[148] Vgl. ebenda, S. 7 f.

Die Bau-ARGE VCT A4 ist eine Dach-Arge und besteht aus den Gesellschaftern:[149]

- HOCHTIEF Construction AG,

- EUROVIA GmbH (technische Geschäftsführung),

- Strassing-Limes GmbH und

- Josef Rädlinger Bauunternehmen GmbH (kaufmännische Geschäftsführung).

Die operative Ausführung wurde von der Bau-ARGE VCT an die Dach-Arge „ARGE Stre-cke" und an die Beistellungs-Arge „ARGE Ingenieurbau" vergeben. Die „ARGE Strecke" hat die Ausführung wiederum an die Beistellungs-Argen „ARGE Decke" und die „ARGE Erd-und Straßenbau" weitervergeben. Insgesamt handelt es sich also um eine doppelstöckige Arge. Die Organisation der Bau-ARGE VCT ist in Abbildung 46 dargestellt.

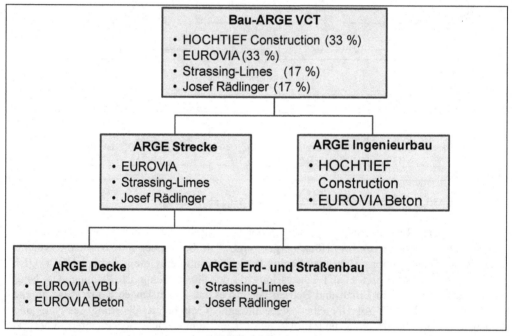

Abbildung 46:   Bau-ARGE VCT „A4 Eisenach"[150]

---

[149] Vgl. ebenda, S. 7.
[150] Bau-Arbeitsgemeinschaft VCT A4 (o. J.), S. 8.

Ein weiteres Beispiel ist die Dach-Arge für die Neubaustrecke Köln – Rhein/Main, Bereich Mitte (vgl. dazu Abbildung 47 und Abbildung 48). Die Gesellschafter dieser Dach-Arge „Bietergemeinschaft Mittelstand" haben ihrerseits Lose (z. B. Tunnelbau, Ingenieurbau) selbst übernommen, wobei sie sich bei der Federführung dieser Los-Argen abgewechselt haben.

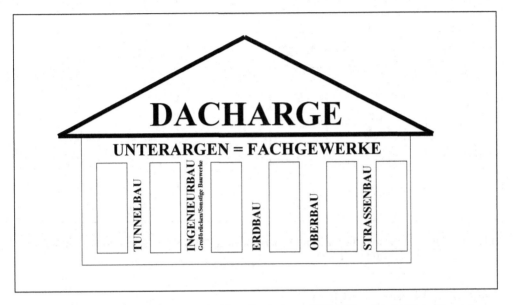

Abbildung 47:   **Konkretes Beispiel einer Dach-Arge: NBS Köln – Rhein/Main, Bereich Mitte (Teil 1)**

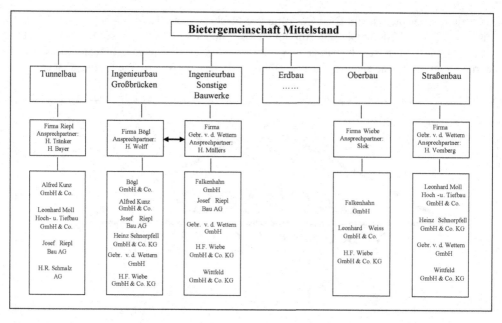

Abbildung 48:   **Konkretes Beispiel einer Dach-Arge: NBS Köln – Rhein/Main, Bereich Mitte (Teil 2)**

Dach-Arge Planung und Bau

Traditionell schließen sich bei einer Dach-Arge die an der Bauausführung beteiligten Unternehmen zusammen. Die relativ neue Konzeption der Dach-Arge Planung und Bau sieht darüber hinaus vor, auch die Planer an der Kooperation zu beteiligen. Im Ergebnis kooperieren bei diesem Modell Unternehmen unterschiedlicher Fachbereiche und unterschiedlicher Branchen.[151] Ein Beispiel für die Ausgestaltung einer derartigen Kooperation bei einer funktionalen Aufteilung der Leistungsbereiche enthält Abbildung 49. Hierbei zeichnet Unternehmen A für die Planungsleistungen verantwortlich. Die eigentlichen Bauleistungen erbringen die Unternehmen B, C und D, wobei einzelne Gewerke (z. B. der Erdbau) an Nachunternehmer weiter vergeben werden.

---

[151] Vgl. zur Dach-Arge Planung und Bau Jacob (Hrsg.) (2009).

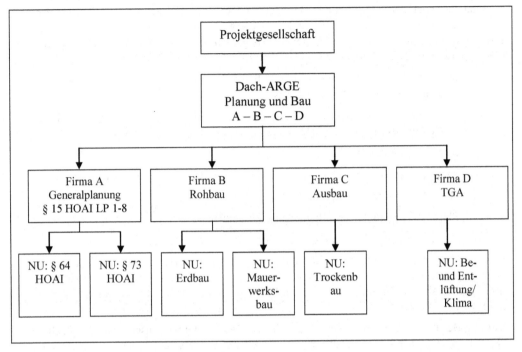

Abbildung 49:   **Dach-Arge Planung und Bau mit vier Gesellschaftern**[152]

Das Modell der Dach-Arge Planung und Bau soll am Beispiel der Karl-Günzel-Grundschule in Freiberg verdeutlicht werden.[153] Da die Grundschule nicht mehr den aktuellen Sicherheitsbestimmungen für Schulen entsprach, beschloss der Stadtrat im September 2009, die Schüler für ein Jahr anderweitig unterzubringen, das bestehende Schulgebäude abzureißen und in diesem Zeitfenster einen Ersatzneubau erstellen zu lassen. Die Stadt Freiberg hat sich für eine Funktionalausschreibung mit GU-Vergabe entschieden. Diese Entscheidung wurde ganz bewusst getroffen. Neben einer Verkürzung der Gesamtprojektdauer und einer Kostenersparnis verspricht sich der Auftraggeber durch diese Art der Ausschreibung eine wirtschaftlichere Lösung der Bauaufgabe, weil er nicht an eine vorgegebene Planung gebunden ist, sondern vielmehr aus einer Vielzahl verschiedener Vorschläge den für ihn annehmbarsten auswählen kann. Der Auftragnehmer übernimmt neben der Generalplanung auch die Mengen- und Vollständigkeitsgarantie sowie das Qualitätsrisiko.

Bei dem Projekt handelt es sich um eine zweizügige Grundschule mit Hort, die für ca. 160 Schüler dimensioniert werden sollte. Die Bauweise konnte von den Bietern frei gewählt werden. Auch Fertighaus- und Systemlösungen waren zugelassen. Die Raumgröße war auf der

---

[152] Jacob/Erfurt/Stuhr/Winter (2012), S. 4.
[153] Das Beispiel wurde in großen Teilen wörtlich entnommen aus Erfurt (2011), S. 20-26 sowie Jacob/Erfurt/Stuhr/Winter (2012), S. 3-8.

Grundlage der Schulbaurichtlinie zu ermitteln. Außerdem sollte das Schulgebäude im Passiv-hausstandard nach dem so genannten Darmstädter Modell gebaut werden. Von den 16 Firmen, die im Rahmen eines öffentlichen Teilnahmewettbewerbs zur Abgabe eines Angebotes aufge-fordert wurden, hatten sechs ihre Angebote fristgerecht eingereicht. Anschließend beurteilte eine Jury die Angebote nach den folgenden Kriterien:

- zu 30 % nach der Qualität, dem fachlichen Wert, der Gestaltung der Bauweise, der Einhaltung des Passivhausstandards,

- zu 30 % nach der Zweckmäßigkeit der Gestaltung des Raumprogramms, dem Ge-bäudevolumen und der zu bebauenden Fläche und

- zu 40 % nach dem Preis.

Der obsiegenden Bietergemeinschaft gehörten nachfolgende Unternehmen an:

- HIW (Hoch- und Ingenieurbau Wilsdruff),

- Phase 10 (Ingenieur- und Planungsgesellschaft) und

- LSTW (Landschaftsgestaltung, Straßen-, Tief- und Wasserbau).

Die Jury überzeugte insbesondere, dass alle geforderten Unterlagen vollständig und fristge-recht eingereicht wurden, die Präsentation in der vorgegebenen Zeit erfolgte und ein konven-tionelles Massivhaus zu einem günstigeren Preis angeboten werden konnte als die konkurrie-renden Systemhersteller.

Mit der Beauftragung im Mai 2010 wandelte sich die Bietergemeinschaft in die Dach-Arge „Karl-Günzel-Schule in Freiberg" um. Die Gesellschafter entschieden sich dafür, die techni-sche Geschäftsführung der Phase 10 Ingenieur- und Planungsgesellschaft und die kaufmänni-sche Geschäftsführung der Firma HIW zu übertragen. Damit ist eine durchgehende Leitung und Vertretung gegenüber dem Bauherrn gewährleistet. Der Planer übernimmt gleichzeitig die Gesamtbauleitung für sämtliche Leistungen der Gesellschafter, also auch die der Bauunter-nehmer und deren Nachunternehmer.

Die Leistungen wurden in drei Pakete aufgeteilt: Die Planungsarbeiten gingen an die Firma Phase 10, die Erdarbeiten an die Firma LSTW und alle sonstigen Arbeiten (Rohbau, Innen-ausbau, technische Anlagen) an die Firma HIW, die sämtliche Nachunternehmer vertraglich gebunden hat, die ihr die Firma Phase 10 nach entsprechender Ausschreibung und Bewertung vorgeschlagen hatte. Die einzelnen Aufgabenbereiche der Gesellschafter sind in Abbildung 50 im Überblick zusammengestellt.

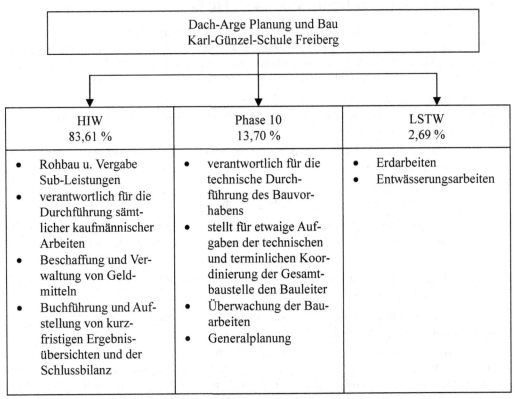

Abbildung 50:   **Leistungsbereiche der Gesellschafter der Dach-Arge**[154]

---

[154] Vgl. Erfurt (2011), S. 24.

8.8.2   im Jahresabschluss nach HGB

Der Hauptfachausschuss des Instituts der deutschen Wirtschaftsprüfer in Deutschland e. V. (IDW) hat eine Stellungnahme zur „Bilanzierung von Joint Ventures" herausgegeben (Verlautbarung HFA 1/1993), die sich insbesondere auf die bilanzielle Behandlung von Joint Ventures in Form von BGB-Gesellschaften und Bruchteilsgemeinschaften bezieht.[155]

In der Praxis wird letztlich zwischen kleinen Argen sowie großen Argen und Joint Venture-Gesellschaften unterschieden. Kleine Arbeitsgemeinschaften sind Argen, die die nachfolgend aufgeführten Merkmale erfüllen:[156]

–   Die Arbeitsgemeinschaft wird nur für die Abwicklung eines zeitlich befristeten Auftrages gegründet.

–   Die Gesellschafter leisten keine festen Einlagen, sondern sie stellen der Arbeitsgemeinschaft nur kurzfristige Mittel zur Verfügung.

–   Die Arbeitsgemeinschaft verfügt über keine eigenständigen Leitungsorgane, da alle wesentlichen Entscheidungen auf der Gesellschafterebene (Aufsichtsstelle) gefällt werden.

–   Maschinen, Geräte, Material und Personal werden auf schuldrechtlicher Basis zur Verfügung gestellt.

Arbeitsgemeinschaften, die diese Merkmale nicht erfüllen, zählen zu den großen Argen und Joint Venture-Gesellschaften.

Kleine Arbeitsgemeinschaften werden in der Einzelbilanz der Partnerunternehmen wie unter fremden Dritten bilanziert. Die Arbeitsgemeinschaftskonten werden im Umlaufvermögen angesetzt. Der Ausweis erfolgt unter den Forderungen gegenüber Arbeitsgemeinschaften bzw. Verbindlichkeiten gegenüber Arbeitsgemeinschaften (§ 266 Abs. 2 HGB, Position B.II., Kontengruppe 25 bzw. 43, BKR 87). Die anteiligen Ergebnisse der Argen werden aufgrund des Realisationsprinzips erst mit der Arge-Schlussbilanz in den Abschluss des Partnerunternehmens übernommen und dann unter den Umsatzerlösen ausgewiesen. Ein Muster für ein typisches Schlussprotokoll zur Arge-Schlussbilanz ist im Anhang 2 enthalten. Im Anhang des Jahresabschlusses wird der Anteil der in Arbeitsgemeinschaften abgewickelten Aufträge am Gesamtvolumen der in der Berichtsperiode abgewickelten Aufträge angegeben und auf die Einbeziehung der anteiligen Arbeitsgemeinschaftsergebnisse in die Umsatzerlöse hingewiesen.

Sich während der Laufzeit der Arge abzeichnende Verluste sind im Gegensatz zu den Gewinnen zu antizipieren. Da der Ausweis der Arge-Konten bei der kleinen Arge unter den Forderungen gegenüber Arbeitsgemeinschaften im Umlaufvermögen erfolgt, gilt das strenge Niederstwertprinzip. Bei sich abzeichnenden Verlusten ist die Forderung nach dem Prinzip der Einzelbewertung abzuwerten. Ist keine Forderung vorhanden oder reicht der Forderungsbetrag zur Verlustkompensation nicht aus, ist in der Handelsbilanz eine Rückstellung für drohende Verluste aus schwebenden Geschäften zu bilden.

---

[155] Institut der Wirtschaftsprüfer in Deutschland e. V. (1993).
[156] Vgl. Hauptverband der Deutschen Bauindustrie (1993).

Im Hinblick auf die steuerliche Behandlung ist insbesondere auf das BdF-Schreiben vom 27.01.1998 zur Anwendung des Mitunternehmererlasses auf so genannte kleine Argen zu erwähnen. „Danach sind die Leistungen der einzelnen Partner steuerlich wie Fremdleistungen gegenüber einer außenstehenden Gesamthandsgemeinschaft nach den allgemeinen ertragssteuerlichen Grundsätzen zu behandeln. Die Realisierung des Gewinns bei dem Partner tritt somit bereits bei Erbringung der Leistung ein."[157]

Eigenständige Joint Venture-Gesellschaften und große Arbeitsgemeinschaften, d. h. Argen, die die obigen Abgrenzungsmerkmale der kleinen Arge nicht erfüllen, haben die in der Verlautbarung HFA 1/1993 aufgestellten Bilanzierungsgrundsätze zu beachten. Das zur Verfügung gestellte Eigenkapital ist beim Gesellschafter in seiner Einzelbilanz im Anlagevermögen auszuweisen. Der Ansatz erfolgt unter den Finanzanlagen (§ 266 Abs. 2 HGB, Position A.III.). Gewinnausschüttungen sind in der Gewinn- und Verlustrechnung unter Erträgen aus Beteiligungen und nicht unter Umsatzerlösen auszuweisen. Bei Verlusten aus großen Argen ist – da der Ausweis im Einzelabschluss im Anlagevermögen erfolgt – das gemilderte Niederstwertprinzip zu beachten. Es kommen die allgemeinen Grundsätze zur Abschreibung von Beteiligungsbuchwerten zum Tragen. Unter steuerlichen Gesichtspunkten ist „die Abschreibung auf Beteiligungen bei Argen in der Rechtsform einer Kapitalgesellschaft nach § 8 b KStG nicht möglich."[158]

8.8.3   im Konzernabschluss nach HGB

Die Bilanzierung von kleinen Argen erfolgt in der Konzernbilanz analog zur Einzelbilanz. Insoweit wird auf Punkt 8.8.2 verwiesen.

Große Argen und Joint Venture-Gesellschaften sind in den Konzernabschluss entweder nach der Quotenkonsolidierungs- oder der Equity-Methode einzubeziehen. Es handelt sich in aller Regel um von den Partnerunternehmen neu gegründete Gesellschaften, die weder stille Reserven noch einen Geschäfts- oder Firmenwert (goodwill) beinhalten. Dies erleichtert die Kapitalkonsolidierung erheblich. Für die nachfolgenden Ausführungen wird diese Ausgangssituation zugrunde gelegt.

Die Quotenkonsolidierung ist handelsrechtlich für Gemeinschaftsunternehmen zulässig. Hierbei werden die Abschlussposten aus dem Jahresabschluss des Beteiligungsunternehmens innerhalb der Konzernbilanz in Höhe der jeweiligen gesellschaftsrechtlichen Beteiligungsquote des Mutterunternehmens erfasst. Dazu wird bei der Kapitalkonsolidierung zunächst eine Summenbilanz gebildet und anschließend der Beteiligungsbuchwert gegen das anteilige Eigenkapital des Beteiligungsunternehmens bzw. der Arge aufgerechnet.

Die Equity-Methode ist zulässig für assoziierte Unternehmen (§ 311 HGB) oder Gemeinschaftsunternehmen, die nicht quotenkonsolidiert werden. Unter einer Einbeziehung at equity versteht man den Ausweis der Beteiligung an einem Beteiligungsunternehmen im Anlagevermögen (im Finanzanlagevermögen als „Beteiligung an assoziierten Unternehmen") des Konzernabschlusses unter Fortschreibung des Beteiligungsbuchwertes um die anteilig auf den

---

[157] Jacob/Heinzelmann/Stuhr (2008), Rn 40, S. 1403.
[158] Ebenda, S. 1402.

Anteilseigner entfallenden Eigenkapitalveränderungen des Beteiligungsunternehmens (thesaurierte Gewinne des Beteiligungsunternehmens).

Die Verlustbehandlung vollzieht sich bei der Quotenkonsolidierung bzw. Equity-Methode wie folgt. Speziell für Bauargen erfolgt bei der Quotenkonsolidierung der Ansatz bzw. Ausweis der Gemeinschaftsbaustellen als Halbfabrikate im Umlaufvermögen. Bei sich abzeichnenden Verlusten ist gemäß dem strengen Niederstwertprinzip und dem Prinzip der Einzelbewertung das Halbfabrikat abzuwerten und gegebenenfalls eine Drohverlustrückstellung zu bilden.

Im Fall der Equity-Methode wird das anteilige Eigenkapital des Gesellschafters in Form des Beteiligungsbuchwertes gezeigt. Periodenverluste verringern den Beteiligungsbuchwert. Sollte der Beteiligungsbuchwert zur Berücksichtigung der antizipierten Verluste nicht ausreichen, ist ebenfalls eine Rückstellung für drohende Verluste aus schwebenden Geschäften zu bilden.

8.8.4   im Jahresabschluss nach IFRS

Für die Bilanzierung von Arbeitsgemeinschaften nach den IFRS-Vorschriften ist derzeit noch IAS 31 „Anteile an Gemeinschaftsunternehmen" einschlägig. Ein Gemeinschaftsunternehmen bzw. Joint Venture ist hiernach eine „vertragliche Vereinbarung zweier oder mehrerer Partner über eine wirtschaftliche Tätigkeit, die von ihnen gemeinschaftlich geführt wird"[159]. IAS 31 unterscheidet folgende drei Haupttypen von Joint Ventures:

− gemeinsame Tätigkeiten

− Vermögenswerte unter gemeinschaftlicher Führung und

− gemeinschaftlich geführte Unternehmen

Die gemeinsame Tätigkeit ist durch folgende Merkmale gekennzeichnet (IAS 31.13 f.):

− Die Partner verwenden ihre eigenen Vermögensgegenstände, verursachen ihre eigenen Aufwendungen und Verbindlichkeiten, bringen ihre eigene Finanzierung auf und setzen ihr eigenen Personal für das Joint Venture ein.

− Die Erlöse aus dem Verkauf des gemeinschaftlich erstellten Produktes und die gemeinschaftlich angefallenen Aufwendungen werden auf vertraglicher Basis zwischen den beteiligten Partnerunternehmen aufgeteilt.

Ein Beispiel zur gemeinsamen Tätigkeit ist die Erstellung und der Verkauf einer technischen Anlage, bei der jedes Partnerunternehmen verschiedene Stufen des Herstellungsprozesses auf eigene Kosten ausführt und der Verkaufserlös nach einem vertraglich vereinbarten Schlüssel verteilt wird.

---

[159] IAS 31.3, in: Hoffmann/Lüdenbach (Hrsg.) (2012), S. 280.

Vermögenswerte unter gemeinschaftlicher Führung zeichnen sich durch folgende Merkmale aus (IAS 31.18 f.):

- Das Joint Venture wird gemeinschaftlich von den Partnerunternehmen geführt.

- Die von den Partnern im Regelfall eingebrachten oder für die Zwecke des Joint Venture erworbenen Vermögenswerte werden zum Nutzen der Partner eingesetzt.

- Der Partner erhält einen Anteil der Leistungen, die durch das gemeinschaftlich geführte Vermögen erbracht wurden, und hat den vereinbarten Anteil an den Aufwendungen zu übernehmen.

Ein Beispiel hierfür besteht in der gemeinschaftlichen Führung von Grundstücken und Bauten, bei der jeder Partner an den Mieterträgen und anfallenden Aufwendungen in vorab festgelegter Höhe beteiligt ist.

Gemeinschaftlich geführte Unternehmen sind dadurch gekennzeichnet, dass

- ein rechtlich selbstständiges Unternehmen in Form einer Personen-, Kapitalgesellschaft oder anderen rechtlichen Einheit gegründet wird und jedes Partnerunternehmen an diesem Joint Venture beteiligt ist (IAS 31.24),

- das Joint Venture Vermögenswerte besitzen kann, Schulden eingeht, Aufwendungen trägt, Erträge erzielt, Verträge in eigenem Namen eingeht, Finanzierungen durchführt (IAS 31.25),

- die Partnerunternehmen einen Anteil am Ergebnis des Joint Venture erhalten oder die erbrachten Leistungen gemeinsam nutzen (IAS 31.25).

Ein Beispiel dazu ist die Kooperation von Unternehmen in einem Geschäftszweig.

In Tabelle 18 ist die bilanzielle Behandlung der drei Haupttypen im Jahres- bzw. Einzelabschluss des Partnerunternehmens dargestellt. Für die Bilanzierung einer Bauarbeitsgemeinschaft ist maßgebend, welchem der drei Haupttypen die Arge zuzuordnen ist.[160]

Die Meinungen über die Zuordnung der Bauarbeitsgemeinschaft zu einem der drei Typen gehen in der Literatur auseinander. Die gemeinsame Tätigkeit wird auch als unechte Arbeitsgemeinschaft, die Vermögenswerte unter gemeinschaftlicher Führung als echte Arbeitsgemeinschaft bezeichnet. Letztendlich entscheidet die konkrete Ausgestaltung des Zusammenschlusses über die Zuordnung und bilanzielle Abbildung.

---

[160] Vgl. dazu auch Brune/Mielicki (2003), S. 32-35.

Bilanzierung beim Partnerunternehmen im Einzelabschluss	
Gemeinsame Tätigkeit IAS 31.15	In Bezug auf seine Anteile an gemeinschaftlich geführten Tätigkeiten hat ein Partnerunternehmen im Abschluss Folgendes anzusetzen: a. die seiner Verfügungsmacht unterliegenden Vermögens- werte und die eingegangenen Schulden; und b. die getätigten Aufwendungen und die anteiligen Erträge aus dem Verkauf von Gütern und Dienstleistungen des Joint Ventures
Vermögenswerte unter gemeinschaftlicher Führung IAS 31.21	In Bezug auf seinen Anteil am gemeinschaftlich geführten Vermögen hat ein Partnerunternehmen in seinem Abschluss Folgendes anzuset- zen: a. seinen Anteil an dem gemeinschaftlich geführten Vermö- gen, klassifiziert nach der Art des Vermögens; b. die im eigenen Namen eingegangenen Schulden; c. seinen Anteil an gemeinschaftlich eingegangenen Schulden in Bezug auf das Joint Venture d. die Erlöse aus dem Verkauf oder der Nutzung seines Antei- les an dem Joint Venture erbrachten Leistungen zusammen mit seinem Anteil an den vom Joint Venture verursachten Aufwendungen; und e. seine Aufwendungen in Bezug auf seinen Anteil am Joint Venture
Gemeinschaftlich geführtes Unternehmen IAS 31.46	Anteile an einem gemeinschaftlich geführten Unternehmen sind im separaten Einzelabschluss eines Partnerunternehmens nach IFRS in Übereinstimmung mit den Paragraphen 37-42 des IAS 27 zu bilan- zieren, das heißt zu Anschaffungskosten oder zum Fair Value zu bilanzieren.[161]

Tabelle 18:   Bilanzierung beim Partnerunternehmen im Einzelabschluss

---

[161] Vgl. dazu auch Lüdenbach/Hoffmann (2012), S. 2189 f. (§ 34 Rn 16).

8.8.5   im Konzernabschluss nach IFRS

Für die Bilanzierung von gemeinsamen Tätigkeiten und Vermögenswerten unter gemeinschaftlicher Führung ergeben sich für den Konzernabschluss keine Änderungen gegenüber dem Einzelabschluss. Für gemeinschaftlich geführte Unternehmen ist für die Bilanzierung im Konzernabschluss des Partnerunternehmens entweder die Quotenkonsolidierung (IAS 31.30) oder alternativ die Equity-Methode (IAS 31.38) anzuwenden.

Mit der Standing Interpretations Committee Interpretation SIC-13 wurde die Behandlung nicht monetärer Einlagen durch das Partnerunternehmen bei gemeinschaftlich geführten Unternehmen geregelt. Für baubezogene Ausführungsbestimmungen, die in den IFRS nicht geregelt sind, wird man sich vermutlich an die US-GAAP (Kapitel 9) anlehnen.

8.8.6   Änderungen ab dem Geschäftsjahr 2013

Für Geschäftsjahre, die am oder nach dem 01.01.2013 beginnen, wird wohl anstelle des bisherigen IAS 31 nunmehr IFRS 11 (Joint Arrangements) einschlägig. Ein Joint Arrangement ist ein vertraglicher Zusammenschluss unterschiedlicher Parteien, die gemeinschaftlich eine wirtschaftliche Unternehmung beherrschen. Im Hinblick auf die Klassifizierung ist zwischen Joint Operations und Joint Ventures zu differenzieren (vgl. Abbildung 51).

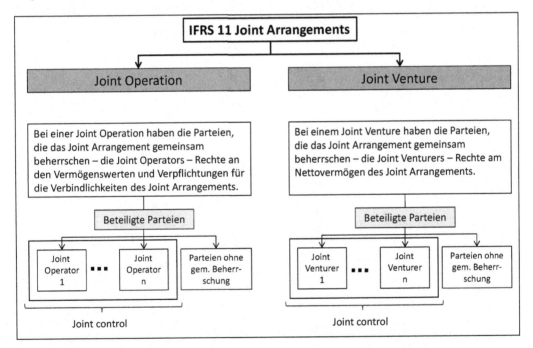

Abbildung 51:   **Klassifizierung von Joint Arrangements (voraussichtlich ab 2013)[162]**

---

[162] Modifiziert entnommen aus: KPMG AG Wirtschaftsprüfungsgesellschaft (Hrsg.) (2012), S. 182.

Die Zuordnung der typischen deutschen Arge ist bislang noch offen. Es spricht jedoch nach Betrachtung der zugrunde liegenden Arge-Musterverträge einiges dafür, Argen überwiegend als zeitlich befristete Joint Ventures zu klassifizieren. Dies würde dann für die Bilanzierung bedeuten, dass das jeweilige Partnerunternehmen in seinem Einzelabschluss seinen Anteil entweder zu Anschaffungskosten oder nach IAS 39/IFRS 9 bilanziert. Für die Einbeziehung in den Konzernabschluss wäre die Equity-Methode anzuwenden.[163]

In den USA wird normalerweise auch die One-Line-Equity-Methode für die Bilanz angewendet (vgl. Kapitel 9.2), zumal dem nicht kaufmännisch Federführenden zumeist gar nicht zeitnah die Informationen für eine Quotenkonsolidierung zur Verfügung stehen.

8.8.7 Buchungsbeispiel zur kleinen Arge

Grunddaten: Arge Rohbau Erweiterung Flugzeughalle für privaten Bauherrn

   Gesellschafter A = 60 % Gesellschafter B = 40 %

---

[163] Ebenda, S. 181.

Geschäftsvorfälle

1.	Lieferung und Einbau von Baustoffen (Zahlungsziel 30 Tage)	netto **EUR 120.000** zuzüglich 19 % Mehrwertsteuer
2.	Gesellschafter berechnen Löhne und Gehälter für abgeordnetes Personal a) Gesellschafter A	netto **EUR 400.000** zuzüglich 19 % Mehrwertsteuer
	b) Gesellschafter B	netto **EUR 300.000** zuzüglich 19 % Mehrwertsteuer
	Gesellschafter belasten Gerätemiete c) Gesellschafter A	netto **EUR 80.000** zuzüglich 19 % Mehrwertsteuer
	d) Gesellschafter B	netto **EUR 55.000** zuzüglich 19 % Mehrwertsteuer
3.	Nachunternehmer Fa. Erdbau berechnet gültige Freistellungsbescheinigung liegt vor	**EUR 90.000** Mehrwertsteuer gem. § 13 b UStG
4.	Einlagen der Gesellschafter auf Bankkonto a) Gesellschafter A b) Gesellschafter B	**EUR 150.000** **EUR 100.000**
5.	Schlussrechnung an Bauherr	netto **EUR 1.400.000** zuzüglich 19 % Mehrwertsteuer (da privater Bauherr)
6.	Banküberweisung für Baustoffe gem. 1.	
7.	Banküberweisung für Nachunternehmer gem. 3.	
8.	Bauherr überweist auf Bankkonto nach gemein- samer Rechnungsprüfung für die Schlussrech- nung (Kürzung (K.) in Höhe von 100.000 EUR netto)	brutto **EUR 1.508.000** inklusive 19 % Mehrwertsteuer
9.	Banküberweisung der Umsatzsteuerzahllast	

1. Bilden Sie die Buchungssätze aus Sicht der Arge.

2. Buchen Sie die Geschäftsvorfälle in den Konten aus Sicht der Arge.

3. Ermitteln und verteilen Sie das Betriebsergebnis.

Hinweis: Bauleistungen, welche ein Unternehmen für ein ebenfalls nachhaltig bauleistendes Unternehmen erbringt, führen gemäß § 13 b UStG zu einer Umkehrung der Steuerschuldnerschaft (Reverse Charge). In den Fällen der Umkehrung der Steuerschuldnerschaft ist nicht mehr der leistende Unternehmer bzw. Auftragnehmer, sondern der Leistungsempfänger bzw. Auftraggeber Steuerschuldner der Umsatzsteuer. Der Auftragnehmer stellt nur noch Nettorechnungen an den Auftraggeber und weist in seiner Rechnung auf die Umkehrung der Steuerschuldnerschaft hin. Der Auftraggeber berechnet aus dem Nettobetrag die Umsatzsteuer und führt diese an die Finanzbehörden ab.

Buchungssätze:

Nr.	SOLL	Betrag (EUR)	HABEN	Betrag (EUR)
Geschäftsvorfälle 1 bis 9				
1	Materialaufwand	120.000		
	Umsatzsteuer	22.800		
			Verbindlichk. L+L	142.800
2 a)	Aufwand Löhne und Gehälter	400.000		
	Umsatzsteuer	76.000		
			Verr.konto Gesell. A	476.000
2 b)	Aufwand Löhne und Gehälter	300.000		
	Umsatzsteuer	57.000		
			Verr.konto Gesell. B	357.000
2 c)	Mietaufwand Geräte	80.000		
	Umsatzsteuer	15.200		
			Verr.konto Gesell. A	95.200
2 d)	Mietaufwand Geräte	55.000		
	Umsatzsteuer	10.450		
			Verr.konto Gesell. B	65.450
3	Aufwand Nachunternehmerleistungen § 13 b UStG	90.000		
			Verbindlichk. L+L	90.000
	Vorsteuer § 13 b UStG	17.100		
			Umsatzsteuer § 13 b UStG	17.100
4 a)	Bank	150.000		
			Verr.konto Gesell. A	150.000
4 b)	Bank	100.000		
			Verr.konto Gesell. B	100.000
5	Ford. an Bauherrn	1.666.000		
			Umsatzsteuer	266.000
			Umsatzerlöse aus Bauleist.	1.400.000
6	Verbindlichk. L+L	142.800		
			Bank	142.800

7	Verbindlichk. L+L	90.000		
			Bank	90.000
8	Bank	1.547.000		
			Forderungen an Bauherrn	1.547.000
8 K.	Umsatzerlöse aus Bauleist.	100.000		
	Umsatzsteuer	19.000		
			Forderungen an Bauherrn	119.000
9	Umsatzsteuer	65.550		
			Bank	65.550

Abschluss der Aufwands- und Ertragskonten in das GuV-Konto

	GuV	120.000		
			Materialaufwand	120.000
	GuV	700.000		
			Aufw. Löhne und Gehälter	700.000
	GuV	135.000		
			Mietaufwand Geräte	135.000
	GuV	90.000		
			Aufwand Nachunt.leistungen § 13 b UStG	90.000
	Umsatzerlöse aus Bauleist.	1.300.000		
			GuV	1.300.000

Ermittlung und Verteilung des Betriebsergebnisses

Betriebsergebnis: 255.000 EUR

Anteil A: 60 % (= 153.000 EUR)

Anteil B: 40 % (= 102.000 EUR)

	GuV	153.000		
			Verr.konto Gesell. A	153.000
	GuV	102.000		
			Verr.konto Gesell. B	102.000
	Verr.konto Gesell. A	874.200		
			Bank	874.200
	Verr.konto Gesell. B	624.450		
			Bank	624.450

Materialaufwand

1)	120.000	GuV	120.000
	120.000		120.000

Aufwand Löhne und Gehälter

2a)	400.000	GuV	700.000
2b)	300.000		
	700.000		700.000

Mietaufwand Geräte

2c)	80.000	GuV	135.000
2d)	55.000		
	135.000		135.000

Aufwand Nachunt.leistungen § 13 b UStG

3)	90.000	GuV	90.000
	90.000		90.000

Verbindlichkeiten L + L

6)	142.800	1)	142.800
7)	90.000	3)	90.000
	232.800		232.800

Verrechnungskonto Gesellschafter A

Bank	874.200	2a)	476.000
		2c)	95.200
		4a)	150.000
		GuV	153.000
	874.200		874.200

Umsatzerlöse aus Bauleistungen

8) K.	100.000	5)	1.400.000
GuV	1.300.000		
	1.400.000		1.400.000

Umsatzsteuer

1)	22.800	5)	266.000
2a)	76.000		
2b)	57.000		
2c)	15.200		
2d)	10.450		
8) K.	19.000		
Verr. USt.	65.550		
	266.000		266.000

Verrechnungskonto Gesellschafter B

Bank	624.450	2b)	357.000
		2d)	65.450
		4b)	100.000
		GuV	102.000
	624.450		624.450

Forderungen an Bauherrn

5)	1.666.000	8)	1.547.000
		8) K.	119.000
	1.666.000		1.666.000

Bank

4a)	150.000	6)	142.800
4b)	100.000	7)	90.000
8)	1.547.000	9)	65.550
		Verr.k. A	874.200
		Verr.k. B	624.450
	1.797.000		1.797.000

GuV

Material-aufwand	120.000	Ums. erlöse	1.300.000
Aufwand Löhne/Geh.	700.000		
Mietaufw. Geräte	135.000		
NU-Leist.	90.000		
	1.045.000		
Verr.k. A	153.000		
Verr.k. B	102.000		
	1.300.000		1.300.000

Vorsteuer § 13 b UStG
3) 17.100	Verr. USt. 17.100
17.100	17.100

Umsatzsteuer § 13 b UStG
Verr. USt. 17.100	3) 17.100
17.100	17.100

Verrechnung Umsatzsteuer
VSt. § 13 b 17.100	USt. § 13 b 17.100
9) 65.550	USt. 65.550
82.650	82.650

Das Betriebsergebnis beläuft sich auf 255.000 EUR, wovon 153.000 EUR auf den Gesellschafter A und 102.000 EUR auf den Gesellschafter B entfallen. Das Betriebsergebnis wird zu den heimischen Unternehmen A und B übernommen. Dort wird dann entsprechend eine Gewährleistungsrückstellung gebildet.

8.8.8   Beispiel zur Kapitalkonsolidierung einer großen Arge

Im Folgenden werden exemplarisch die Quotenkonsolidierung und die Equity-Methode für die Konsolidierung zwischen einem Mutterunternehmen A und einem Beteiligungsunternehmen bzw. der Arge U dargestellt. Hierbei ist das Mutterunternehmen A gesellschaftsrechtlich mit einem Anteil zu 50 % an der Arge U beteiligt (die verbleibenden restlichen 50 % entfallen auf ein weiteres Unternehmen B). Der Beteiligungsbuchwert von A an der Arge U beträgt 10 TEUR (siehe Tabelle 19). Die Arge wurde von den Partnerunternehmen zu Beginn des Jahres neu gegründet. Der Unterschied zwischen Beteiligungsbuchwert und anteiligem Eigenkapital der Arge kommt ausschließlich aus thesaurierten Gewinnen der Arge zustande. Ferner werden folgende Bilanzwerte als Ausgangspunkt unterstellt:

Einzelbilanz A in TEUR			
AV	110	EK	150
· Bet. U	10		
UV	290	FK	250
	400		400

Tabelle 19:   Einzelbilanz des Mutterunternehmens A

Arge U in TEUR (Beteiligung A = 50%)			
AV	20	EK	30
		EK A	· 15
		EK B	· 15
UV	80	FK	70
	100		100

Tabelle 20:   Einzelbilanz der Arge U

Bei der Quotenkonsolidierung werden zunächst die Abschlussposten der Arge U in Höhe des gesellschaftsrechtlichen Anteils des Mutterunternehmens A (50 %) erfasst, um daraus eine Summenbilanz mit der Einzelbilanz von A zu bilden. Dabei ergeben sich folgende Übernahmewerte aus der Bilanz der Arge U:

AV = 10 TEUR,

UV = 40 TEUR,

EK = 15 TEUR,

FK = 35 TEUR

Folglich ergibt sich nach der Summierung der Werte aus der Einzelbilanz von A und den Übernahmewerten der Arge U die in Tabelle 21 aufgeführte Summenbilanz.

Summenbilanz A in TEUR (Quotenkonsolidierung)			
AV	120	EK	165
UV	330	FK	285
	450		450

Tabelle 21:   Summenbilanz vom Einzelunternehmen A und Arge U

In einem weiteren Schritt wird der Beteiligungsbuchwert der Arge U (hier: Beteiligungshöhe 10 TEUR) gegen das anteilige Eigenkapital in Höhe von 15 TEUR aufgerechnet, so dass sich nach der Quotenkonsolidierung die in Tabelle 22 aufgeführte Konzernbilanz ergibt.

Der Beteiligungsbuchwert kann dabei nicht vollständig mit dem anteiligen Eigenkapital verrechnet werden, so dass sich ein passivischer Unterschiedsbetrag von 5 TEUR ergibt, wobei dieser hier aus Vereinfachungsgründen dem Eigenkapital zugeschlagen und nicht separat ausgewiesen wird.

Konzernbilanz A in TEUR (Quotenkonsolidierung)			
AV	110	EK	155
UV	330	FK	285
	440		440

Tabelle 22:   Konzernbilanz gemäß Quotenkonsolidierung

Bei der Equity-Methode wird die Beteiligung an der Arge U im Anlagevermögen ausgewiesen. Dabei wird die Beteiligung im Konzernabschluss mit dem anteiligen (neubewerteten) Eigenkapital der Arge U angesetzt. Demnach wird aus dem Anlagevermögen der Einzelbilanz des Mutterunternehmens A der alte Beteiligungsbuchwert an der Arge U in Höhe von 10 TEUR durch die anteilige Beteiligung von 15 TEUR ersetzt. Da der Beteiligungsbuchwert sich nach der Equity-Methode um 5 TEUR erhöht hat, ist eine entsprechende Anpassung bzw. Erhöhung beim Eigenkapital vorzunehmen. Folglich ergibt sich die in Tabelle 23 dargestellte Konzernbilanz.

Konzernbilanz A in TEUR (at Equity)			
AV	115	EK	155
· Bet. U	15		
UV	290	FK	250
	405		405

Tabelle 23:   Konzernbilanz gemäß Equity-Methode

Das Beispiel verdeutlicht, dass die Anwendung des Quotenkonsolidierungsverfahrens und der Equity-Methode zu unterschiedlichen Auswirkungen auf Bilanzkennzahlen führt, da bei der Equity-Methode insbesondere ein geringeres Fremdkapital als bei der Quotenkonsolidierung ausgewiesen wird.

8.8.9   Bilanzierungspraxis

Geschäftsbericht 2011 von Bilfinger Berger, IFRS-Konzernbilanz

Allgemeine Bilanzierungs- und Bewertungsmethode

„Die *nach der Equity-Methode bilanzierten Beteiligungen* – assoziierte Unternehmen sowie gemeinschaftlich geführte Unternehmen – werden unter Berücksichtigung der anteiligen Reinvermögensänderung der Gesellschaft sowie gegebenenfalls vorgenommener Wertminderungen bewertet.

Joint Ventures sind vertragliche Vereinbarungen, in der zwei oder mehrere Parteien eine wirtschaftliche Tätigkeit durchführen, die einer gemeinschaftlichen Führung unterliegt. Darunter fallen neben den Gemeinschaftsunternehmen die gemeinsam geführten Tätigkeiten und insbesondere Bauarbeitsgemeinschaften, die entsprechend IAS 31 wie folgt bilanziert werden. Bilfinger Berger als Partner einer gemeinsam geführten Tätigkeit oder Arbeitsgemeinschaft bilanziert die in der Verfügungsmacht stehenden Vermögenswerte und die selbst eingegangenen Schulden sowie die getätigten eigenen Aufwendungen und weist die anteiligen Erträge aus diesen Aktivitäten in den Umsatzerlösen aus. Bei den gemeinsam geführten Tätigkeiten und Arbeitsgemeinschaften selbst verbleibende Vermögenswerte und Schulden führen zu anteiligen Ergebnissen, welche mit der Equity-Methode bilanziert und unter den Forderungen beziehungsweise Verbindlichkeiten gegen Arbeitsgemeinschaften ausgewiesen werden."[164]

„Die in Arbeitsgemeinschaften abgewickelten Fertigungsaufträge werden entsprechend der Percentage-of-Completion-Methode bewertet. Die Forderungen beziehungsweise Verbindlichkeiten an Arbeitsgemeinschaften enthalten neben Ein- und Auszahlungen sowie Leistungsverrechnungen auch anteilige Auftragsergebnisse."[165]

Spezielle Erläuterungen zur Gewinn- und Verlustrechnung

„Die Umsatzerlöse enthalten mit 6.362,2 (Vorjahr: 5.599,0) Mio. € Umsatzerlöse, die aus der Anwendung der Percentage-of-Completion-Methode resultieren. Der Posten enthält ebenfalls Lieferungen und Leistungen an Arbeitsgemeinschaften sowie übernommene Ergebnisse aus diesen Gemeinschaftsunternehmen.

Die wesentlichen Arbeitsgemeinschaften betreffen folgende Infrastrukturprojekte:"[166]

---

[164] Bilfinger Berger AG (2012), S. 134 f.
[165] Bilfinger Berger AG (2012), S. 137.
[166] Bilfinger Berger AG (2012), S. 140.

Bilfinger Berger			2011
	Anteil von Bilfinger Berger (in %)	Anteiliger Auftragswert (in Mio. €)	Anteilige Leistung im Berichtsjahr (in Mio. €)
Transco, Sedrun / Schweiz	28	323	34
A1 Hamburg - Bremen	65	278	61
London Array / Großbritannien	50	221	126
M80 Stepps - Haggs / Großbritannien	50	159	33
Gdansk Southern Ring Road / Polen	75	160	71

Arbeitsgemeinschaft

„Eine von zwei oder mehreren Bauunternehmen für die Zeitdauer der Abwicklung eines Bauauftrags gegründete Gesellschaft, die selbständig bilanziert. Gewinne und Verluste werden in die Gewinn- und Verlustrechnung der Partnerunternehmen entsprechend der Beteiligungsquote übernommen und unter den Umsatzerlösen ausgewiesen. Die von der Arbeitsgemeinschaft ausgeführten Leistungen sind dagegen in den Abschlüssen der Partnerunternehmen nicht enthalten."[167]

Geschäftsbericht 2011 von Strabag, IFRS-Konzernbilanz

Allgemeine Bilanzierungs- und Bewertungsmethode

„Die Anteile an assoziierten Unternehmen sowie gemeinschaftlich geführten Unternehmen werden gemäß IAS 28 – sofern es sich nicht um unwesentliche Anteile handelt – at-Equity bewertet. Für Zwecke der Überleitung auf IFRS wurden die Jahresabschlüsse der wesentlichen nach der Equity-Methode bewerteten Unternehmen an die Bilanzierung und Bewertung nach IFRS angepasst. Die Umbewertung wird auf Basis von Schätzungen vorgenommen, sofern die at-Equity bewerteten Unternehmen keine Jahresabschlüsse nach IFRS erstellen."[168]

„Die Ergebnisrealisierung bei Fertigungsaufträgen, die in Arbeitsgemeinschaften ausgeführt werden, erfolgt unter Berücksichtigung der Percentage-of-Completion-Methode entsprechend der zum Bilanzstichtag tatsächlich erbrachten Leistung. Drohende Verluste aus dem weiteren Bauverlauf werden durch entsprechende Abwertungen berücksichtigt. Die Forderungen bzw. Verbindlichkeiten gegenüber Arbeitsgemeinschaften enthalten neben Kapitaleinlagen, Ein- und Auszahlungen sowie Leistungsverrechnungen auch das anteilige Auftragsergebnis."[169]

„Umsatzerlöse aus der Veräußerung von Eigenprojekten, aus Lieferungen und Leistungen an Arbeitsgemeinschaften, aus sonstigen Leistungen und aus dem Verkauf von Baustoffen und Bitumen werden mit dem Übergang der Verfügungsmacht und der damit verbundenen Chancen und Risiken bzw. mit dem Erbringen der Leistung realisiert."[170]

---

[167] Bilfinger Berger AG (2012), S. 190.
[168] Strabag AG (2012), S. 74.
[169] Strabag AG (2012), S. 75.
[170] Strabag AG (2012), S. 77.

Spezielle Erläuterungen zur Gewinn- und Verlustrechnung

„Die Umsatzerlöse von 2.465.638 T € (Vorjahr 2.160.881 T €) betreffen insbesondere Erlöse aus der Auftragsfertigung, Veräußerungserlöse von Eigenprojekten, Lieferungen und Leistungen an Arbeitsgemeinschaften, sonstige Leistungen sowie anteilige Ergebnisse aus Arbeitsgemeinschaften. Die Umsatzerlöse aus Auftragsfertigung, welche entsprechend dem Grad der Fertigstellung des jeweiligen Auftrags die periodisierten Teilgewinne beinhalten (Percentage-of-Completion-Methode), betragen 2.102.880 T € (Vorjahr 1.850.347 T €)."[171]

Geschäftsbericht 2011 von VINCI, IFRS-Konzernbilanz

Partnerschaftlich betriebene Projekte und Finanzanlagen sind auf Basis der "groups share of the assets" (Anteile/Beteiligungen an der Kooperation) berücksichtigt unter Vermögen, Schulden, Erträgen und Aufwendungen. Dasselbe gilt für Bauprojekte, die partnerschaftlich in Form von Konsortien oder Joint Ventures ausgeführt werden.

Unternehmungen, bei denen die Gruppe (VINCI) signifikanten Einfluss ausüben kann und die partnerschaftlich geführt sind, werden mit Hilfe der Equity-Methode bilanziert.

VINCI`s Konzernabschlüsse beinhalten die Jahresabschlüsse aller Unternehmen, deren Einnahmen über 2 Millionen Euro betragen und von Unternehmen, deren Einnahmen unter diese Grenze fallen, die aber eine erhebliche Auswirkung auf den Jahresabschluss der Gruppe haben.[172]

Vinci	Anzahl per 31.12.2011
Vollkonsolidierung	1.907,0
Equity-Methode	339,0
Gesamt	**2.246,0**

8.9   Schalung und Rüstung

Für Schalung und Rüstung kann nach deutschen Bilanzierungsvorschriften das Festwertverfahren angewendet werden. Es handelt sich dabei um ein Bewertungsvereinfachungsverfahren, das auf den Jahresabschluss angewendet werden darf und stellt somit eine Bilanzierungsvereinfachung dar.[173] Es ist gesetzlich in §§ 240 Abs. 3, 256 Satz 2 HGB verankert.

---

[171] Strabag AG (2012), S. 78.
[172] Vgl. VINCI (2012), S. 185 f. Eigene Übersetzung.
[173] Vgl. Voigt (1998), S. XVI/12 sowie Speich (1996), S. 3603 ff.

Demnach dürfen Vermögensgegenstände des Sachanlagevermögens sowie Roh-, Hilfs- und Betriebsstoffe unter den folgenden vier Voraussetzungen zum Festwert bewertet werden:

- Größe, Wert und Zusammensetzung des Bestandes verändern sich nur gering,

- regelmäßige Nachbestellung bzw. regelmäßiges Ersetzen,

- Gesamtwert ist für das Unternehmen von nachrangiger Bedeutung,

- i. d. R. alle drei Jahre Überprüfung durch Inventur, soweit nicht das Niederstwert- prinzip eine vorzeitige Abwertung erfordert.

Bei der Festbewertung werden in mehreren Jahresabschlüssen gleiche Menge und gleicher Wert angesetzt. Sollten nach der Bildung dieses Wertes negative Bestandsveränderungen (Abgänge) stattfinden, werden diese wertmäßig nicht berücksichtigt. Zugänge kommen direkt in den Aufwand, d. h. sie werden nicht aktiviert.

Bei Schalung und Rüstung beträgt der Festwert im Allgemeinen 40 % der Anschaffungs- oder Herstellungskosten, d. h., es werden 40 % der tatsächlichen Anschaffungs- oder Herstellungs- kosten aktiviert.[174] Nach bisheriger Verwaltungsauffassung[175] werden Wirtschaftsgüter, deren betriebsgewöhnliche Nutzungsdauer abgelaufen ist, nicht in die Bemessungsgrundlage für den Festwert einbezogen, da sie nach § 7 EStG nicht zu bewerten sind. Sollte sich der Wert des Bestandes wesentlich verändern, dann muss der Festwert fortgeschrieben werden. Gemäß R 5.4 Absatz 3 EStR ist eine Änderung um 10 % als wesentlich zu erachten. Das Festwertverfah- ren wird nicht nur für Schalung und Rüstung in Betracht kommen, sondern auch für andere Wirtschaftsgüter, sofern ihr Gesamtwert für das Unternehmen von nachrangiger Bedeutung ist und es sich nicht um geringwertige Wirtschaftsgüter (vgl. § 6 Abs. 2 und 2 a EStG) handelt.

Nach IFRS ist ein Festwertverfahren nicht üblich. Es kann allenfalls aufgrund von Wirtschaft- lichkeits- und Wesentlichkeitsgesichtspunkten geboten sein. Es ist anzunehmen, dass regelmä- ßig gegen einen Festwertansatz nach IFRS nichts einzuwenden sein dürfte, wenn die Anwen- dungsvoraussetzungen für das Festwertverfahren nach HGB erfüllt sind.[176]

8.10   Massenbaustoffe

Gemäß § 240 Abs. 4 HGB ist eine Gruppen- bzw. Sammelbewertung von Gegenständen des Vorratsvermögens – wie zum Beispiel Massenbaustoffe in Form von Kies, Zement oder Bau- stahl („nämliche" Güter) – zulässig, sofern es sich um gleichartige Vermögensgegenstände handelt. Die Sammelbewertungsverfahren nach HGB in Form des FIFO- und LIFO-Verfah- rens dürfen angewendet werden (§ 256 Satz 1 HGB). Nach IAS 2.24 ist eine Einzelzuordnung von Anschaffungs-/Herstellungskosten zu Vermögensgegenständen entbehrlich, „wenn es sich um eine große Anzahl von Vorräten handelt, die normalerweise untereinander austauschbar sind." Die Bewertung nach IFRS erfolgt nach der Durchschnittsmethode oder dem FIFO- Verfahren (IAS 2.25).

---

[174] Vgl. FinMin NRW (Hrsg.) vom 12.12.1961, BStBl II, 194.

[175] BMF vom 12.08.1993 IV B 2 – S 2174 a – 17/93, BB 1993, S. 1768.

[176] Vgl. dazu Lüdenbach/Hoffmann (2012), S. 896 (§ 17 Rn 22).

8.11 Immobilien

8.11.1 Bilanzierung nach HGB

Nach deutschen Vorschriften sind Immobilien, sofern sie dem Geschäftsbetrieb des Unternehmens nicht nur vorübergehend, sondern dauerhaft zur Verfügung stehen sollen, im Anlagevermögen anzusetzen und auszuweisen. Die Erstbewertung erfolgt entweder zu Anschaffungskosten oder – bei selbst erstellten Immobilien – zu Herstellungskosten. In der Folge werden Immobilien mit zeitlich begrenzter Nutzungsdauer (z. B. Gebäude) mit ihren Anschaffungs- bzw. Herstellungskosten, vermindert um planmäßige Abschreibungen bilanziert (§ 253 Abs. 3 HGB). Da für Vermögensgegenstände des Anlagevermögens das gemilderte Niederstwertprinzip gilt, ist nur bei einer voraussichtlich dauernden Wertminderung außerplanmäßig auf den niedrigeren Wert abzuschreiben. Diese Vorschrift gilt unabhängig davon, ob die Nutzung der Gegenstände zeitlich begrenzt ist.

Immobilien, die zum normalen „operating cycle" des Unternehmens gehören, werden im Umlaufvermögen angesetzt und ausgewiesen. Sie sind entweder mit den Anschaffungs- bzw. Herstellungskosten oder dem niedrigeren beizulegenden Wert zu berücksichtigen (§ 253 Abs. 4 HGB). Für das Umlaufvermögen gilt das strenge Niederstwertprinzip.

Mietgarantierückstellungen sind ab Fertigstellung eines Objektes vom Bauträger zu bilden, wenn er unter Abgabe einer solchen Garantie das Objekt veräußert hat und nicht für alle Flächen oder nicht zum vertraglich fixierten Mietpreis Endmieter gefunden werden konnten. Es sind dabei drei Arten von Mietgarantien zu unterscheiden: Die Erstvermietungsgarantie, die normale Mietgarantie und der Generalmietvertrag.

Die Erstvermietungsgarantie bedeutet die Zusage, dass die Mietflächen bei Übergabe des Mietobjektes zu bestimmten Bedingungen vermietet sein werden. Die Risikoübernahme des Bauträgers zielt auf Leerstand sowie Nichterzielung der kaufvertraglich vorgesehenen Kaltmiete.

Die normale Mietgarantie besagt, dass die Mietflächen wie bei der Erstvermietungsgarantie bei Übergabe zu bestimmten Bedingungen vermietet sein werden. Zusätzlich wird garantiert, dass der Käufer für eine gewisse Laufzeit die Miete tatsächlich auch erhält. Hier trägt der Bauträger also zusätzlich das Mietausfallrisiko (Erfüllung der Zahlungsansprüche, Bonitätsrisiko, vorzeitige Beendigung von Mietverhältnissen).

Ein Generalmietvertrag wird vom Bauträger zum Zweck der Untervermietung an die eigentlich vorgesehenen Endmieter geschlossen. Der Generalmietvertrag zielt auf die Warmmiete ab. Damit trägt der Bauträger zusätzlich das Risiko der Betriebs- und Nebenkosten. Der Generalmietvertrag hat für einen Fonds als Erwerber den Vorteil, dass er mit einer Pro-forma-Vollvermietung werben kann.

Bei allen drei Fällen von Mietgarantien hat der Bauträger ab dem Zeitpunkt der Objektübergabe handelsbilanziell eine Rückstellung für drohende Verluste aus schwebenden Geschäften zu bilden. In den Fällen 1 und 2 zielt die Rückstellung auf die Kaltmiete, im Fall 2 zusätzlich auf das Bonitätsrisiko während der Laufzeit und im Fall 3 zusätzlich auf die Nebenkosten, also auf die Warmmiete ab. Entsprechend steigert sich von Fall zu Fall das Risiko, und die

Rückstellung muss ceteris paribus höher ausfallen. Steuerlich sind diese Drohverlustrückstellungen seit 1998 nicht mehr erlaubt (vgl. § 5 Abs. 4 a EStG).

8.11.2 Bilanzierung nach IFRS

Zur bilanziellen Einordnung von Immobilien nach IFRS ist in der Herstellungsphase zunächst zu unterscheiden, ob die Immobilie für eigene Zwecke oder für ein drittes Unternehmen erstellt wird (vgl. Abbildung 52).

Für eigene Zwecke erstellte Immobilien mit der Absicht der späteren Eigennutzung werden unter den Sachanlagen im Bau nach IAS 16 bilanziert. Eine Immobilie gilt dann als eigen genutzt, wenn sie länger als ein Jahr im Bestand des Unternehmens verbleibt und als Produktionsgebäude, zum Warenabsatz oder für Verwaltungszwecke genutzt wird (z. B. Industriegrundstücke oder selbst genutzte Bürogebäude). Die Bewertung dieser selbst erstellten Immobilien erfolgt zu Herstellungskosten, unter bestimmten Bedingungen einschließlich Fremdkapitalkosten. Die Folgebewertung kann entweder zu den fortgeführten Anschaffungs- bzw. Herstellungskosten (Anschaffungskostenmodell) oder unter bestimmten Bedingungen zum beizulegenden Zeitwert (Neubewertungsmodell) erfolgen (vgl. IAS 16.29 ff.).

Immobilien, die für eigene Zwecke mit einer späteren Veräußerungsabsicht hergestellt werden, sind als unfertige Erzeugnisse im Umlaufvermögen gemäß IAS 2 zu bilanzieren. Diese Grundstücke oder Gebäude werden im Rahmen der gewöhnlichen Geschäftstätigkeit mit dem Ziel der Veräußerung innerhalb eines Jahres im Unternehmen gehalten. Klassische Beispiele stellen Projektentwicklung und Bauträgergeschäft dar. Die Bewertung der zum Verkauf bestimmten selbst erstellten Immobilien erfolgt bei Erst- und Folgebewertung zum niedrigeren Wert aus Herstellungskosten und Nettoveräußerungswert (net realizable value).

Soll die selbst hergestellte Immobilie später als Finanzanlage dienen, ist sie ebenfalls nach IAS 16 zu bilanzieren, allerdings erfolgt der Ausweis in diesem Fall unter der Position unfertige Investment Properties. Nach der Fertigstellung werden die als Finanzinvestition gehaltenen Immobilien nach IAS 40 bilanziert. Als Anlageobjekte gelten Grundstücke und Gebäude, die im Bestand des Unternehmens gehalten werden, um dauerhaft regelmäßige Erträge wie Miet- oder Pachterträge und/oder eine Wertsteigerung zu erzielen. Ein Beispiel für als Finanzanlagen gehaltene Objekte sind vermietete Büroimmobilien. Die Bewertung von selbst erstellten Immobilien mit der späteren Nutzungsabsicht als Finanzanlage erfolgt nach der Fertigstellung gemäß IAS 40 zu (fortgeführten) Herstellungskosten oder zum beizulegenden Zeitwert (Fair Value), wobei die einmal gewählte Methode für alle Anlageobjekte in der Folgezeit zwingend anzuwenden ist (Stetigkeitsprinzip). Wird für die Methode der fortgeführten Herstellungskosten optiert, so muss trotzdem der Zeitwert ermittelt und im Anhang des Geschäftsberichtes angegeben werden.

Wird die Immobilie für ein drittes Unternehmen gefertigt, wird sie während der Herstellungsphase als Fertigungsauftrag gemäß IAS 11 bilanziert. In der Nutzungsphase erfolgt die Bilanzierung beim Dritten gemäß dortiger Nutzung.

Die vorstehenden Bilanzierungsvarianten eröffnen nicht geringe Ermessensspielräume bei der IFRS-Bilanzierung.[177]

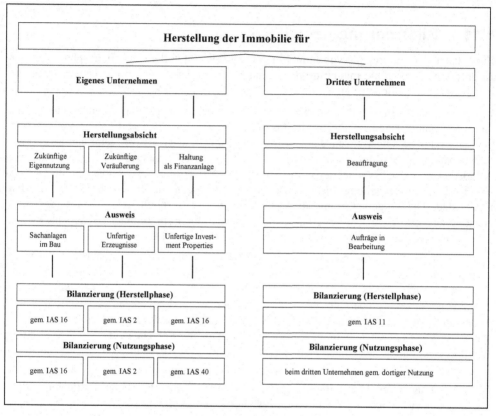

Abbildung 52:   Bilanzierung von Immobilien nach IFRS

Die Gewährung von Mietgarantien steht nach IFRS in engem Zusammenhang zu so genannten belastenden Verträgen. Belastende Verträge (onerous contracts) sind gemäß IAS 37.68 Verträge, bei denen die Kosten, die zur Erfüllung der vertraglichen Verpflichtungen unvermeidbar sind, höher ausfallen als der erwartete wirtschaftliche Nutzen. Für derartige Verträge ist die gegenwärtige vertragliche Verpflichtung als Rückstellung anzusetzen und zu bewerten (IAS 37.66).

---

[177] Vgl. dazu im Detail: Promper (2012), S. 49 ff.

8.12   Leasing und langfristige Miete

8.12.1   Zurechnung nach HGB und IFRS

Tabelle 24 gibt einen Überblick über die bilanzielle Zurechnung von Leasingobjekten nach HGB und IFRS beim Finanzierungsleasing.

	HGB auf Basis Steuerbilanz		IFRS	
Zurechnung	LG	LN	LG	LN
Vollamortisationsverträge für bewegliche VG und Gebäude				
Grundmietzeit < 40 % der betriebsgewöhnlichen ND		X	Einzelfallbetrachtung	
Grundmietzeit > 90 % der betriebsgewöhnlichen ND		X		X
Grundmietzeit 40-90 % der betriebsgewöhnlichen ND				
ohne Optionsrecht des Leasingnehmers	X		Einzelfallbetrachtung	
mit Kaufoption				
Kaufpreis > Restbuchwert bei linearer AfA	X		X	
Kaufpreis < Restbuchwert bei linearer AfA		X		X
mit Mietverlängerungsoption				
Anschlussmiete > lineare AfA (bei Gebäuden > 75 % d. marktüblichen Miete)	X		X	
Anschlussmiete < lineare AfA (bei Gebäuden < 75 % d. marktüblichen Miete)		X		X
Spezialleasing		X		X
Vollamortisationsverträge für Grund und Boden				
ohne Kaufoption des Leasingnehmers	X		X	
mit Kaufoption des Leasingnehmers				
Kaufpreis > Buchwert (bzw. niedrigerer gemeiner Wert)	X		X	
Teilamortisationsverträge für bewegliche VG				
Andienungsrecht des LG ohne Optionsrecht des Leasingnehmers	X		X	
Aufteilung des über die Restamortisation erzielten Mehrerlöses, wobei				
dem LG mindestens 25 % des Mehrerlöses zustehen	X		Einzelfallbetrachtung	
dem LG weniger als 25 % des Mehrerlöses zustehen		X	Einzelfallbetrachtung	
Andienungsrecht des LG und Option des Leasingnehmers, die er vermutlich ausüben wird		X		X

Tabelle 24:   **Zurechnung von Leasingobjekten nach HGB und IFRS**[178]

---

[178] Vgl. Lüdenbach/Hoffmann (2005), § 15 Rn. 32.

Bei Mobilienleasing (z. B. Baumaschinen, Fahrzeuge, EDV) wird zwischen Voll- und Teil-amortisationsverträgen unterschieden. Generell gilt, dass steuerlich das wirtschaftliche Eigen-tum dann beim Leasinggeber als zivilrechtlichem Eigentümer liegt, wenn die Grundmietzeit zwischen 40 und 90 % der betriebsgewöhnlichen, also der AfA-Nutzungsdauer, beträgt und kein Spezialleasing vorliegt. Optionen zum Ende der Grundmietzeit sollten so ausgestaltet sein, dass der Werteverzehr auf Basis des linearen Restbuchwertes gedeckt ist. Mögliche Aus-gestaltungen zum Ende der Grundmietzeit sind: Kaufoption, Mietverlängerungsoption, Andie-nungsrecht und Mehrerlösbeteiligung. Der kündbare Vertrag stellt eine Sonderform dar.[179] Werden diese Grundregeln nicht eingehalten, werden Leasingverträge wie Ratenkaufverträge behandelt.

Das Immobilienleasing ist ganz ähnlich ausgestaltet. Aus dem Grundstücksrecht resultieren aber Sondereinflüsse, so dass eine spezielle Darstellung den Rahmen des Buches sprengen würde.

8.12.2 Bilanzierungspraxis

Geschäftsbericht 2011 von Bilfinger Berger, IFRS-Konzernbilanz

Allgemeine Bilanzierungs- und Bewertungsmethode

„Ist bei Leasingverträgen das wirtschaftliche Eigentum am Leasinggegenstand einer Gesell-schaft des Bilfinger Berger Konzerns zuzurechnen (Finanzierungsleasing), erfolgt die Aktivie-rung zum beizulegenden Zeitwert oder zum niedrigeren Barwert der Leasingraten. Die Ab-schreibung erfolgt planmäßig über die Nutzungsdauer. Die aus den künftigen Leasingraten resultierenden Zahlungsverpflichtungen sind unter den Finanzschulden passiviert.

Die Klassifizierung von Vereinbarungen als Leasingverhältnis erfolgt auf der Grundlage ihres wirtschaftlichen Gehalts. Das heißt, es erfolgt eine Prüfung, ob die Erfüllung der Vereinba-rung von der Nutzung bestimmter Vermögenswerte abhängt und die Vereinbarung ein Nut-zungsrecht bezüglich der Vermögenswerte einräumt."[180]

Spezielle Erläuterungen zur Bilanz

„Die Finanzierungsleasinggeschäfte betreffen im Berichtsjahr im Wesentlichen Grundstücke mit Vertragslaufzeiten von bis zu 30 Jahren.

Die aus dem Finanzierungsleasing resultierende Zahlungsverpflichtung wird in Höhe des Barwerts der künftig fälligen Leasingzahlungen bilanziert. Die Mindestleasingzahlungen, bestehend aus Barwert und Zinsanteil, stellen sich wie folgt dar:"[181]

---

[179] Vgl. dazu ausführlicher Jacob (1982), S. 862 ff.
[180] Bilfinger Berger AG (2012), S. 134.
[181] Bilfinger Berger AG (2012), S. 151.

Bilfinger Berger (in Mio. €)	< 1Jahr	1-5 Jahre	> 5 Jahre	Gesamt
2011				
Leasingzahlungen	3,6	8,5	16,4	28,5
Zinsanteile	0,3	1,4	8,4	10,1
Buchwert / Barwert	**3,3**	**7,1**	**8,0**	**18,4**
2010				
Leasingzahlungen	3,9	10,0	19,2	33,1
Zinsanteile	0,5	2,2	9,6	12,3
Buchwert / Barwert	**3,4**	**7,8**	**9,6**	**20,8**

Geschäftsbericht 2011 von Strabag, IFRS-Konzernbilanz

Allgemeine Bilanzierungs- und Bewertungsmethode

„Leasingverträge, bei denen im Wesentlichen alle mit den Vermögenswerten verbundenen Chancen und Risiken dem Unternehmen zustehen, werden als Finanzierungsleasing behandelt. Die diesen Leasingvereinbarungen zugrunde liegenden Sachanlagen werden mit dem Barwert der Mindestleasingzahlungen oder mit dem niedrigeren beizulegenden Zeitwert zu Beginn des Leasingverhältnisses aktiviert und über die voraussichtliche Nutzungsdauer bzw. kürzere Vertragslaufzeit abgeschrieben. Dem gegenüber stehen die aus den künftigen Leasingzahlungen resultierenden Verbindlichkeiten, die mit dem Barwert der noch offenen Verpflichtungen zum Bilanzstichtag angesetzt werden.

Daneben bestehen noch Leasingvereinbarungen für Sachanlagen, die als Operating-Leasing anzusehen sind. Leasingzahlungen aufgrund dieser Verträge werden als Aufwand erfasst."[182]

Spezielle Erläuterungen zur Bilanz

„Zum Bilanzstichtag sind im Sachanlagevermögen Buchwerte aus Geräteleasing mit 14.927 T € (Vorjahr 21.948 T €) enthalten, über die der Konzern aufgrund bestehender Finanzierungsleasingverträge nicht frei verfügen kann.

Dem gegenüber sind Verbindlichkeiten aus Leasingverpflichtungen zum Barwert in Höhe von 16.003 T € (Vorjahr 23.011 T €) ausgewiesen.

Die Laufzeiten der Finanzierungsleasingverträge für Geräteleasing betragen zwischen zwei und fünf Jahren. Die geleisteten Zahlungen für das Geschäftsjahr 2011 betragen 6.051 T € (Vorjahr 5.792 T €). […]

Neben den Finanzierungsleasingvereinbarungen bestehen Operating-Leasing-Verträge für die Nutzung von Vermögenswerten. Die Aufwendungen aus diesen Verträgen werden erfolgswirksam erfasst. Die geleisteten Zahlungen für das Geschäftsjahr 2011 betragen 8.774 T € (Vorjahr 8.255 T €)."[183]

---

[182] Strabag AG (2012), S. 74.
[183] Strabag AG (2012), S. 85.

Geschäftsbericht 2011 von VINCI, IFRS-Konzernbilanz

Im Rahmen eines Finanzierungsleasingverhältnisses erworbene Güter werden, sofern dem Konzern durch den Leasingvertrag praktisch sämtliche mit dem Eigentum an dem betreffenden Vermögensgegenstand verbundenen Risiken und Vorteile übertragen werden, im Anlagevermögen aktiviert. Die betreffenden Finanzierungsleasingobjekte werden über ihre wirtschaftliche Nutzungsdauer abgeschrieben.[184]

8.13　Public Private Partnerships

8.13.1　Bilanzierung nach HGB und IFRS

Bei der Bilanzierung von PPP sind sieben Vertragsmodelle zu unterscheiden, wovon zunächst sechs bilanzmäßig relevant sind. Zur allgemeinen Beschreibung der Modelle I bis IV wird auf Kapitel 3.3.2 verwiesen.

Modell I - Erwerbermodell; Modell II - FM-Leasing-Modell

Hierbei handelt es sich im Prinzip um „unechtes Leasing" (Modell I) oder „echtes Leasing" (Modell II). Es ist deshalb entsprechend der in 8.12 aufgestellten Grundsätze zu behandeln.

Modell III - Miete

Auch hier ist auf Kapital 8.12 zu verweisen.

Modell IV - Inhabermodell

Nach den Aussagen, die bisher seitens der Finanzverwaltung vorliegen (für Steuer- bzw. indirekt Handelsbilanz), ist bilanzmäßig bei öffentlichen Hochbauprojekten wie folgt zu verfahren: Die Forderung für die erbrachten Werklieferungen/-leistungen ist nach Abnahme von der Projektgesellschaft zu aktivieren. Die Gewinnrealisierung für das Bauwerk tritt damit sofort nach Erbringen der Werklieferungen/-leistungen ein. Die Höhe der Forderung richtet sich dabei nach dem Anteil des Mietzinses, der auf die Gesamtinvestitionskosten für die Werklieferungen/-leistungen entfällt. Da sich der Mietzins über die Nutzungsdauer verteilt, wird insoweit ein Zahlungsaufschub (Kredit) gewährt, so dass die nach Abnahme der Werklieferung/-leistung einzustellende Forderung für Zwecke der Steuerbilanz abzuzinsen ist. Dieses Vorgehen dürfte zunächst nicht nur im Hochbau, sondern auch für das so genannte A-Modell im Bereich der Autobahnen gelten.[185] Hier sind jüngst jedoch spezielle bilanzsteuerliche Vorschriften in der Weise erlassen worden, dass in Höhe der während der Bauphase anfallenden Aufwendungen abzüglich der staatlichen Anschubfinanzierung ein aktiver Rechnungsabgrenzungsposten anzusetzen ist. Dieser Posten ist bis zum Ende des Vertragszeitraumes in gleichmäßigen Raten auszulösen. Wirtschaftlich gesehen entspricht dies im Wesentlichen der Hand-

---

[184] Vgl. VINCI (2012), S. 191. Eigene Übersetzung.
[185] Vgl. analog zu BMF-Schreiben IV A 5 – S 7100 – 15/05 vom 03.02.2005, II. 16. für Zwecke der USt.

habung im Hochbau. Für unterlassene Instandhaltung darf eine Rückstellung für ungewisse Verbindlichkeiten gebildet werden.[186]

Modell VI - Konzessionsmodell

Das Konzessionsmodell unterscheidet sich vom Erwerbermodell darin, dass hier auch das Nachfragerisiko auf den privaten Auftragnehmer übergeht. Ein typischer Fall ist das so genannte F-Modell für Tunnel- und Brückenbauwerke, bei dem der Private durch Rechtsverordnung mit dem Recht zur Erhebung einer Mautgebühr beliehen wird. Hierdurch wird der Private unzweifelhaft Konzessionsnehmer.[187] Damit handelt es sich für Steuer- bzw. Handelsbilanz um einen immateriellen Vermögenswert, der über den Konzessionszeitraum abgeschrieben wird. Diese Handhabung gilt auch für IFRS, wenn es sich um echte Mautprojekte (real toll) handelt.[188]

Bei Schattenmautmodellen (shadow toll), die nicht überwiegend Nutzergebühren abhängig sind (z. B. Verfügbarkeitsmodelle), soll nach IFRS eine Klassifizierung als finanzieller Vermögenswert erfolgen, so dass dann grundsätzlich die Kategorien

- Kredit oder Forderung

- zur Veräußerung verfügbarer finanzieller Vermögenswert oder

- erfolgswirksam zum beizulegenden Zeitwert bewerteter finanzieller Vermögenswert

infrage kommen.[189]

Modell VII - Gesellschaftsmodell

Hierzu wird auf die Ausführungen zur Bilanzierung von Kooperationen in Kapitel 8.8 verwiesen.

Insbesondere beim Konzessionsmodell, aber auch beim Miet- und Leasingmodell können bei Großprojekten Probleme mit der steuerlichen Zinsschranke nach § 4 h EStG bzw. § 8 a KStG auftreten. Denn bei diesen Modellen werden auf der Einnahmenseite bilanztechnisch in der Regel keine Zinserträge, sondern Nutzergebühren bzw. Mieterlöse erzielt.[190]

8.13.2 Bilanzierungspraxis

Geschäftsbericht 2011 von Bilfinger Berger, IFRS-Konzernbilanz

Eine ausführliche Erläuterung zur PPP-Bilanzierung findet sich im Geschäftsbericht von Bilfinger Berger, die auszugsweise aus dem Geschäftsbericht 2011 wiedergegeben wird.

---

[186] Vgl. BMF-Schreiben IV B 2 – S 2134a – 37/05 vom 04.10.2005, Betriebs-Berater, 60. Jg., Heft 51/52, 2005, S. 2809 f.
[187] Vgl. analog zu BMF-Schreiben IV A 5 – S 7100 – 15/05 vom 03.02.2005, I. 2. für Zwecke der USt.
[188] Vgl. IFRIC 12, in: Hoffmann/Lüdenbach (Hrsg.) (2012), S. 789-795.
[189] Vgl. ebenda.
[190] Vgl. dazu vertiefend das BMF-Schreiben vom 04.07.2008 IV C 7 – S2742-a/07/10001, Rn. 84-90. Eine vertiefte Auseinandersetzung mit dem Thema ist zu finden bei Komander (2010), S. 167 ff.

Allgemeine Bilanzierungs- und Bewertungsmethode

„*Immaterielle Vermögenswerte* mit bestimmter Lebensdauer werden zu Anschaffungskosten aktiviert und über die voraussichtliche Nutzungsdauer linear abgeschrieben. Dabei beträgt die voraussichtliche Nutzungsdauer überwiegend zwischen drei und acht Jahren. Hierunter fallen auch immaterielle Vermögenswerte aus Dienstleistungskonzessionsvereinbarungen. Sie betreffen Public Private Partnership (PPP) Projekte, für die das Recht auf die Erhebung beziehungsweise den Erhalt einer nutzungsabhängigen Vergütung vereinbart wurde. Sie werden mit dem beizulegenden Zeitwert der erbrachten Bauleistung zuzüglich der der Bauphase zuzurechnenden Fremdkapitalkosten und vermindert um planmäßige Abschreibungen während der Betriebsphase bewertet."[191]

„Forderungen aus *Betreiberprojekten* werden zu fortgeführten Anschaffungskosten bewertet. Die Forderungen aus Betreiberprojekten betreffen dabei sämtliche erbrachte Leistungen für die Erstellung von Public Private Partnership (PPP) Projekten, für die eine feste – unabhängig vom Nutzungsumfang – zu leistende Vergütung vereinbart wurde."[192]

„Im Rahmen von Betreiberprojekten erbrachte Bauleistungen werden als Umsatzerlöse gemäß IAS 11 nach der Percentage-of-Completion-Methode ausgewiesen.

In der Betriebsphase ist die Erfassung von Umsatzerlösen aus Betreiberleistungen davon abhängig, ob ein finanzieller oder ein immaterieller Vermögenswert für die erbrachten Bauleistungen anzusetzen ist.

Ist ein finanzieller Vermögenswert anzusetzen, d. h. der Betreiber erhält vom Konzessionsgeber eine feste, unabhängig vom Nutzungsumfang zu leistende Vergütung, werden Umsatzerlöse aus der Erbringung von Betreiberleistungen gemäß IAS 18 nach der Percentage-of-Completion-Methode erfasst. Der Fertigstellungsgrad wird anhand der Cost-to-Cost-Methode ermittelt.

Ist ein immaterieller Vermögenswert anzusetzen, d. h. der Betreiber erhält von den Nutzern oder vom Konzessionsgeber ein nutzungsabhängiges Entgelt, werden die Nutzungsentgelte gemäß IAS 18 grundsätzlich mit der Inanspruchnahme der Infrastruktur durch die Nutzer als Umsatzerlöse erfasst.

Erhält der Betreiber sowohl nutzungsunabhängige als auch nutzungsabhängige Entgelte, ist die Ertragserfassung nach Maßgabe des Verhältnisses der zu erhaltenden Entgeltanteile aufzuspalten."[193]

Spezielle Erläuterungen zur Bilanz

„Die Forderungen aus Betreiberprojekten betreffen sämtliche erbrachten Leistungen für die Erstellung von Public Private Partnership (PPP) Projekten, für die eine feste – unabhängig vom Nutzungsumfang – zu leistende Vergütung vereinbart wurde. Aufgrund der langen Zahlungspläne sind die Forderungen zu fortgeführten Anschaffungskosten mit dem Barwert angesetzt. Die jährlichen Aufzinsungsbeträge werden als Zinserträge innerhalb der sonstigen be-

---

[191] Bilfinger Berger AG (2012), S. 134.
[192] Bilfinger Berger AG (2012), S. 136.
[193] Bilfinger Berger AG (2012), S. 139.

trieblichen Erträge erfasst. Die Zahlungen der Auftraggeber werden aufgeteilt in einen Til-
gungsanteil der Forderungen sowie in den Vergütungsanteil der laufenden Betreiberdienstleis-
tungen.

Des Weiteren sind die im Rahmen der Anleihenfinanzierung erhaltenen, aber noch nicht ver-
wendeten Mittel ausgewiesen.

Den aktivierten Beträgen aus Betreiberprojekten stehen die unten dargestellten Non-Recourse
Finanzierungen gegenüber. Diese Beträge sind innerhalb der Finanzschulden ausgewiesen,
davon 338,7 (Vorjahr: 1.624,1) Mio. € als langfristig und 8,7 (Vorjahr: 19,3) Mio. € als kurzfristig.

Zusammensetzung der Forderungen aus Betreiberprojekten:"[194]

Bilfinger Berger (in Mio. €)	2011	2010
Forderungen aus Betreiberprojekten	372,4	1.782,7
Forderungen aus noch nicht verwendeten Projektfinanzierungsmitteln	4,6	5,8
	377,0	1.788,5
Non-Recourse Finanzschulden	347,4	1.643,4

Bewertung des Projektportfolios im Geschäftsfeld Concessions

„Zur Bewertung des wirtschaftlichen Erfolgs unseres Portfolios ziehen wir neben den operativen Ergebnissen der Projektgesellschaften auch die jährliche Veränderung des Barwerts der zu
erwartenden Auszahlungen an uns als Eigenkapitalgeber heran. Diese Rückzahlungen (Free
Cashflows) ergeben sich nach Abzug fälliger Zinszahlungen und Tilgungen sowie Steuern auf
Projektebene, reduziert um zukünftige Kapitaleinzahlungen.

Die Ermittlung des Barwerts (Net Present Value) erfolgt mit der Discounted Cash Flow (DCF)
Methode, die bereits in den vorangegangenen Jahren Anwendung fand. Der Barwert entspricht
dem auf den Stichtag abgezinsten Wert aller zukünftigen Zahlungsströme an den Eigenkapitalgeber. Diese Bewertung wird risikoadäquat anhand einer Reihe von Kriterien über den
Ansatz projektspezifischer Zuschlagssätze differenziert.

Die folgenden Bewertungsgrundlagen kommen – analog zu den Vorjahren – bei der Ermittlung des Barwerts zur Anwendung:

- Nur Projekte, deren gesamtes Vertragswerk abgeschlossen ist, werden herangezogen

- Basis der Bewertung sind die Finanzmodelle, die den jeweiligen Projekten zugrunde
  liegen und im Vorfeld mit den Fremdkapitalgebern abgestimmt wurden

- Potenzielle Refinanzierungsgewinne, die noch nicht realisiert sind, werden nicht berücksichtigt

- Der gesamte künftige Zahlungsstrom wird in Euro umgerechnet

---

[194] Bilfinger Berger AG (2012), S. 152.

Der Wert eines Betreiberprojekts verändert sich über seinen Lebenszyklus. Zu Beginn beste-hen die höchsten Wertschöpfungspotenziale, da sich das Projekt seiner Reifephase nähert und damit zukünftige Cashflows von Jahr zu Jahr sicherer werden. Parallel dazu nehmen die Risi-ken der Realisierung ab.

Für die Abzinsung der Cashflows tragen wir diesem sich verändernden Risikoprofil Rechnung durch den Ansatz eines risikofreien Basiszinssatzes, versehen mit Risikozuschlägen für die jeweilige Projektphase und den Risikotyp des Projekts. Der Basiszinssatz orientiert sich an dem gewichteten langfristigen Zinssatz für erstklassige Staatsschuldverschreibungen in den jeweiligen Investitionsländern (Europäische Währungsunion, Großbritannien, Norwegen, Kanada, Australien, Ungarn).

Der Zuschlag für den Risikotyp unterscheidet:

- Projekte, deren Erlöse ausschließlich vom Grad der vertraglich zugesagten Verfüg-barkeit abhängen (2 Prozent)

- Projekte, deren Erlöse gewisse Nachfragerisiken beinhalten (3 Prozent)

Der Zuschlag für die jeweilige Projektphase unterscheidet:

- Projekte in der Bauphase (3 Prozent) mit noch vergleichsweise hohem Realisierungs-risiko

- Projekte in der Inbetriebnahme (Ramp up, 2 Prozent), in denen das Risiko sich be-reits als deutlich geringer erweist"[195]

Public Private Partnership (PPP)

„Ein Public Private Partnership- oder auch Betreiberprojekt ist die ganzheitliche privatwirt-schaftliche Lösung einer öffentlichen Immobilien- oder Infrastrukturaufgabe. Dabei liegen Planung, Finanzierung, Bau und langfristiger Betrieb in privater Hand. Die Refinanzierung der Gesamtinvestition erfolgt während der Betriebsphase durch Nutzungsentgelt."[196]

Geschäftsbericht 2011 von VINCI, IFRS-Konzernbilanz

Nach den Richtlinien des IFRIC 12 hat ein Konzessionsnehmer die Wahl zwischen zwei Al-ternativen:

- Ausführung einer Bautätigkeit mit den obligatorischen Bestandteilen Planung, Bau und Finanzierung eines Projektes für den Konzessionsgeber:

  Einnahmen erhält man auf Basis des Baufortschritts in Übereinstimmung mit IAS 11

- Betrieb und Instandhaltung des Objektes:

  Einnahmen werden nach IAS 18 generiert

---

[195] Bilfinger Berger AG (2012), S. 180 f.
[196] Bilfinger Berger AG (2012), S. 191.

Ausgehend von diesen beiden Alternativen ergibt sich für den Konzessionsnehmer:

–   **Bilanzierung als immaterieller Vermögenswert** (Intangible Asset-Modell). Der
    Konzessionsnehmer hat das Recht, Maut (oder andere Zahlungen) von Nutzern als
    Gegenleistung für die Finanzierung und den Bau der Infrastruktur zu beanspruchen.
    Das Intangible Asset-Modell wird auch immer dann verwendet, wenn der Konzes-
    sionsgeber den Konzessionsnehmer auf Basis des Ausmaßes der Inanspruchnahme
    der Infrastruktur durch die Nutzer honoriert, wobei es keine Garantie über die Höhe
    der Beträge, die an den Konzessionsnehmer gezahlt werden, gibt (durch normale
    Maut- oder Schattenmautabkommen).

    Das in diesem Modell verankerte Recht, Mautgebühren (oder andere Zahlungen) zu
    erhalten, wird beim Konzessionsnehmer bei der Bilanzaufstellung unter „Concession
    intangible assets" berücksichtigt. Dieses Recht entspricht dem "fair value of the as-
    sets", der aus der Summe des Anlagegegenstands Konzession addiert mit den Kredit-
    kosten, die während der Bauphase entstehen, resultiert. [...]

    Diese Handhabung findet in den meisten Infrastrukturkonzessionen Verwendung, in-
    sbesondere bei den Autobahnnetzen (ASF, Escota and Cofiroute, der A 19, dem A-
    Modell A 4 und A 5 in Deutschland und den Autobahnkonzessionen in Griechen-
    land), bei Brücken (der Rion-Antirion Brücke in Griechenland und den Brücken über
    den Tagus in Lissabon) und bei manchen Parkplätzen, bei denen VINCI Park das Fa-
    cilitymanagement als Konzessionsnehmer betreibt.

–   **Bilanzierung als finanzieller Vermögenswert** (Financial Asset-Modell). Der Kon-
    zessionsnehmer hat ein vorbehaltloses Recht, vom Konzessionsgeber Zahlungen zu
    erhalten, unabhängig vom Grad der Nutzung der Infrastruktur. In diesem Modell
    stellt sich der Vermögenswert für den Konzessionsnehmer als Finanzanlage dar [...]
    als Gegenleistung für die von ihm erbrachten Leistungen (Planung, Bau, Betrieb, In-
    standhaltung). Solche finanziellen Vermögenswerte sind in der Bilanz unter Darlehen
    und Forderungen auszuweisen. Der Betrag resultiert aus der Erstbewertung zum fair
    value der Infrastruktur. Anschließend werden sie unter "amortised cost" (amortisierte
    Kosten) verbucht. Die Forderung wird bei den „empfangenen Zahlungen des Kon-
    zessionsgebers" abgerechnet. Das finanzielle Einkommen, welches auf der Grundla-
    ge des effektiven Zinssatzes kalkuliert wurde und gleich der Rentabilität des Projek-
    tes ist, wird unter den betrieblichen Erträgen berücksichtigt. Dieses Modell wird bei
    PPP-Projekten in Frankreich angesetzt und im Ausland bei: PFI-Verträgen (Private
    Finance Initiative) und der Newport Southern Distributor Road in Großbritannien,
    dem Liefkenshoek Tunnel in Belgien, den Schulbauten und Renovierungsverträgen
    in Deutschland, dem Coentunnel in den Niederlanden, Granvia in der Slowakei (R 1
    Autobahn) und bei manchen VINCI Park-Verträgen.

–   Bei dem Fall von **gemischten Modellen** erfolgt die Vergütung des Konzessionsneh-
    mers zum einen Teil durch die Nutzer und zum anderen Teil durch den Konzessions-
    geber. Der Teil der Investition, der durch das vorbehaltlose Recht auf Zahlungen vom
    Konzessionsgeber gekennzeichnet ist, wird berücksichtigt unter Forderung der Ga-
    rantiesumme. Der nicht garantierte Teil, bei welchem sich der Betrag nach dem Aus-
    maß der Nutzung der Infrastruktur richtet, ist unter den immateriellen Vermögens-
    werten berücksichtigt. Auf der Basis von Analysen bezüglich der bestehenden Ver-

träge findet dieses Modell zum Teil Anwendung bei LISEA, der Konzessionsunter-
nehmung für die Hochgeschwindigkeitseisenbahnstrecke zwischen Tours und Bor-
deaux, bei einigen VINCI Park-Verträgen und bei dem Le Mans Stadion in Frankreich.[197]

8.14 Aktive und passive latente Steuern

8.14.1 nach HGB (Einzel- und Konzernbilanz)

Aktive und passive latente Steuern entstehen durch temporäre Differenzen, die sich durch
unterschiedliche Bilanzierungsvorschriften in Handels- und Steuerbilanz ergeben. Es handelt
sich um verborgene Steuervorteile oder -lasten. Temporäre Differenzen bedeutet, dass sich die
in einer Periode bestehenden Unterschiede zwischen Handels- und Steuerbilanz in zukünftigen Geschäftsjahren wieder ausgleichen.

Mit dem BilMoG wurde das im HGB vorherrschende GuV-orientierte Timing-Konzept durch
das international übliche Temporary-Konzept abgelöst, bei dem Steuerlatenzen über die Bilanz begründet werden.

Durch Abweichungen der Steuer- von der Handelsbilanz, beispielsweise durch das steuerbi-
lanzielle Verbot der Bildung einer Rückstellung für drohende Verluste aus schwebenden Geschäften, hat die Bedeutung von latenten Steuern zugenommen. Denn für nach dem
31.12.1996 endende Wirtschaftsjahre darf in der Steuerbilanz keine Rückstellung für drohende Verluste aus schwebenden Geschäften mehr gebildet werden, in der Handelsbilanz muss
weiterhin eine derartige Rückstellung angesetzt werden. Das Fehlen einer Drohverlustrückstellung würde zur Nichtigkeit der Handelsbilanz führen.[198]

Die Bilanzierung latenter Steuern betrifft in erster Linie mittelgroße und große Kapitalgesellschaften. Den Ansatz in der Einzelbilanz regelt § 274 HGB. Demnach gilt für eine sich insgesamt ergebende Steuerentlastung (aktive latente Steuern) ein Ansatzwahlrecht.[199] Passive
latente Steuern müssen dahingegen zwingend angesetzt werden. Der Ausweis erfolgt nach den
Rechnungsabgrenzungsposten (§ 266 Abs. 2 D. HGB für aktive und § 266 Abs. 3 E. HGB für
passive latente Steuern). Es besteht ein Saldierungswahlrecht (vgl. § 274 Abs. 1 Satz 3 HGB).
Die Bewertung erfolgt grundsätzlich mit den zukünftigen Steuersätzen. Aufgrund mangelnder
Kenntnis zukünftiger Steuersätze werden im Regelfall die aktuellen Steuersätze verwendet.[200]

Im Konzernabschluss besteht eine Aktivierungspflicht für aktive latente Steuern und eine
Passivierungspflicht für passive latente Steuern (§ 306 HGB).

---

[197] Vgl. VINCI (2012), S. 189. Eigene Übersetzung.
[198] Vgl. Jacob/Heinzelmann (1998), S. 46 f.
[199] Nach § 268 Abs. 8 Satz 2 HGB gilt eine Ausschüttungssperre.
[200] Vgl. Buchholz (2011), S. 83.

8.14.2 nach IFRS (Einzel- und Konzernbilanz)

Die Bilanzierungsvorschriften nach IFRS sehen eine Ansatzpflicht von latenten Steuern (deferred taxes) gemäß IAS 12 vor. Bei der konzeptionellen Basis latenter Steuern wird nach IAS 12 ebenso wie nach HGB das bilanzorientierte Temporary-Konzept verwendet. Dabei geht es um zeitlich befristete Unterschiede bei Ansatz und Bewertung (temporary differences) in IFRS-Bilanz und Steuerbilanz, die bei späterer Auflösung zu Steuermehr- oder -minderbelastungen führen werden. Nach IAS 12 ist demnach bedeutend, dass das Nettovermögen unter Berücksichtigung von potenziellen Steuerlasten und -erstattungen richtig ausgewiesen wird.

Es besteht eine generelle Ansatzpflicht für latente Steuern (vgl. IAS 12.15).

Grundsätzlich fließen die latenten Steuern aus den Einzelbilanzen in die Konzernbilanz ein, es sind jedoch zwei Erweiterungen zu beachten:[201]

–   Die Anpassung an konzerneinheitliche Ansatz- und Bewertungsmethoden kann dazu führen, dass sich die Unterschiede zum Wert der Steuerbilanz gegenüber der Einzelbilanz erhöhen oder vermindern (zusätzliche latente Steuern oder weniger latente Steuern).

–   Durch weitere Maßnahmen der Konsolidierung, vor allem die Zwischenergebniseliminierung, kann es zu weiteren Unterschieden kommen.

8.14.3 Bilanzierungspraxis

Geschäftsbericht 2011 von Bilfinger Berger, IFRS-Konzernbilanz

Allgemeine Bilanzierungs- und Bewertungsmethode

„*Latente Steuern* werden auf Abweichungen zwischen den Wertansätzen von Vermögenswerten und Schulden nach IFRS und den steuerlichen Wertansätzen in Höhe der voraussichtlichen künftigen Steuerbelastung beziehungsweise -entlastung berücksichtigt. Daneben werden aktive latente Steuern für künftige Vermögensvorteile aus steuerlichen Verlustvorträgen angesetzt, soweit deren Realisierung hinreichend wahrscheinlich ist. Eine Saldierung von aktiven und passiven latenten Steuern aus Bewertungsunterschieden erfolgt, soweit die Möglichkeit einer gesetzlichen Aufrechnung besteht."[202]

---

[201] Vgl. dazu Lüdenbach (2005), S. 345 f.
[202] Bilfinger Berger AG (2012), S. 135.

Spezielle Erläuterungen zur Gewinn- und Verlustrechnung

„Die aktiven und passiven latenten Steuern verteilen sich auf folgende Bilanzpositionen:"[203]

Bilfinger Berger (in Mio. €)	2011	2010	2011	2010
	Aktive latente Steuern		Passive latente Steuern	
Langfristige Vermögenswerte	16,7	21,3	53,3	61,8
Kurzfristige Vermögenswerte	12,9	17,7	98,3	78,0
Rückstellungen	89,8	83,6	3,6	8,3
Verbindlichkeiten	19,5	44,9	1,8	1,9
Verlustvorträge	56,2	68,6	0,0	0,0
Saldierungen	-30,9	-43,1	-30,9	-43,1
Bilanzausweis	**164,2**	**193,0**	**126,1**	**106,9**

„Im Berichtsjahr sind 105,0 (Vorjahr: 51,8) Mio. € Steuern aus erfolgsneutralen Bewertungs-vorgängen mit dem Eigenkapital verrechnet worden.

Im Gesamtbetrag der aktiven latenten Steuern von 164,2 (Vorjahr: 193,0) Mio. € sind aktive Steuerminderungsansprüche in Höhe von 56,2 (Vorjahr: 68,6) Mio. € enthalten, die sich aus der erwarteten Nutzung bestehender Verlustvorträge in Folgejahren ergeben. Die Realisierung der Verlustvorträge ist mit ausreichender Sicherheit gewährleistet. Nicht aktivierte Verlustvor-träge für Körperschaftsteuer (oder vergleichbare Steuern im Ausland) und für Gewerbesteuer belaufen sich auf 63,0 (Vorjahr: 102,5) Mio. € beziehungsweise 63,8 (Vorjahr: 82,5) Mio. €. Hiervon sind 55,6 (Vorjahr: 102,5) Mio. € beziehungsweise 63,8 (Vorjahr: 82,5) Mio. € zeit-lich unbegrenzt nutzbar."[204]

Geschäftsbericht 2011 von Strabag, IFRS-Konzernbilanz

Allgemeine Bilanzierungs- und Bewertungsmethode

„Die Ermittlung der Steuerabgrenzung erfolgt nach der Balance-Sheet-Liability-Methode des IAS 12 für alle temporären Unterschiede zwischen den Wertansätzen der Bilanzposten im IFRS-Konzernabschluss und den bei den einzelnen Gesellschaften bestehenden jeweiligen Steuerwerten. Des Weiteren wird der wahrscheinlich realisierbare Steuervorteil aus bestehen-den Verlustvorträgen in die Ermittlung einbezogen. Ausnahmen von dieser umfassenden Steu-erabgrenzung bilden Unterschiedsbeträge aus steuerlich nicht absetzbaren Firmenwerten.

Aktive Steuerabgrenzungen werden nur angesetzt, wenn es wahrscheinlich ist, dass der enthal-tene Steuervorteil realisierbar ist. Der Berechnung der Steuerlatenz liegt der im jeweiligen Land übliche Ertragsteuersatz zum Zeitpunkt der voraussichtlichen Umkehr der Wertdifferenz zugrunde."[205]

---

[203] Bilfinger Berger AG (2012), S. 144.
[204] Bilfinger Berger AG (2012), S. 145.
[205] Strabag AG (2012), S. 75.

Spezielle Erläuterungen zur Bilanz[206]

„Temporäre Unterschiede zwischen den Wertansätzen im IFRS-Konzernabschluss und dem jeweiligen steuerlichen Wertansatz wirken sich wie folgt auf die in der Bilanz ausgewiesenen Steuerabgrenzungen aus:

Strabag (in Mio. €)	31.12.2011		31.12.2010	
	Aktive latente Steuern	Passive latente Steuern	Aktive latente Steuern	Passive latente Steuern
Langfristige Vermögenswerte				
Immaterielle Vermögenswerte	2,2	0,8	2,0	1,5
Sachanlagen	8,2	17,9	1,7	13,9
Finanzanlagen	1,3	6,9	1,3	6,8
Kurzfristige Vermögenswerte				
Vorräte	1,9	0	1,9	0
Forderungen und sonstige Vermögenswerte	0,8	15,3	1,1	12,3
Langfristige Schulden				
Rückstellungen	16,6	0	14,3	0,0
Kurzfristige Schulden				
Rückstellungen	3,8	2,5	4,2	1,4
Verbindlichkeiten und Sonstiges	5,0	12,3	6,9	11,9
Steuerliche Verlustvorträge				
Aktivierte steuerliche Verlustvorträge	15,1	0	14,4	0
	54,9	**55,7**	**47,8**	**47,8**
Saldierung aktiver und passiver latenter Steuern	-51,0	-51,0	-40,7	-40,7
Bilanzausweis	**3,9**	**4,7**	**7,1**	**7,1**

Latente Steuern auf Verlustvorträge werden insoweit aktiviert, als diese wahrscheinlich mit künftigen Gewinnen verrechnet werden können. Für Buchwertdifferenzen und steuerliche Verlustvorträge bei der Körperschaftsteuer in Höhe von 14,8 Mio. € (Vorjahr 12,1 Mio. €) und Gewerbesteuer 68,7 Mio. € (Vorjahr 108,2 Mio. €) werden keine aktiven latenten Steuern angesetzt, da ihre Wirksamkeit als Steuerentlastung aufgrund noch laufender Betriebsprüfungen nicht ausreichend gesichert ist. Darüber hinaus bestehen vororganschaftliche steuerliche Verlustvorträge, deren Verwertbarkeit nicht vor Beendigung der Organschaftsverhältnisse möglich ist. Davon entfallen auf körperschaftsteuerliche Verlustvorträge 93,7 Mio. € (Vorjahr 84,5 Mio. €) und auf gewerbesteuerliche Verlustvorträge 70,5 Mio. € (Vorjahr 70,5 Mio. €). Die nicht aktivierten steuerlichen Verlustvorträge sind grundsätzlich zeitlich unbegrenzt verwertbar."[207]

---

[206] Hinweis: Aufgrund der Umrechnung von tausend Euro auf Mio. Euro ergeben sich leichte Abweichungen.

[207] Strabag AG (2012), S. 88.

Geschäftsbericht 2011 von VINCI, IFRS-Konzernbilanz

Latente Steuern zählen zu unmittelbar im Eigenkapital erfassten Posten. Insbesondere werden auch anteilsbezogene Aufwendungen (nach IFRS 2) direkt im Eigenkapital berücksichtigt.

Immer wenn Tochtergesellschaften verfügbare Reserven haben, wird eine passivische latente Steuer bezüglich der wahrscheinlichen Absätze, die in absehbarer Zukunft erreicht werden, gebildet. Darüber hinaus verursachen Aktienbeteiligungen, die im Eigenkapital gebucht wurden, eine passivische latente Steuer bezüglich aller Differenzen zwischen dem Buchwert und der Steuer, die auf den Anteilen basiert.

Die Salden der latenten Steuern werden separat auf Grundlage der Steuersituation der einzelnen Gesellschaften oder des Gesamtergebnisses der im betreffenden steuerlichen Organkreis zusammengefassten Gesellschaften ermittelt und mit ihrem Nettobetrag pro steuerlicher Einheit auf der Aktiv- oder Passivseite der Bilanz ausgewiesen. Die latenten Steuern werden zu jedem Stichtag geprüft, um insbesondere die Auswirkungen von Änderungen des Steuerrechts und Erwartungen hinsichtlich künftiger Verrechnungsmöglichkeiten zu berücksichtigen. Aktive latente Steuern werden nur dann bilanziert, wenn der Eintritt einer Verrechnung wahrscheinlich ist.[208]

Vinci (in Mio. €)	31.12.2011	31.12.2010
Laufende Steuern	1.146,8	938,3
Latente Steuern	163,2	90,9
Aufgrund temporärer Differenzen	160,2	98,0
Aufgrund tax losses und Steuerguthaben	3,0	7,0
Saldo	983,6	847,4

8.15 Betriebliche Altersversorgung und Pensionsrückstellungen

8.15.1 nach HGB

Neben der gesetzlichen Rente gibt es eine Reihe von Möglichkeiten der altersmäßigen Zusatzversorgung. Im Rahmen der betrieblichen Altersvorsorge gehören beispielsweise Direktversicherungen, Pensionsfonds bzw. Pensionskassen, Unterstützungskassen sowie Direktzusagen von Unternehmen dazu. Diese Alternativen fließen in unterschiedlicher Form in den Abschluss ein.

Für Direktzusagen des Unternehmens gegenüber Mitarbeitern sind Pensionsrückstellungen zu bilden.[209] Nach den HGB-Vorschriften sind sie nach dem Gegenwartsverfahren oder dem Teilwertverfahren zu bilanzieren, wobei zukünftige Gehalts- und Rentensteigerungen seit

---

[208] Vgl. VINCI (2012), S. 190. Eigene Übersetzung. Die Tabelle wurde entnommen aus: VINCI (2012), S. 205. Eigene Übersetzung.

[209] Vgl. zur Bilanzierung von Pensionsrückstellungen in Handels- und Steuerbilanz z. B. Institut der Wirtschaftsprüfer in Deutschland e. V. (Hrsg.) (2012), S. 347-359.

BilMoG berücksichtigt werden müssen.[210] Nach § 253 Abs. 2 HGB werden Pensionsverpflichtungen seit BilMoG überwiegend pauschal mit dem durchschnittlichen Marktzinssatz abgezinst, der sich bei einer angenommenen Laufzeit von 15 Jahren ergibt.

Steuerlich dürfen Pensionsrückstellungen nur mit ihrem Teilwert angesetzt werden (§ 6 a EStG) und zukünftige Preis- und Kostensteigerungen sind steuerlich nicht zu berücksichtigen (vgl. § 6 Abs. 1 Nr. 3 a Buchstabe f EStG). Nach Beendigung des Dienstverhältnisses bzw. mit Eintritt des Versorgungsfalles gilt der Barwert einer Pensionsverpflichtung am Schluss des betreffenden Wirtschaftsjahres als Rückstellungsbetrag. Steht der Versorgungsanwärter dagegen noch im aktiven Dienst, so ist die Rückstellung nach dem Teilwertverfahren entsprechend § 6 a Abs. 3 Nr. 1 EStG zu ermitteln. Es ist für steuerliche Zwecke ein Rechnungszinsfuß von 6 % zugrunde zu legen.

Da sich die steuerlichen Regelungen im Gegensatz zu den HGB-Regelungen durch das BilMoG nicht geändert haben, kann es zu höheren Wertansätzen in der Handelsbilanz kommen und es ist dann insbesondere der Ansatz aktiver latenter Steuern in der Handelsbilanz zu prüfen.

8.15.2   nach IFRS

Für Pensionsrückstellungen ist IAS 19 einschlägig, der die Bilanzierung und die Angabepflichten für Leistungen an Arbeitnehmer beinhaltet. In Bezug auf Leistungen an Arbeitnehmer, die nach Beendigung des Arbeitsverhältnisses anfallen, unterscheidet IAS 19 zwischen beitragsorientierten und leistungsorientierten Pensionsplänen. Im ersten Fall zahlt das Unternehmen festgelegte Beiträge an einen Fonds bzw. eine eigenständige Einheit und muss keine weiteren Leistungen über diese Beitragspflicht hinaus erbringen (IAS 19.28),[211] es besteht also kein Raum für eine Pensionsrückstellung. Im zweiten Fall verpflichtet sich das Unternehmen, eine zugesagte Leistung zu gewähren (IAS 19.30) und muss dafür eine Pensionsrückstellung bilden, die auch zukünftige Gehalts- und Rentensteigerungen zu beinhalten hat.[212] Es ist anzumerken, dass die Aufteilung der Rückstellungszuführung in der Gewinn- und Verlustrechnung auf Personalaufwand und Finanzergebnis anders erfolgt als bei HGB. Für die Diskontierung der Pensionsverpflichtungen wird ein Marktzins herangezogen, der sich aus Renditen für erstrangige, festverzinsliche Industrieanleihen am Abschlussstichtag ableitet (IAS 19.83).

---

[210] Vgl. Coenenberg/Haller/Schultze (2012), S. 433.

[211] Vgl. z. B. auch Lüdenbach (2005), S. 223.

[212] Vgl. dazu näher z. B. Institut der Wirtschaftsprüfer in Deutschland e. V. (Hrsg.) (2012), S. 1748-1754.

8.15.3 Bilanzierungspraxis

Geschäftsbericht 2011 von Bilfinger Berger, IFRS-Konzernbilanz

Allgemeine Bilanzierungs- und Bewertungsmethode

„Die *Pensionsrückstellungen* werden nach dem Anwartschaftsbarwertverfahren für leistungs-orientierte Altersversorgungspläne unter Berücksichtigung von zukünftigen Entgelt- und Rentenanpassungen errechnet. Wie im Vorjahr wird das Wahlrecht in Anspruch genommen, versicherungsmathematische Gewinne und Verluste entsprechend der *dritten Option* gemäß IAS 19.93A als Teil der Pensionsrückstellung beziehungsweise des Planvermögens zu bilanzieren und im Eigenkapital erfolgsneutral zu verrechnen. Soweit möglich werden Planvermögen offen abgesetzt. Der in den Pensionsaufwendungen enthaltene Zinsanteil wird als Zinsaufwand im Finanzergebnis ausgewiesen.“[213]

Spezielle Erläuterungen zur Bilanz

„Für Mitarbeiter der Bilfinger Berger SE und einiger inländischer Tochtergesellschaften bestehen beitragsorientierte Pensionszusagen mit garantierter Mindestverzinsung der in ein Contractual Trust Arrangement (CTA) eingezahlten Beiträge. Nach den Vorschriften des IAS 19 werden diese als Defined-Benefit-Pläne bilanziert. Daneben bestehen weitere leistungs-orientierte Zusagen inländischer Konzerngesellschaften.

Betriebliche Altersversorgungen bei ausländischen Konzerngesellschaften werden entsprechend den Vorschriften des IAS 19 entweder als Defined-Benefit-Pläne oder Defined-Contribution-Pläne bilanziert. Soweit die Verpflichtung ausschließlich in der Gewährung von Beiträgen besteht, entfällt die Bilanzierung einer Verpflichtung. In den Fällen, in denen die Voraussetzungen nach IAS 19 nicht erfüllt sind, werden diese als Defined-Benefit-Pläne bilanziert.

Die Pensionsrückstellungen sind nach dem Anwartschaftsbarwertverfahren zum Bilanzstichtag unter Berücksichtigung künftiger Entwicklungen versicherungsmathematisch bewertet. Den Berechnungen liegen biometrischen Rechnungsgrundlagen – in Deutschland die Richttafeln 2005 G von Klaus Heubeck – und im Wesentlichen folgende Annahmen zugrunde:

Bilfinger Berger (in %)	2011	2010
Rechnungszinsfuß (Euro-Länder)	5,00	5,00
Rechnungszinsfuß (Nicht-Euro-Länder, gewichtet)	2,70	2,90
Erwartete Einkommensentwicklung	2,75	2,50
Erwartete Rentenentwicklung	1,50	1,50

Wir nehmen das Wahlrecht in Anspruch, versicherungsmathematische Gewinne und Verluste entsprechend der *dritten Option* gemäß IAS 19.93A als Teil der Pensionsrückstellung zu bilanzieren und im Eigenkapital erfolgsneutral zu verrechnen. Die Pensionsverpflichtungen werden dadurch in Höhe des Barwerts der tatsächlichen Verpflichtung (Defined Benefit Obli-

---

[213] Bilfinger Berger AG (2012), S. 135.

gation) ausgewiesen. Die vollständige Erfassung versicherungsmathematischer Gewinne und Verluste in der Bilanz führt dazu, dass die Vermögenslage in der Bilanz zutreffend dargestellt wird, da stille Reserven beziehungsweise Lasten aufgedeckt sind. Im Berichtsjahr wurden versicherungsmathematische Verluste in Höhe von 3,6 (Vorjahr: 17,3) Mio. € erfolgsneutral im Eigenkapital verrechnet. Kumuliert ergeben sich erfolgsneutral im Eigenkapital verrechnete versicherungsmathematische Verluste in Höhe von 6,3 (Vorjahr: 2,7) Mio. €.

Soweit die Versorgungsansprüche durch Planvermögen gedeckt sind, wird der Wert des Planvermögens bei der Bilanzierung der Verpflichtung in Abzug gebracht. Der Marktwert des Planvermögens beträgt zum Bilanzstichtag 252,5 (Vorjahr: 244,5) Mio. €. Es besteht aus liquiden Mitteln (19,3 Mio. €), Anleihen (170,8 Mio. €), Aktien (23,6 Mio. €), Immobilien (16,3 Mio. €) und sonstigen Vermögenswerten (22,5 Mio. €).“[214]

Geschäftsbericht 2011 von Strabag, IFRS-Konzernbilanz

Allgemeine Bilanzierungs- und Bewertungsmethode

„Pensionsrückstellungen werden nach der Projected-Unit-Credit-Methode des IAS 19 berechnet. Bei diesem Anwartschaftsbarwertverfahren wird der bis zum Bilanzstichtag erworbene abgezinste Versorgungsanspruch ermittelt. Aufgrund der Zusage von Festpensionen entfällt die Notwendigkeit, künftig zu erwartende Steigerungen von Gehältern als Teil der versicherungsmathematischen Parameter zu berücksichtigen. Die versicherungsmathematischen Gewinne und Verluste werden erfolgsneutral mit dem Eigenkapital verrechnet. Der Dienstzeitaufwand wird im Personalaufwand, der Zinsanteil der Rückstellungszuführung im Finanzergebnis ausgewiesen.“[215]

Spezielle Erläuterungen zur Bilanz[216]

Strabag (in Mio. €)							
	Stand 31.12.2010	Währungs-differenzen/ Umglie-derungen	Änderung Konsolidie-rungskreis	Zuführung	Auflösung	Verwen-dung	Stand 31.12.2011
Rückstellungen							
Pensionsrückstellungen	146,0	-0,1	0,4	6,2	0	10,5	141,9
Steuerrückstellungen	14,1	0	0,6	9,6	0,5	4,2	19,5
Sonstige Rückstellungen							
Baubezogene Rückstellungen	143,8	-1,3	2,6	70,4	12,2	43,3	160,0
Personalbezogene Rückstellungen	32,3	0,0	1,2	30,3	0,0	31,6	32,2
Übrige Rückstellungen	47,2	-1,3	1,6	15,4	4,7	16,0	42,2
Gesamt	**383,4**	**-2,7**	**6,4**	**131,9**	**17,4**	**105,6**	**395,8**

---

[214] Bilfinger Berger AG (2012), S. 158.

[215] Strabag AG (2012), S. 76.

[216] Hinweis: Aufgrund der Umrechnung von tausend Euro auf Mio. Euro ergeben sich leichte Abweichungen.

„Die Pensionsrückstellungen werden für Verpflichtungen aus Anwartschaften und laufenden Leistungen an aktive und ehemalige Mitarbeiter und deren Hinterbliebene gebildet. Die Verpflichtungen beziehen sich insbesondere auf Ruhegelder. Die individuellen Zusagen bemessen sich in der Regel nach den Dienstverhältnissen der Mitarbeiter zum Zeitpunkt der Zusage (unter anderem Dauer der Betriebszugehörigkeit, Vergütung der Mitarbeiter). Seit 1998 werden grundsätzlich keine neuen Zusagen mehr erteilt.

Die betriebliche Altersversorgung besteht aus dem nicht fondsfinanzierten leistungsorientierten Versorgungssystem. Bei leistungsorientierten Versorgungsplänen besteht die Verpflichtung des Unternehmens darin, zugesagte Leistungen an aktive und frühere Mitarbeiter zu erfüllen. Beitragsorientierte Versorgungspläne in Form der Finanzierung durch Unterstützungskassen bestehen nicht.

Die Höhe der Rückstellung wird nach versicherungsmathematischen Methoden auf Grundlage der Richttafeln von Prof. Dr. Klaus Heubeck (2005 G) berechnet. Dabei wird ein Diskontierungszinssatz von 5,00 % (im Vorjahr 5,00 %) zugrunde gelegt. Als Faktor für zukünftige Rentenerhöhungen wird ein Steigerungssatz von 2,25 % (im Vorjahr 2,25 %) angesetzt.

Im Zusammenhang mit Betriebsvereinbarungen zur Altersteilzeit, die die operativ tätigen Gesellschaften des STRABAG-Konzerns erstmalig in 2000 getroffen haben, sind darüber hinaus Verpflichtungen zur Zahlung von verrenteten Abfindungen entstanden. Diese Verpflichtungen sind auf die STRABAG Unterstützungskasse GmbH, Köln, übertragen worden. Die verrenteten Altersteilzeit-Abfindungen werden nach denselben versicherungsmathematischen Grundsätzen wie die Pensionsrückstellungen ermittelt. Sie sind durch die Vollkonsolidierung der STRABAG Unterstützungskasse GmbH, Köln, im Konzern enthalten.

Die Entwicklung der Pensionsrückstellungen stellt sich wie folgt dar:"[217]

Strabag (in Mio. €)	2011	2010
Barwert der Pensionsverpflichtungen (DBO*) am 1.1.	149,2	134,7
Konsolidierungskreisänderungen/Umgliederungen	0,4	10,2
Konzernneutrale Umbuchung	-0,2	0,0
Dienstzeitaufwand	-0,2	0,0
Zinsaufwand	7,1	7,1
Pensionszahlungen	-10,5	-9,6
Versicherungsmathematische Verluste(+)/Gewinne(-)	-1,5	6,1
Barwert der Pensionsverpflichtungen (DBO*) am 31.12.	**145,0**	**149,2**
abzüglich Planvermögen	-3,1	-3,2
Bilanzansatz Pensionsverpflichtungen am 31.12.	**141,9**	**146,0**

---

[217] Strabag AG (2012), S. 92 f.

Geschäftsbericht 2011 von VINCI, IFRS-Konzernbilanz

Die Versorgungszusagen von VINCI aus leistungsorientierten Altersversorgungsplänen lassen sich in zwei Kategorien untergliedern:

- Direkt über VINCI oder die Tochtergesellschaften abgewickelte Verpflichtungen, für die in der Konzernbilanz entsprechende Rückstellungen gebildet werden:

  - Bei den französischen Tochtergesellschaften handelt es sich im Allgemeinen um Einmalzahlungen, die mit der Pensionierung gezahlt werden, leistungsorientierte Zusatzversorgungspläne, mit denen die Versorgungsempfänger in Pension gehen, um solche wie Auxad (vormals Compagnie Générale d'Electricité) und einer Verpflichtung gegenüber VINCI`s stellvertretendem Vorsitzenden und Senior Director. Einige Pläne sind vorfinanziert über Verträge mit Versicherungen. Darauf beruhen hauptsächlich Verpflichtungen, die durch zwei Verträge mit Cardif/BNP Paribas abgedeckt sind, gegenüber zuverlässigen Gruppenleitern, die Versorgungsempfänger sind.

  - Bei den deutschen Tochterunternehmen existieren verschiedene betriebliche Versorgungswerke, darunter ein so genanntes „Direktzusagesystem". Andere Versorgungswerke, wie die „Fürsorge" zugunsten der früheren Mitarbeiter von G+H Montage und das Versorgungswerk der Tochtergesellschaften der Eurovia GmbH wurden 2001 beziehungsweise 1999 geschlossen. Darüber hinaus gibt es Verpflichtungen durch Jubiläumsboni und Altersteilzeitpläne.

  - Bei österreichischen und niederländischen Tochterunternehmen beruhen die Verpflichtungen im Wesentlichen auf Einmalzahlungen, die mit der Pensionierung gezahlt werden und/oder Jubiläumsboni.

- Über externe Pensionsfonds abgewickelte Verpflichtungen: Diese betreffen hauptsächlich VINCI`s britische Tochtergesellschaften (VINCI plc, Nuvia UK, Freyssinet UK, Ringway, VINCI Energies UK, VINCI Park UK), die CFE Gruppe in Belgien und Etavis in der Schweiz.

Die durch Rückstellungen abgedeckten Pensionsverpflichtungen, die in der Bilanz berücksichtigt wurden, entfallen hauptsächlich auf Tochtergesellschaften in der Eurozone (Frankreich, Deutschland und Belgien), Großbritannien und der Schweiz. Bei der Berechnung wurden folgende Annahmen zugrunde gelegt:[218]

Vinci	Eurozone		Großbritannien		Schweiz	
	2011	2010	**2011**	2010	**2011**	2010
Kapitalisierungszinsfuß (%)	5,0	5,0	5,1	5,5	2,6	2,8
Inflationsrate (%)	2,2	2,1	2,5-3,4	3,4	1,5	1,9
Lohn- u. Gehaltsanpassungen (%)	0-4,0	0-4,0	2,7-4,5	2,6-4,2	2,0	2,0
Rentenanpassungen (%)	2,0-2,2	1,9-2,0	3,4-3,8	3,1-5,0	0	0,8
Wahrscheinliche durchschnittliche Resterwerbsdauer der Mitarbeiter (Jahre)	1-20	1-15	7-13	7-15	9-11	10

---

[218] Vgl. VINCI (2012), S. 222 f. Eigene Übersetzung.

Änderungen im Verlauf der Periode:[219]

Vinci (in Mio. €)	31.12.2011	31.12.2010
Gegenwärtiger Betrag der Pensionsrückstellungen		
Bilanzwert am Anfang des Geschäftsjahres	**1.708,1**	**1.390,0**
davon durch Fondsvermögen gedeckte Verpflichtungen	**959,0**	**729,3**
Zusätzlich erworbene Ansprüche	50,7	44,6
Abzinsung des Jahres	78,9	78,7
Im Geschäftsjahr erbrachte Leistungen	(76,3)	(81,1)
Aktuarische Gewinne bzw. Kosten	(24,4)	60,4
Nachzuverrechnender Dienstzeitaufwand		(1,5)
Business combinations	3,1	293,8
Abfindungen für Patente und geplante Kürzungen	(4,1)	(18,2)
Auswirkungen von Wechselkursänderungen	21,9	43,2
Veränderungen des Konsolidierungskreises und sonstige	7,9	(101,9)
Bilanzwert am Ende des Geschäftsjahres	**1.765,9**	**1.708,1**
davon durch Fondsvermögen gedeckte Verpflichtungen	**1.021,7**	**959,0**

8.16   Weitere Problemfelder für die Konzernbilanz

Neben der im Beispiel zur großen Arge aufgezeigten Kapitalkonsolidierung sind die Konsolidierung der Forderungen und Verbindlichkeiten, die Konsolidierung der Aufwendungen und Erträge sowie die Zwischenergebniseliminierung vorzunehmen. Ein weiteres Problemfeld stellt die Währungsumrechnung dar. Wenn die Abschlüsse der Beteiligungsgesellschaften in unterschiedlichen Währungen erstellt wurden, ist zunächst eine Umrechnung in die Konzernwährung Euro erforderlich.

---

[219] Vgl. VINCI (2012), S. 225. Eigene Übersetzung.

9 US-GAAP

Im Folgenden werden auszugsweise die amerikanischen Bilanzierungsregeln zu den beiden wichtigsten Bilanzpositionen unfertige Bauten und Argen behandelt, weil im außereuropäischen Bereich die US-Bilanzierung breiten Einsatz findet.[220] Zudem greifen bei fehlenden Ausführungsbestimmungen zu den IFRS die Wirtschaftsprüfer gerne hilfsweise auf die diesbezüglich vorhandenen Richtlinien der US-GAAP zurück.

9.1 Unfertige Bauten

Nach den amerikanischen Generally Accepted Accounting Principles (US-GAAP) sieht die Handhabung folgendermaßen aus: Unter ähnlichen Umständen wie bei IFRS darf die Gewinnrealisierung gemäß Baufortschritt erfolgen.[221] Daher wird insoweit auf Kapitel 8.5 verwiesen. Bei Nachträgen sind zumindest drei Situationen zu unterscheiden: Wenn es nicht wahrscheinlich ist, dass der Kunde den Nachtrag genehmigt, sollten die Kosten sofort in den Aufwand genommen und abgeschrieben werden. Ist es objektiv wahrscheinlich, dass die Kosten erstattet werden, und sei es durch einen Gerichtsprozess, sollten die Kosten abgegrenzt werden. Ist es wahrscheinlich, dass der Vertragspreis vom Kunden durch den Nachtrag erhöht wird und die genehmigte Nachtragshöhe zuverlässig geschätzt werden kann, führt der Nachtrag zu entsprechenden Gewinnerhöhungen in der Ausführungsperiode. Bei Bauaufträgen müssen handelsbilanziell drohende Verluste berücksichtigt werden, und zwar entweder aktivisch als Kostenreduktion oder passivisch als Rückstellung.[222] „Die Höhe sollte auf der Basis der gesamten noch anfallenden Kosten bis zur Fertigstellung des Bauwerks errechnet werden".[223]

Bilanzierungspraxis

Im Konzerngeschäftsbericht des Jahres 2011 der Fluor Corporation wird über die Bilanzierung von unfertigen Bauten bzw. Fertigungsaufträgen wie folgt berichtet:

„Engineering and Construction Contracts

The company recognizes engineering and construction contract revenue using the percentage-of-completion method, based primarily on contract cost incurred to date compared to total estimated contract cost. [...] Changes to total estimated contract cost or losses, if any, are recognized in the period in which they are determined."[224]

---

[220] Vgl. ausführlich zur amerikanischen Baubilanzierung Jacob (1988), S. 189-201 sowie AICPA Inc. (2011).
[221] Vgl. für das Folgende auch Bragg (2011), S. 357 ff. und AICPA Inc. (2011), S. 13 ff.
[222] Vgl. Jacob (1988), S. 192 und AICPA Inc. (2011), S. 19.
[223] Jacob (1988), S. 193. Vgl. ebenfalls AICPA Inc. (2011), S. 19.
[224] Fluor Corporation (2012), F-7 und F-8.

9.2   Bauarbeitsgemeinschaften

Bauarbeitsgemeinschaften haben wie alle anderen Joint Ventures separate Bücher zu führen wie jede normale Baufirma auch. Die Beteiligung an einem solchen Joint Venture ist in die Konzernbilanz nach der Equity-Methode einzubeziehen.[225] Insofern wird auf Kapitel 8.8 verwiesen. In der Konzern-Gewinn- und Verlustrechnung werden Arbeitsgemeinschaften in den USA dagegen oft nach der Quotenkonsolidierungsmethode erfasst, wie auch die unten aufgeführte Bilanzierungspraxis bei der Fluor Corporation zeigt. Zu unbaren Kapitalzuführungen und Verkäufen an die Arge existieren anders als bei IFRS noch Spezialvorschriften.

Unbare Kapitalzuführungen werden grundsätzlich zum Buchwert übernommen. Wenn dadurch jedoch Barzuführungen des Gesellschafters vermieden werden, sollten die stillen Reserven teilweise offen gelegt werden,[226] und zwar in Höhe des Anteils, der anderen Gesellschaftern an dem Wirtschaftsgut zusteht.

Beispiel: A und B gründen ein Joint Venture mit je 50 % Gesellschaftsanteil. A bringt als Gesellschaftereinlage 100.000 in bar, B Baumaschinen mit einem Buchwert von 140.000 und einem Marktwert von 200.000 ein; B erhält deshalb eine Ausgleichszahlung von 100.000.

Handelsbilanzielle Behandlung der unbaren Zuführung:

-   Das Joint Venture schreibt auf Basis 200.000 ab.

-   B weist 30.000 direkt als Gewinn aus und realisiert die übrigen 30.000 sukzessive analog zu den Abschreibungen des Joint Venture.

Bei **Verkäufen an Argen** sollte ein Mehrheitsgesellschafter Gewinne oder Verluste aus solchen Transaktionen erst offen legen, wenn die Gewinne/Verluste gegenüber Dritten realisiert wurden. Jedoch darf die Transaktion wie unter fremden Dritten („arm's length") behandelt werden mit der Konsequenz der sofortigen anteiligen Gewinnrealisierung, wenn folgende Bedingungen erfüllt sind:

-   Die Transaktion wurde zu einem arm's length-Preis abgewickelt.

-   Es gibt keine substanzielle Ungewissheit hinsichtlich der Leistungsfähigkeit des Joint Venture.

-   Das Joint Venture ist kreditwürdig und hat unabhängige finanzielle Substanz.

Ein Minderheitsgesellschafter sollte die Gewinne im Prozentsatz der Anteile der anderen Gesellschafter am Joint Venture realisieren.[227]

Bilanzierungspraxis

Im Konzerngeschäftsbericht des Jahres 2011 der Fluor Corporation wird über die Bilanzierung von Argen wie folgt berichtet:

„For joint ventures and partnerships in the construction industry, unless full consolidation is required, the company generally recognizes its proportionate share of revenue, cost and seg-

---

[225] Vgl. Bragg (2011), S. 370.
[226] Vgl. AICPA Inc. (2011), S. 23.
[227] Vgl. ebenda, S. 25.

ment profit in its Consolidated Statement of Earnings and uses the one-line equity method of accounting in the Consolidated Balance Sheet, as allowed under ASC 810-10-45-14."[228]

---

[228] Fluor Corporation (2012), F-7.

Anhang

Anhang 1: Schreiben betr. ertragsteuerliche Behandlung von Teilamortisations-Leasing-Verträgen über unbewegliche Wirtschaftsgüter

Vom 23. Dezember 1991 (BStB1. 1992 I S. 13)

(BMF IV B2 - S 2170 - 115/91)

In meinem Schreiben vom 21. März 1972 (BStBl. I S. 188)[229] habe ich zur ertragsteuerlichen Behandlung von Finanzierungs-Leasing-Verträgen über unbewegliche Wirtschaftsgüter Stellung genommen. Dabei ist unter Finanzierungs-Leasing das Vollamortisations-Leasing verstanden worden. Zu der Frage der ertragsteuerlichen Behandlung von Teilamortisations- Leasing-Verträgen über unbewegliche Wirtschaftsgüter wird unter Bezugnahme auf das Ergebnis der Erörterung mit den obersten Finanzbehörden der Länder wie folgt Stellung genommen:

I. Begriff und Abgrenzung des Teilamortisations-Leasing Vertrages bei unbeweglichen Wirtschaftsgütern

1. Teilamortisations-Leasing im Sinne dieses Schreibens ist nur dann anzunehmen, wenn

a) der Vertrag über eine bestimmte Zeit abgeschlossen wird, während der er bei vertragsgemäßer Erfüllung von beiden Vertragsparteien nur aus wichtigem Grund gekündigt werden kann (Grundmietzeit), und

b) der Leasing-Nehmer mit den in der Grundmietzeit zu einrichtenden Raten die Anschaffungs- oder Herstellungskosten sowie alle Nebenkosten einschließlich der Finanzierungskosten des Leasing-Gebers nur zum Teil deckt.

2. Wegen der möglichen Vertragstypen weise ich auf Abschnitt II Ziffer 2 meines Schreibens vom 19. April 1971 (BStBl. I S. 264)[230] hin. Die dortigen Ausführungen gelten beim Teilamortisations-Leasing von unbeweglichen Wirtschaftsgütern entsprechend.

II. Steuerrechtliche Zurechnung des Leasing-Gegenstandes

1. Die Zurechnung des unbeweglichen Leasing-Gegenstandes hängt von der Vertragsgestaltung und deren tatsächlicher Durchführung ab. Unter Würdigung der gesamten Umstände ist im Einzelfall zu entscheiden, wem der Leasing-Gegenstand zuzurechnen ist. Dabei ist zwischen Gebäude sowie Grund und Boden zu unterscheiden.

---

[229] Nr. 1/6.2.
[230] Nr. 1/6.1.

2. Für die Zurechnung der Gebäude gilt im Einzelnen folgendes:

a) Der Leasing-Gegenstand ist – vorbehaltlich der nachfolgenden Ausführungen – grundsätzlich dem Leasing-Geber zuzurechnen.

b) Der Leasing-Gegenstand ist in den nachfolgenden Fällen ausnahmsweise dem Leasing-Nehmer zuzurechnen:

aa) Verträge über Spezial-Leasing

Bei Spezial-Leasing-Verträgen ist der Leasing-Gegenstand regelmäßig dem Leasing-Nehmer ohne Rücksicht auf das Verhältnis von Grundmietzeit und Nutzungsdauer und auf etwaige Optionsklauseln zuzurechnen.

bb) Verträge mit Kaufoption

Bei Leasing-Verträgen mit Kaufoption ist der Leasing-Gegenstand regelmäßig dem Leasing-Nehmer zuzurechnen, wenn die Grundmietzeit mehr als 90 v. H. der betriebsgewöhnlichen Nutzungsdauer beträgt oder der vorgesehene Kaufpreis geringer ist als der Restbuchwert des Leasing-Gegenstandes unter Berücksichtigung der AfA gemäß § 7 Abs. 4 EStG nach Ablauf der Grundmietzeit.

Die betriebsgewöhnliche Nutzungsdauer berechnet sich nach der Zeitspanne, für die AfA nach § 7 Abs. 4 Satz 1 EStG vorzunehmen ist, in den Fällen des § 7 Abs. 4 Satz 2 EStG nach der tatsächlichen Nutzungsdauer.

cc) Verträge mit Mietverlängerungsoption

Bei Leasing mit Mietverlängerungsoption ist der Leasing-Gegenstand regelmäßig dem Leasing-Nehmer zuzurechnen, wenn die Grundmietzeit mehr als 90 v. H. der betriebsgewöhnlichen Nutzungsdauer des Leasing-Gegenstandes beträgt oder die Anschlussmiete nicht mindestens 75 v. H. des Mietentgelts beträgt, das für ein nach Art, Lage und Ausstattung vergleichbares Grundstück üblicherweise gezahlt wird.

Wegen der Berechnung der betriebsgewöhnlichen Nutzungsdauer vgl. oben (bb).

dd) Verträge mit Kauf- oder Mietverlängerungsoption und besonderen Verpflichtungen

Der Leasing-Gegenstand ist bei Verträgen mit Kauf- oder Mietverlängerungsoption dem Leasing-Nehmer stets zuzurechnen, wenn ihm eine der nachfolgenden Verpflichtungen auferlegt wird:

– Der Leasingnehmer trägt die Gefahr des zufälligen ganzen oder teilweisen Untergangs des Leasing-Gegenstandes. Die Leistungspflicht aus dem Mietvertrag mindert sich in diesen Fällen nicht.

– Der Leasing-Nehmer ist bei ganzer oder teilweiser Zerstörung des Leasing-Gegenstandes, die nicht von ihm zu vertreten ist, dennoch auf Verlangen des Leasing-Gebers zur Wiederherstellung bzw. zum Wiederaufbau auf seine Kosten verpflichtet oder die Leistungspflicht aus dem Mietvertrag mindert sich trotz der Zerstörung nicht.

- Für den Leasing-Nehmer mindert sich die Leistungspflicht aus dem Mietvertrag nicht, wenn die Nutzung des Leasing-Gegenstandes aufgrund eines nicht von ihm zu vertretenden Umstands langfristig ausgeschlossen ist.

- Der Leasing-Nehmer hat dem Leasing-Geber die bisher nicht gedeckten Kosten ggf. auch einschließlich einer Pauschalgebühr zur Abgeltung von Verwaltungskosten zu erstatten, wenn es zu einer vorzeitigen Vertragsbeendigung kommt, die der Leasing-Nehmer nicht zu vertreten hat.

- Der Leasing-Nehmer stellt den Leasing-Geber von sämtlichen Ansprüchen Dritter frei, die diese hinsichtlich des Leasing-Gegenstandes gegenüber dem Leasing-Geber geltend machen, es sei denn, dass der Anspruch des Dritten von dem Leasing-Nehmer verursacht worden ist.

- Der Leasing-Nehmer als Eigentümer des Grund und Bodens, auf dem der Leasing-Geber als Erbbauberechtigter den Leasing-Gegenstand errichtet, ist aufgrund des Erbbaurechtsvertrags unter wirtschaftlichen Gesichtspunkten gezwungen, den Leasing-Gegenstand nach Ablauf der Grundmietzeit zu erwerben.

3. Der Grund und Boden ist grundsätzlich demjenigen zuzurechnen, dem nach den Ausführungen weiter oben das Gebäude zugerechnet wird.

III. Bilanzmäßige Darstellung

Die bilanzmäßige Darstellung erfolgt nach den Grundsätzen unter 19 Abschnitt I meines Schreibens vom 21. März 1972 (BStBI. I S. 188).[231]

IV. Übergangsregelung

Soweit die vorstehend aufgeführten Grundsätze zu einer Änderung der bisherigen Verwaltungspraxis für die Zurechnung des Leasing-Gegenstandes bei Teilamortisations-Leasing-Verträgen über unbewegliche Wirtschaftsgüter führen, sind sie nur auf Leasing-Verträge anzuwenden, die nach dem 31. Januar 1992 abgeschlossen werden.

---

[231] Nr. 1/6.2.

Anhang 2: Arge-Schlussprotokoll

Schlussprotokoll

zur Schlussbilanz der

ARGE   Brücke Kerpen

		Beteiligungs-Verhältnis	
1.	**Gesellschafter**		
	1.1 Firma Müller, AG Kerpen	57	%
	1.2 Firma Maier GmbH, Euskirchen	43	%
	1.3		%

2. Geschäftsführung

    2.1 Technisch geschäftsführende Gesellschafter: Müller, AG Kerpen

    2.2 Kaufmännisch geschäftsführender Gesellschaf-   Maier GmbH, Euskirchen
        ter:

3. Baubeginn: 14.8.2002

4. Bauabnahme bzw. Teilabnahme: 3.11.2003

5. Lieferungen und Leistungen

    5.1 Abgewickelte Auftragssumme incl. Nachträge
        und Tagelohnarbeiten für den Bauherrn   €   11.094.000,00

    5.2 Abgewickelte Lieferungen und Leistungen für
        Dritte (ohne Lieferungen und Leistungen an
        Gesellschafter)   €   16.846,00

6. Bauleistungssumme: €   11.110.846,00

7. Umsatzsteuer: €   1.777.735,36

8. Gesamtpreis der Bauleistung: €   12.888.581,36

9. ARGE-Rohergebnis

Baustellen-Ergebnis

4,71 % der Bauleistungssumme (s. Ziffer 6)   €   524.435,00
      Gewinn^{x)} / Verlust^{x)}

-------   ----------------------------

1,61 % der Bauleistungssumme (s. Ziffer 6)   €   179.998,77
      Gewinn^{x)} / Verlust^{x)}

-------   ----------------------------

      Gesamtergebnis Gewinn^{x)} / Verlust^{x)}   €   344.436,23

davon entfallen anteilig auf

9.1   Gesellschafter   €   196.328,65

9.2   Gesellschafter   ----------------------------   €   148.107,58

9.3   Gesellschafter   ----------------------------   €
                        ----------------------------   ----------------------------

10. Dauer der Gewährleistung (Beginn und Ende)   3.11.2003 – 2.11.2008

11. Höhe des Gewährleistungseinbehaltes durch den Bauherrn

     5   % von   € ....   =   €   ....
   -------------   ----------------------------   ----------------------------

12. Höhe der beim Bauherrn hinterlegten

   12.1   Gewährleistungsbürgschaften

      12.11 Name des Bürgschaftsgebers: Müller AG
             Name des Bürgen: Hermes
             Nr. und Datum des Bürgscheins: 103011–3.3.2004
             Bürgschaftssumme: 363.605,--
             Befristung der Bürgschaft: unbefristet

      12.12 Name des Bürgschaftsgebers: Maier GmbH
             Name des Bürgen: Sparkasse Euskirchen
             Nr. und Datum des Bürgscheins: 26/02   8.3.2004
             Bürgschaftssumme: 274.300
             Befristung der Bürgschaft: unbefristet

13. Folgende vorliegende Gewährleistungsbürgschaften der Nachunternehmer wurden dem
     kaufmännisch geschäftsführenden Gesellschafter übergeben:

   13.1   Name des Nachunternehmers: Fa. Hof, Köln
          Art der Arbeiten: Brückenentwässerung

	Datum der Abnahme:	3.11.2003
	Name des Bürgen:	Commerzbank Köln
	Nr. und Datum des Bürgscheins:	AT 0051030 – 17.2.2004
	Bürgschaftssumme:	5.180,--
	Befristung der Bürgschaft:	unbefristet
13.2	Name des Nachunternehmers:	Fa. Ernst, Bonn
	Art der Arbeiten:	Geländer
	Datum der Abnahme:	3.11.2003
	Name des Bürgen:	Deutsche Bank, Bonn
	Nr. und Datum des Bürgscheins:	943/ 97 16.3.2004
	Bürgschaftssumme:	4.600,--
	Befristung der Bürgschaft:	unbefristet
13.3	Name des Nachunternehmers:	Fa. Bord, Koblenz
	Art der Arbeiten:	Leitplanken
	Datum der Abnahme:	3.11.2003
	Name des Bürgen:	VHV
	Nr. und Datum des Bürgscheins:	125-9304 – 28.2.2004
	Bürgschaftssumme:	3.500,--
	Befristung der Bürgschaft:	unbefristet

14. Vor Erstellung der Schlussbilanz ausgebuchte Forderungen der ARGE, die von dem kaufmännischen geschäftsführenden Gesellschafter weiter verfolgt werden:

    14.1   Name des Schuldners:

           Betrag:

           Art der Leistung:

           Grund:

15. Vor Erstellung der Schlussbilanz auf das Verrechnungskonto des kaufmännisch geschäftsführenden Gesellschafters übertragene Forderungen und Verbindlichkeiten (Umsatz- bzw. Vorsteuern, Beiträge, Sicherheitseinbehalte der ARGE für Nachunternehmeraufträge usw.)

16. Die Gesellschaftskonten wurden vor der Schlussausschüttung an die Gesellschafter abgestimmt und werden von den Gesellschaftern hiermit schriftlich bestätigt.

17. Die ordnungsgemäße Anmeldung und Abführung der Umsatzsteuer ist erfolgt. Die Umsatzsteuerverprobung hat stattgefunden.

Die Umsatzsteuerüberprüfung durch das Finanzamt _____ ist am _____ /
nicht erfolgt[x)]

18. Die Bankkonten wurden aufgelöst, alle erteilten Bank- und Postvollmachten gelöscht.
Folgende noch vorhandene Scheckformulare wurden dem kfm. geschäftsführenden Gesellschafter zur Vernichtung übergeben[x)], der Bank [x)], dem Postscheckamt [x)] gegen Quittung
zurückgegeben:

Bank	Sparkasse Kerpen	Scheck-Nr.	10081	bis	10099
Bank		Scheck-Nr.		bis	
Bank		Scheck-Nr.		bis	

19. Die Steuern bzw. Beiträge an Finanzamt, AOK und Sozialkassen wurden restlos abgeführt und
die Löschung der Beitragskonten beantragt. Die ordnungsgemäße Abmeldung aller bei der
AOK/BKK Versicherten wurde von der AOK/BKK bei Bauende schriftlich bestätigt. Die Jah-
resrechnung der Berufsgenossenschaften wird den Gesellschaftern zur gegebenen Zeit belastet[x)]/ ist bereits erfolgt[x)]. Der Mitgliedschein wurde der Berufsgenossenschaft mit der Betriebs-
abmeldung eingesandt.

Die Lohnsteuerprüfung durch das Finanzamt _____ ist am   erfolgt[x)]/ ist nicht erfolgt[x)].

Die Prüfung durch die AOK _____ ist am   erfolgt[x)]/ ist nicht erfolgt[x)]

20. Die ARGE wurde unter folgenden Steuer- und Beitragskonten geführt:

Umsatzsteuer:	Finanzamt		Steuer-Nr.	16048
Lohnsteuer für Löhne	Finanzamt		Steuer-Nr.	
Lohnsteuer für Gehälter	Finanzamt		Steuer-Nr.	
Krankenkasse	AOK		Konto-Nr.	

Berufsgenossenschaft	TBG Wuppertal	Mitglieds-Nr.	über Gesellschaftsfirmen
Sozialkassen	-/-	Betriebskonto-Nr.	-/-
Hauptfürsorgestelle	-/-	Konto-Nr.	-/-

21. Die Gesellschafter haften weiterhin für noch vorhandene oder noch entstehende Verpflichtungen gemäß ARGE-Vertrag wie Steuern, Gewährleistungsverpflichtungen etc.

22. Nach Aufstellung der Schlussbilanz etwa noch eingehende Zahlungen sind an die Gesellschafter im Verhältnis ihrer Beteiligung an der ARGE auszuzahlen.

23. Rechte, Pflichten und Vertretungsvollmachten des technisch und des kaufmännisch geschäftsführenden Gesellschafters bestehen in dem durch den ARGE-Vetrag festgelegten Umfang fort.

24. Die Übergabe der technischen Unterlagen an den technisch geschäftsführenden Gesellschafter und der kaufmännischen Unterlagen an den kaufmännischen geschäftsführenden Gesellschafter ist erfolgt.

25. Die Schlussbilanz wurde aufgrund der vorgelegten Unterlagen von den Gesellschaftern anerkannt.

26. Sonstiges:

Nachstehende Sicherheitseinbehalte wurden dem kaufmännisch geschäftsführenden Gesellschafter Maier GmbH überstellt, der bei Anforderung die Auszahlung vornehmen wird:

Firma Schulze, Türnich	€	4.800,--
Firma Starke, Köln	€	14.000,--
Firma Neuner, Wittlich	€	15.000,--
	€	33.800,--

Datum   Stempel und Unterschrift der Gesellschafter

Kerpen, den 26.4.2004

x) Nichtzutreffendes streichen

Quelle: BWI-Bau

Anhang 3: Kontenplan (einschließlich Arge-Konten)

Kontenklasse 0: Sachanlagen

04	Bauten auf fremden Grundstücken
040	Geschäftsgebäude auf fremden Grundstücken
05	Baugeräte
051	Geräte für Betonherstellung und Materialaufbereitung
052	Hebezeuge und Transportgeräte einschl. LKW
053	Bagger, Flachbagger, Rammen und Bodenverdichter
054	Geräte für Brunnenbau, Erd- und Gesteinsbohrungen und Wasserhaltung
055	Geräte für Straßenbau und Gleisoberbau
056	Druckluft-, Tunnel- und Rohrvortriebsgeräte
057	Geräte für Energieerzeugung und -verteilung
058	Nassbaggergeräte und Wasserfahrzeuge
059	Frei für geringwertige Baugeräte
06	Technische Anlagen und stationäre Maschinen
060	Technische Anlagen
061	Stationäre Maschinen
07	Betriebs- und Geschäftsausstattung
070	Genormte Rüst- und Schalungsteile

071	Übrige Rüst- und Schalungsteile
072	Baracken, Bauwagen, Baucontainer
073	Kleingeräte und Werkzeuge, Vermessungs-, Labor- und Prüfgeräte
074	Werkstatteinrichtungen
075	Sonstige Betriebsausstattungen
076	Personenkraftwagen, Kleinbusse
077	Büromaschinen, Organisationsmittel, EDV-Geräte
078	Büromöbel und sonstige Geschäftsausstattung
079	Frei für geringwertige Wirtschaftsgüter der Betriebs- und Geschäftsausstattung
08	Anlagen im Bau und geleistete Anzahlungen
080	Anlagen im Bau
085	Geleistete Anzahlungen auf Anlagen

Kontenklasse 1: Finanzvermögen

19	Schecks, Kassenbestand, Postgiroguthaben, Guthaben bei Kreditinstituten
190	Schecks
191	Kassenbestand
193	Postgiroguthaben
194	Guthaben bei Kreditinstituten

Kontenklasse 2: Vorräte, Forderungen und aktive Rechnungsabgrenzung

20   Roh-, Hilfs- und Betriebsstoffe, Ersatzteile

21   Nicht abgerechnete (unfertige) Bauleistungen, unfertige Erzeugnisse

210

bis   Nicht abgerechnete (unfertige) Bauleistungen

213

214

bis   Unfertige Erzeugnisse

216

22   Fertige Erzeugnisse und Waren

23   Geleistete Anzahlungen auf Vorräte

24   Forderungen aus Lieferungen und Leistungen einschl. Wechselforderungen

240   Forderungen aus Lieferungen und Leistungen an den Auftraggeber

2401   Forderungen aus Schlussrechnungen

2402   Forderungen aus Stundenlohnarbeiten

241   Forderungen aus Lieferungen und Leistungen an Dritte

25   Verrechnungskonten der Gesellschafter (einschl. Beihilfefirmen)

251   Gesellschafter (Arge-Gesellschafter 1)

2511   Einzahlungen und Auszahlungen

2512   Löhne AP des Gesellschafters

2513   Gerätemieten des Gesellschafters einschl. Reparaturzuschlag

2514   Sonstige Lieferungen und Leistungen des Gesellschafters

2515   Sonstige Lieferungen und Leistungen der Arge an den Gesellschafter

2516   Gerätereparaturen zu Lasten des Gesellschafters

2517   Lohnnebenkosten (Arge-Vertrag, § 12.43)

2518   Sonstige Zuwendungen (Arge-Vertrag, § 12.44)

252   Gesellschafter (Arge-Gesellschafter 2)

        (Unterteilung wie Kto. 251)

253   Gesellschafter (Arge-Gesellschafter 3)

        (Unterteilung wie Kto. 251)

28   Sonstige Vermögensgegenstände

280   Forderungen an Belegschaftsmitglieder

281   Forderungen an Sozialversicherungsträger

2811   Schlechtwettergeld, Wintergeld, Kurzarbeitergeld, Winterausfallgeld

2813   Lohnfortzahlungserstattungsanspruch

282   Forderungen aus Vorsteuer an Finanzverwaltung

2821   Vorsteuer voll abziehbar

2824 Vorsteuer aus Abschlagszahlungen

2825 Zu verrechnende Vorsteuer aus Abschlagszahlungen

283 Sonstige Forderungen an Finanzverwaltung

2831 Forderungen aus Umsatzsteuervoranmeldung

284 Forderungen aus Vermögensbildung

285 Forderungen an Sozialkassen

2851 Urlaubsentgelt und zusätzliches Urlaubsgeld

2852 Lohnausgleich

289 Andere sonstige Vermögensgegenstände

29 Aktive Rechnungsabgrenzungsposten, Steuerabgrenzung und Rohverlust

291 Aktive Rechnungsabgrenzungsposten

298 Aktive Steuerabgrenzung

299 Rohverlust

Kontenklasse 3: Wertberichtigungen und Rückstellungen

36 Wertberichtigungen

369 Wertberichtigungen zu Forderungen

38 Steuerrückstellungen

381 Rückstellungen für Steuern vom Gewerbeertrag

39 Sonstige Rückstellungen

390 Rückstellungen für Reparaturen und Instandhaltung

391 Rückstellungen für Personalaufwendungen

392 Rückstellungen für noch auszuführende Arbeiten und Baustellenräumung

395 Rückstellungen für drohende Verluste aus schwebenden Geschäften

397 Andere sonstige Rückstellungen

3971 Rückstellungen für fehlende Eingangsrechnungen

Kontenklasse 4: Verbindlichkeiten und passive Rechnungsabgrenzung

40 Verbindlichkeiten gegenüber Kreditinstituten

41 Erhaltene Anzahlungen auf Bestellungen

410 Erhaltene Vorauszahlungen

411 Erhaltene Abschlagszahlungen

419 Erhaltene Zahlungen für Fremdunternehmer (z. B. Nebenunternehmer)

42 Verbindlichkeiten aus Lieferungen und Leistungen

420 Verbindlichkeiten aus Lieferungen und Leistungen

421 Verbindlichkeiten aus Provisionen und Lizenzen

422 Verbindlichkeiten gegenüber Nachunternehmern

423 Abschlagszahlungen an Nachunternehmer

4231 Abschlagszahlungen an Nachunter-
      nehmer mit Umsatzsteuer

4232 Abschlagszahlungen an Nachunter-
      nehmer ohne Umsatzsteuer

424   Verbindlichkeiten gegenüber Ne-
      benunternehmen (durchlaufende
      Posten)

43   Verrechnungskonten der Gesell-
      schafter (einschl. Beihilfefirmen)

46   Verbindlichkeiten aus Steuern

460   Verbindlichkeiten aus Lohnsteuer
      und Kirchensteuer

461   Verbindlichkeiten aus Umsatzsteuer

4611 Verbindlichkeiten aus Umsatzsteu-
      ervoranmeldung

4612 Zu verrechnende Umsatzsteuer auf
      Abschlagszahlungen

4613 Verbindlichkeiten aus Umsatzsteuer
      auf Abschlagszahlungen

47   Verbindlichkeiten im Rahmen der
      sozialen Sicherheit

470   Verbindlichkeiten gegenüber Sozial-
      versicherungsträgern

4701 Verbindlichkeiten gegenüber gesetz-
      lichen Krankenkassen

4702 Verbindlichkeiten gegenüber Ersatz-
      und

bis   Betriebskrankenkassen

4708

4709 Verbindlichkeiten gegenüber Be-
      rufsgenossenschaft

471   Verbindlichkeiten zur Vermögens-
      bildung

472   Verbindlichkeiten gegenüber Sozial-
      kassen

473   Verbindlichkeiten gegenüber Beleg-
      schaftsmitgliedern

4731 Lohnverrechnung (Netto-Löhne)

4732 Verbindlichkeiten für nicht abgehol-
      te Löhne

4733 Gehaltsverrechnung (Netto-Gehälter)

4734 Verbindlichkeiten für nicht abgehol-
      te Gehälter

4735 Verbindlichkeiten aus Unterkunft
      und Verpflegung

474   Verbindlichkeiten aus sonstigen
      Abzügen von Belegschaftsmitglie-
      dern

48   Andere sonstige Verbindlichkeiten

49   Passive Rechnungsabgrenzungspos-
      ten und Rohgewinn

490   Passive Rechnungsabgrenzungspos-
      ten

499   Rohgewinn

Kontenklasse 5: Erträge

50   Umsatzerlöse aus Bauleistungen

500

bis   Umsatzerlöse aus Vertragsleistungen

504

505   Umsatzerlöse aus Stundenlohnarbei-
      ten

506 Umsatzerlöse aus Lieferungen und Leistungen an Dritte

52 Sonstige Umsatzerlöse

523 Umsatzerlöse aus Vermietung und Verpachtung

529 Andere sonstige Umsatzerlöse

54 Aktivierte Eigenleistungen

56 Zinsen und ähnliche Erträge

560 Zinsen aus Einlagen bei Kreditinstituten

561 Zinsen aus Forderungen

569 Andere Zinsen und ähnliche Erträge

57 Erträge aus dem Abgang von Gegenständen des Anlagevermögens und aus Zuschreibungen zu Gegenständen des Anlagevermögens

572 Erträge aus dem Abgang von technischen Anlagen, Maschinen und Transportgeräten, anderen Anlagen, Betriebs- und Geschäftsausstattung und Kleingeräten

59 Sonstige Erträge

595 Andere sonstige Erträge

5951 Erträge aus Sozialeinrichtungen

5952 Erträge aus verrechneten Löhnen AP

5953 Erträge aus verrechneten Gehältern TK

5954 Erträge aus dem Verkauf von Stoffen und Geräten

5955 Erträge aus verrechneten Gerätereparaturen

5956 Erträge aus Winterbaumaßnahmen

5957 Erträge aus der Regulierung von Versicherungsschäden

598 Außerordentliche Erträge

Kontenklasse 6: Betriebliche Aufwendungen – Kostenarten

60 Personalaufwendungen für gewerbliche Arbeitnehmer, Poliere und Meister sowie Auszubildende

Aufwendungen für freigestelltes und von der Arge eingestelltes Personal

600 Löhne und Gehälter AP

601 Soziallöhne AP

602 Sozialkosten AP

603 Lohnnebenkosten AP

604 Sonstige Personalaufwendungen AP

606 Gutschriften für Löhne und Gehälter (einschl. Zuschläge) AP

607 Gutschriften für Lohnnebenkosten AP

Aufwendungen für abgeordnetes Personal

608 Löhne und Gehälter (einschl. Zuschläge) AP

609 Lohnnebenkosten

61 Personalaufwendungen für technische und kaufmännische Angestellte sowie Auszubildende

Aufwendungen für freigestelltes und von der Arge eingestelltes Personal

610 Gehälter TK

611	Sozialgehälter TK
612	Sozialkosten TK
613	Gehaltsnebenkosten TK
615	Sonstige Personalaufwendungen TK
616	Gutschriften für Gehälter (einschl. Zuschläge) TK
617	Gutschriften für Gehaltsnebenkosten TK
	Aufwendungen für abgeordnetes Personal
618	Gehälter (einschl. Zuschläge) TK
619	Gehaltsnebenkosten TK
62	Aufwendungen für Roh-, Hilfs- und Betriebsstoffe, Ersatzteile sowie für bezogene Waren
620	Baustoffe
6201	Binde- und Zusatzmittel
6202	Zuschlagstoffe
6203	Fertigmischgut (einschl. Transportbeton)
6204	Straßenbaustoffe
621	Stahl und andere metallische Baustoffe
6211	Betonstahl
6212	Baustahlgewebe
6213	Formstahl
6214	Spundbohlen und Kanaldielen
6215	Spannbetonstahl (einschl. Lizenzkosten)
6216	Zubehörteile zu Spannbetonstahl
622	Steine
623	Ausbaustoffe
624	Sonstige Baustoffe (einschl. Fertigteile)
6241	Holz zum Einbau (kein Vorhalteholz)
6242	Isolierstoffe
6243	Betonfertigteile
6249	Andere Baustoffe
625	Hilfsstoffe
626	Betriebsstoffe
627	Ersatzteile, Verschleißteile und Reparaturstoffe
63	Aufwendungen für Rüst- und Schalmaterial
630	Genormte Rüst- und Schalungsteile
631	Sonderschalungen und Sonderrüstungen
632	Rüst- und Schalholz, Verbaumaterial
6321	Rund- und Halbholz
6322	Kantholz
6323	Dielen, Bohlen und Schwellen
6324	Schalbretter
6325	Großflächenschalung, Holzschalatafeln und Platten (einschl. Zubehör)
6326	Stahlträger und Verankerungen
64	Aufwendungen für Baugeräte
640	Argeeigene Geräte
6401	Abschreibung und Verzinsung

6402   Reparaturen

641   Gesellschaftereigene Geräte

6411   Mieten und Reparaturzuschläge

6412   Reparaturen

642   Fremde Geräte

6421   Mieten

6422   Reparaturen

65   Aufwendungen für Baustellen-, Betriebs- und Geschäftsausstattung

650   Argeeigene Baustellenausstattung

6501   Abschreibung und Verzinsung

6502   Reparaturen

651   Gesellschaftereigene Baustellenausstattung

6511   Mieten und Reparaturzuschläge

6512   Reparaturen

652   Fremde Baustellenausstattung

6521   Mieten

6522   Reparaturen

653   Baustelleninstallation

6531   Elektromaterial

6532   Sanitärmaterial

6533   Sonstiges Installationsmaterial

6539   Sonstige Aufwendungen für Baustelleninstallation

654   Kleingeräte und Werkzeuge

6541   Kleingeräte und Werkzeuge (über 60 EUR bis 410 EUR Anschaffungs- bzw. Herstellungskosten)

6542   Kleingeräte und Werkzeuge (bis 60 EUR Anschaffungs- bzw. Herstellungskosten)

6543   Schutzbekleidung

655   Betriebs- und Geschäftsausstattung

6551   Argeeigene Betriebs- und Geschäftsausstattung einschl. PKW

6552   Gesellschaftereigene Betriebs- und Geschäftsausstattung

6553   Fremde Betriebs- und Geschäftsausstattung

66   Aufwendungen für bezogene Leistungen

660   Nachunternehmerleistungen

661   Technische Bearbeitung etc.

6611   Entwurfs- und Planbearbeitung

6612   Arbeitsvorbereitung

6613   Technische Untersuchungen

6614   Soll/Ist-Vergleich, Bauleistungskontrolle

6615   Lichtpausen

6616   Lizenzen und Konzessionen

662   Hilfsleistungen

663   Geschäftsführungsgebühren

6631   Technische Geschäftsführung

6632   Kaufmännische Geschäftsführung

6633   Buchhaltung

6634   Lohn- und Gehaltsabrechnung

6639   Sonstige Vergütungen

664   An- und Abtransporte (einschl. La-
      dekosten)

6641 An- und Abtransporte

6642 Be- und Entladen

6643 Baustellenentsorgung

6644 Sonstige Frachten und Fuhrkosten

669   Sonstige Aufwendungen für bezoge-
      ne Leistungen einschl. Bewachung

67   Verschiedene Aufwendungen

670   Aufwendungen des Bürobetriebes

6701 Büromaterial, Fachliteratur

6702 Postgebühren (Porto, Telefon, Fern-
      schreiber etc.)

6703 Heizung, Beleuchtung, Reinigung

6709 Sonstige Aufwendungen des Bürobe-
      triebes

671   Verkehrs- und Reiseaufwendungen

6711 Reisespesen (insbesondere km-Geld)

6712 Bewirtungsspesen (abzugsfähig),

6713 Bewirtungsspesen (nicht abzugsfä-
      hig)

6719 Sonstige Verkehrs- und Reiseauf-
      wendungen

672   Werbeaufwendungen

6721 Werbemittel, Anzeigen, Werbedru-
      cke

6722 Geschenke (abzugsfähig)

6723 Geschenke (nicht abzugsfähig)

6729 Sonstige Werbeaufwendungen

673   Rechts-, Beratungs-, Finanzierungs-
      und Versicherungsaufwendungen

6731 Recht und Beratung

6732 Bürgschaften

6733 Versicherungen

6734 Finanzierung

674   Beiträge und Gebühren

675   Steuern (soweit baustellenbezogen)

6751 KfZ-Steuer

6752 Grundsteuer

69   Aufwandsgutschriften

691   Gutschriften für Sozialeinrichtungen

695   Gutschriften für Gerätereparaturen

699   Sonstige Gutschriften

Kontenklasse 7: Sonstige Aufwendungen

72   Verluste aus Wertminderungen oder
      Abgang von Vorräten

73   Verluste aus Wertminderung von
      Gegenständen des Umlaufvermögens
      außer Vorräten sowie aus der Erhö-
      hung der Pauschalwertberichtigung
      zu Forderungen

74   Verluste aus dem Abgang von Ge-
      genständen des Umlaufvermögens
      außer Vorräten

75   Verluste aus dem Abgang von Ge-
      genständen des Anlagevermögens

752   Verluste aus dem Abgang von tech-
      nischen Anlagen, Maschinen und
      Transportgeräten, anderen Anlagen,

Betriebs- und Geschäftsausstattung und Kleingeräten

76 Zinsen und ähnliche Aufwendungen aus dem Zahlungsverkehr

77 Steuern vom Einkommen, vom Ertrag und sonstige Steuern

772 Gewerbeertragsteuer

775 Sonstige Steuern

79 Andere Aufwendungen

790 Sonstige Aufwendungen

7901 Andere sonstige Aufwendungen für Sozialeinrichtungen

7902 Andere sonstige Aufwendungen für Lohn- und Gehaltsverauslagungen, AP für Gesellschafter und Dritte

7903 Andere sonst. Aufwendungen für Gehaltsverauslagungen TK für Gesellschafter und Dritte

7904 Andere sonst. Aufwendungen für Stoffe- und Geräteverkäufe

7905 Andere sonstige Aufwendungen für Gerätereparaturen

7906 Andere sonstige Aufwendungen für Winterbaumaßnahmen

Kontenklasse 8: Abschluss

81 Ergebnisrechnung

82 Bilanzrechnung

Kontenklasse 9: Baubetriebsabrechnung einschl. Abgrenzungsrechnung

90 Aus der Unternehmensrechnung übernommene Aufwendungen und Erträge

91 Unternehmensbezogene Abgrenzungen

92 Betriebsbez. Abgrenzungen

93 Kosten- und Leistungsarten

94 Schlüsselkosten

95 Verwaltung

96 Hilfsbetriebe und Verrechnungskostenstellen

97 Baustellen

98 Übergangskostenstellen zu Gemeinschaftsbaustellen (z.B. Argen)

99 Ergebnisrechnung

Literaturverzeichnis

Adler, H./Düring, W./Schmaltz, K. (2011): Rechnungslegung und Prüfung der Unternehmen – Kommentar zum HGB, AktG, GmbHG, PublG nach den Vorschriften des Bilanzrichtlinien-Gesetzes, 6. Auflage, Schäffer-Poeschel Verlag: Stuttgart 2011, 7. Teillieferung, Stand August 2011

Adler, H./Düring, W./Schmaltz, K. (2011 a): Rechnungslegung nach Internationalen Standards, Kommentar, Schäffer-Poeschel Verlag: Stuttgart 2011, 7. Teillieferung, Stand August 2011

AICPA Inc. (2011): Audit and Accounting Guide – Construction Contractors, New York 2011

Arntz, T./Schultz, F. (1998): Bilanzielle und steuerliche Überlegungen zu Asset-Backed Securities, in: Die Bank, Heft 11, 1998, S. 694-697

Axford, S./Fenge, A. (2003): Mortgage Backed Securities, Flexibles Pfand, in: Immobilien Manager, Heft 1+2, 2003, S. 18 f.

Basler Ausschuss für Bankenaufsicht (2004): Internationale Konvergenz der Kapitalmessung und Eigenkapitalanforderungen, überarbeitete Rahmenvereinbarung, Übersetzung der Deutschen Bundesbank, 2004

Basler Ausschuss für Bankenaufsicht (2010): Basel III: Internationale Rahmenvereinbarung über Messung, Standards und Überwachung in Bezug auf das Liquiditätsrisiko, Dezember 2010, Download unter http://www.bis.org/publ/bcbs188.htm

Basler Ausschuss für Bankenaufsicht (2011): Basel III: Ein globaler Regulierungsrahmen für widerstandsfähigere Banken und Bankensysteme, Juni 2011, Download unter http://www.bis.org/publ/bcbs189.htm

Bau-Arbeitsgemeinschaft VCT A4 (o. J.): Betreibermodell BAB A 4 Hörselberge – Das Bauprojekt, Eisenach, o. J.

Beck'scher Bilanzkommentar (2012): Handelsbilanz- und Steuerbilanz, hrsg. von Helmut Ellrott/Gerhart Förschle/Bernd Grottel/Michael Kozikowski/Stefan Schmidt/Norbert Winkeljohann, 8. Auflage, Verlag C. H. Beck: München 2012

Betsch, O./Groh, A. P./Lohmann, L. G. E. (1998): Corporate Finance – Unternehmensbewertung, M&A und innovative Kapitalmarktfinanzierung, Verlag Vahlen: München 1998

Bieg, H. (2011): Buchführung– Eine systematische Anleitung mit umfangreichen Übungen und einer ausführlichen Erläuterung der GoB, 6. Auflage, NWB-Verlag: Herne 2011

Bilfinger Berger AG (2012): Geschäftsbericht 2011, Mannheim 2012

Blochmann, G./Jacob, D./Wolf, R. (2003): Kooperationen mittelständischer Bauunternehmen – Zur Erschließung neuer Marktfelder bei der Privatisierung öffentlicher Aufgaben, Deutscher Universitäts-Verlag: Wiesbaden 2003

Bodendiek, C. (2005): Die Kautionsversicherung, in: Hirschmann, S./Romeike, F. (Hrsg.): Kreditversicherungen – Schnittstelle zwischen Banken und Unternehmen, Bank-Verlag: Köln 2005, S. 27-30

Boutonnet, S./Loipfinger, S./Neumeier, A./Nickl, H./Nickl, L./Richter, U. (2004): Geschlossene Immobilienfonds, 4. Auflage, Deutscher Sparkassen Verlag: Stuttgart 2004

Bragg, S. M. (2011): Wiley GAAP 2012 – Interpretation and Application of Generally Accepted Accounting Principles, John Wiley & Sons: Hoboken 2012

Brauer, K.-U. (2011): Immobilienfinanzierung, in: Brauer, K.-U. (Hrsg.): Grundlagen der Immobilienwirtschaft, 7. Auflage, Gabler-Verlag: Wiesbaden 2011, S. 455-525

Brune, J. W./Mielicki, U. (2003): (Bau-)Bilanzierung nach internationalen Rechnungslegungsvorschriften, in: Baumarkt + Bauwirtschaft, 102. Jg., Heft 11, 2003, S. 32-35

Buchholz, R. (2011): Internationale Rechnungslegung, Die wesentlichen Vorschriften nach IFRS und HGB – mit Aufgaben und Lösungen, 9. Auflage, Erich Schmidt Verlag: Berlin 2011

Bundesministerium der Finanzen (2012): E-Bilanz, Elektronik statt Papier – Einfacher, schneller und kostengünstiger berichten mit der E-Bilanz, Ausgabe 2012

BVK (2008): BVK Statistik – Teilstatistik Aktivitäten der Mittelständischen Beteiligungsgesellschaften, 2008

Coenenberg, A. G./Haller, A./Schultze, W. (2012): Jahresabschluss und Jahresabschlussanalyse – Betriebswirtschaftliche, handelsrechtliche, steuerrechtliche und internationale Grundlagen – HGB, IAS/IFRS, US-GAAP, DRS, 22. Auflage, Schäffer-Poeschel Verlag: Stuttgart 2012

Deutsche Bundesbank (2001): Die neue Baseler Eigenkapitalvereinbarung (Basel II), in: Monatsbericht April 2001, 53. Jg., Nr. 4, 2001, S. 15-44

Drees, G. (Hrsg.) (1987): Finanzanalyse und Bonitätsbeurteilung von Bauunternehmen, Knapp Verlag: Frankfurt am Main 1987

Drukarczyk, J. (2008): Finanzierung – Eine Einführung mit sechs Fallstudien, 10. Auflage, Verlag Lucius und Lucius: Stuttgart 2008

Ehler, V. (2005): Die Waren- und Ausfuhrkreditversicherung, in: Hirschmann, S./Romeike, F. (Hrsg.), Kreditversicherungen – Schnittstelle zwischen Banken und Unternehmen, Bank-Verlag: Köln 2005, S. 20-26

Eichwald, B./Pehle, H. (2000): Die Kreditarten, in: Obst/Hintner: Geld-, Bank- und Börsenwesen, Handbuch des Finanzsystems, hrsg. von J. von Hagen/J. H. von Stein, 40. Auflage, Schäffer-Poeschel Verlag: Stuttgart 2000, S. 742-814

Eisele, W./Knobloch, A. P. (2011): Technik des betrieblichen Rechnungswesens, 8. Auflage, Verlag Franz Vahlen: München 2011

Endisch, E./Jacob, D./Stuhr, C. (2000): Erkennen und Vermeiden von finanzwirtschaftlichen Auslandsrisiken im Stahl- und Anlagenbau, in: Stahlbau, 69. Jg., Heft 7, 2000, S. 534-540

Erfurt, R. (2011): Erste Erfahrungen – Das Projekt „Neubau der Karl-Günzel-Schule" in Freiberg, in: Jacob, D./Stuhr, C. (Hrsg.): Arbeitsgemeinschaften für Planung und Bau – Perspektiven für Sachsen, Freiberger Forschungshefte, Reihe D 240 Wirtschaftswissenschaften, Technische Universität Bergakademie Freiberg 2011, S. 20-26

Fluor Corporation (2012): Geschäftsbericht 2011, Irving 2012

Gabler Bank-Lexikon (2002): 13. Auflage, Gabler Verlag: Wiesbaden 2002

Gassmann, M. (2005): Heitkamp buhlt um Bergbau-Konkurrenten, in: Financial Times Deutschland vom 24.10.2005, S. 3

Grill, W./Perczynski, H. (2012): Wirtschaftslehre des Kreditwesens, 46. Auflage, Bildungsverlag EINS Gehlen: Troisdorf 2012

Hannover Leasing GmbH & Co. KG (2012): Fondsprospekt Vermögenswerte 6 – Feuerwache, Mülheim an der Ruhr, 2012

Hauptverband der Deutschen Bauindustrie (1993): Schreiben des betriebswirtschaftlichen Ausschusses im Hauptverband der Deutschen Bauindustrie vom 25.11.1993

Heno, R. (2011): Jahresabschluss nach Handelsrecht, Steuerrecht und internationalen Standards (IFRS), 7. Auflage, Physica-Verlag: Berlin/Heidelberg 2011

Heuser, P. J./Theile, C. (Hrsg.) (2012): IFRS Handbuch, Einzel- und Konzernabschluss, 5. Auflage, Verlag Dr. Otto Schmidt: Köln 2012

Hoffmann, W.-D./Lüdenbach, N. (Hrsg.) (2012): IAS/IFRS-Texte 2012/2013, 5. Auflage, NWB-Verlag: Herne 2012

Institut der Wirtschaftsprüfer in Deutschland e. V. (1993): Stellungnahme HFA 1/1993: Zur Bilanzierung von Joint Ventures, in: Die Wirtschaftsprüfung, 46. Jg., Heft 14, 1993, S. 441-444

Institut der Wirtschaftsprüfer in Deutschland e.V. (Hrsg.) (2012): WP Handbuch 2012 – Wirtschaftsprüfung, Rechnungslegung, Beratung, Band I, 14. Auflage, IDW-Verlag: Düsseldorf 2012

Jacob, D. (1982): Leasing als Finanzierungsinstrument für die Bauwirtschaft, in: Bauwirtschaft, 36. Jg., Heft 23, 1982, S. 862-864

Jacob, D. (1987): Finanzanalyse bei Bauunternehmen, in: Zeitschrift für das gesamte Kreditwesen, 40. Jg., Heft 15, 1987, S. 700-705

Jacob, D. (1988): Bilanzierung von Baukonzernen – Amerikanische und deutsche Praxis im Vergleich, in: Die Wirtschaftsprüfung, 41. Jg., Heft 7, 1988, S. 189-201

Jacob, D. (1997): Der geeignetere Kredit für Bauunternehmen, in: Bauwirtschaft, 51. Jg., Heft 9, 1997, S. 12

Jacob, D. (2000): Strategie und Controlling in der mittelständischen Bauwirtschaft, in: Baumarkt, 99. Jg., Heft 3, 2000, S. 52-57

Jacob, D. (2002): Ergebnisse des Forschungsvorhabens „Privatwirtschaftliche Realisierung öffentlicher Hochbauvorhaben (einschließlich Betrieb) durch mittelständische Unternehmen in Niedersachsen", Kurzfassung, Verband der Bauindustrie für Niedersachsen, Hannover 2002

Jacob, D. (Hrsg.) (2009): Entwicklung von Musterverträgen für eine innovative Form der Arbeitsgemeinschaften zwischen mittelständischen Bauunternehmen und Planungsbeteiligten, Freiberger Forschungshefte, Reihe D 234 Wirtschaftswissenschaften, Technische Universität Bergakademie Freiberg 2009

Jacob, D./Erfurt, R./Stuhr, C./Winter, C. (2012): Dach-ARGE „Planung und Bau" als zukunftsweisendes Modell?, in: UnternehmerBrief Bauwirtschaft, 35. Jg., Heft 5, 2012, S. 3-8

Jacob, D./Heinzelmann, S. (1998): Der Wegfall der Bildung steuerlicher Drohverlustrückstellungen – Handlungsalternativen für die Bilanz 1997 bei Verlustaufträgen, in: Baumarkt, 97. Jg., Heft 2, 1998, S. 46-47

Jacob, D./Heinzelmann, S./Stuhr, C. (2008): Rechnungslegung und Bilanzierung von Bauunternehmen und baunahen Dienstleistern, in: Jacob, D./Ring, G./Wolf, R. (Hrsg.): Freiberger Handbuch zum Baurecht, 3. Auflage, Bundesanzeiger Verlag: Köln 2008, § 24, S. 1383-1422

Jacob, D./Hilbig, C. (2012): ÖPP ohne Banken – Auf der Suche nach alternativen Finanzierungsquellen, in: Behörden Spiegel, Oktober 2012, S. 38

Jacob, D./Ilka, A./Effenberger, S. (2010): Internationale und deutsche Eigenkapitallösungen für projektfinanzierte PPP-Hochbauprojekte – mit speziellem Fokus auf ÖPP-Fonds, in: Gralla, M. (Hrsg.): Innovationen im Baubetrieb – Wirtschaft, Technik, Recht, Festschrift für Universitätsprofessor Dr.-Ing. Udo Blecken zum 70. Geburtstag, Werner-Verlag: Köln 2010, S. 617-628

Jacob, D./Ring, G./Wolf, R. (Hrsg.) (2008): Freiberger Handbuch zum Baurecht, 3. Auflage, Bundesanzeiger Verlag: Köln 2008

Jacob, D./Stuhr, C. (2002): Finanzierungsinstrumente bei privatwirtschaftlicher Realisierung öffentlicher Hochbauvorhaben durch mittelständische Unternehmen, in: Kochendörfer, B. (Hrsg.): Bauwirtschaft und Baubetrieb, Festschrift 75 Jahre Baubetrieb an der TU Berlin, Technische Universität Berlin: Berlin 2002, S. 87-92

Jacob, D./Stuhr, C. (2007): Kreditprüfung bei Bauunternehmen, in: Hasselmann, W./Kalusche, W. (Hrsg.): Die Bauwirtschaft als Terra Incognita Aedificatoris: Festschrift zum 80. Geburtstag von Prof. Dr. Karlheinz Pfarr, DVP-Verlag: Berlin 2007, S. 153-158

Jacob, D./Stuhr, C. (2010): Mittelstands-Dach-ARGE Planung und Bau, in: Institut für Bauwirtschaft und Baubetrieb (Hrsg.): Die wirtschaftliche Seite des Bauens: Festschrift zum 60. Geburtstag von Prof. Dr. Rainer Wanninger, Schriftenreihe des Instituts für Bauwirtschaft und Baubetrieb, Heft 50, Institut für Bauwirtschaft und Baubetrieb: Braunschweig 2010, S. 373-385

Jacob, D./Stuhr, C. (Hrsg.) (2011): Arbeitsgemeinschaften für Planung und Bau – Perspektiven für Sachsen, Freiberger Forschungshefte, Reihe D 240 Wirtschaftswissenschaften, Technische Universität Bergakademie Freiberg 2011

Jacob, D./Stuhr, C./Ilka, A. (2011): Ausgewählte Fragen der kaufmännischen Geschäftsführung von ARGEN, in: Jehle, P. (Hrsg.): Festschrift anlässlich des 60. Geburtstages von Univ.-Prof. Dr.-Ing. Rainer Schach, TU Dresden: Dresden 2011, S. 177-190

Jacob, D./Stuhr, C./Schröter, K. (2003): Basel II und vorgenutzte Immobilien als Kreditsicherheit sowie Neuerungen durch die IAS (IFRS), in: Glückauf – Fachzeitschrift für Rohstoff, Bergbau und Energie, 139. Jg., Heft 11, 2003, S. 614-616

Jacob, D./Stuhr, C./Winter, C. (Hrsg.) (2011): Kalkulieren im Ingenieurbau – Strategie, Kalkulation, Controlling, 2. Auflage, Vieweg + Teubner Verlag: Wiesbaden 2011

Jacob, D./Winter, C. (Hrsg.) (1998): Aktuelle Baubetriebliche Themen – Sommer 1998, Freiberger Arbeitspapiere, Heft 98/15, Technische Universität Bergakademie Freiberg, Freiberg 1998

Klug, W. (2004): Offene Immobilienfonds – Zeit für stabile Werte, Fritz Knapp Verlag: Frankfurt am Main 2004

Kochendörfer, B. (Hrsg.) (2002): Bauwirtschaft und Baubetrieb, Festschrift 75 Jahre Baubetrieb an der TU Berlin, Technische Universität Berlin, Berlin 2002

Komander, U. (2010): Problematische Folgen der Zinsschranke auf PPP-Projektgesellschaften und Methoden zu deren Überwindung, in: Kessler, W./Förster, G./Watrin, C. (Hrsg.), Unternehmensbesteuerung – Festschrift für Norbert Herzig zum 65. Geburtstag, Verlag C. H. Beck: München 2010, S. 167 ff.

Kosiol, E. (1984): Finanzmathematik – Zinseszins-, Renten-, Tilgungs-, Kurs- und Rentabilitätsrechnung, 10. Auflage, Gabler Verlag: Wiesbaden 1984

Kossen, K. C. (1996): Die Kautionsversicherung, Peter Lang Verlag: Frankfurt am Main 1996

KPMG AG Wirtschaftsprüfungsgesellschaft (Hrsg.) (2012): IFRS visuell – Die IFRS in strukturierten Übersichten, 5. Auflage, Schäffer-Poeschel Verlag: Stuttgart 2012

Küting, K. (2008): Gutachterliche Stellungnahme zur Bedeutung von erhaltenen Anzahlungen und Fertigungsaufträgen sowie ihrer bilanziellen und bilanzanalytischen Einordnung bei Unternehmen der Bauindustrie, Marl/Saarbrücken 10.09.2008

Küting, K./Pfitzer, N./Weber, C.-P. (Hrsg.) (2012): Handbuch der Rechnungslegung Einzelabschluss – Kommentar zur Bilanzierung und Prüfung, Band 2, 5. Auflage, Schäffer-Poeschel Verlag: Stuttgart, Stand: 14. Ergänzungslieferung Februar 2012

Lehrstuhl für Baubetriebslehre, TU Bergakademie Freiberg (2011): Leitfaden Privatwirtschaftliche Realisierung öffentlicher Hochbauvorhaben (einschließlich Betrieb) durch mittelständische Unternehmen in Niedersachsen, Fakultät für Wirtschaftswissenschaften, Lehrstuhl für ABWL, speziell Baubetriebslehre, 2. Auflage, 2011, Download unter http://www.bauindustrie-nord.de/content/ppp-public-private-partnership

Leinz, J. (2004): Strategisches Beschaffungsmanagement in der Bauindustrie, Deutscher Universitäts-Verlag: Wiesbaden 2004

Lüdenbach, N. (2005): IFRS – Der Ratgeber zur erfolgreichen Umstellung von HGB auf IAS/IFRS, 4. Auflage, Rudolf Haufe Verlag: Freiburg i. Br. 2005

Lüdenbach, N./Hoffmann, W.-D. (2005): Haufe IFRS-Kommentar, Rudolf Haufe Verlag: Freiburg i. Br. 2005

Lüdenbach, N./Hoffmann, W.-D. (2012): Haufe IFRS-Kommentar, 10. Auflage, Haufe-Gruppe: Freiburg 2012

Merna, T./Smith, N. J. (1996): Projects Procured by Privately Financed Concession Contracts, Hongkong 1996

Meyer, B. H. (1997): Die Kreditversicherung, 4. Auflage, Fritz Knapp Verlag: Frankfurt am Main 1997

Miksch, J. (2007): Sicherungsstrukturen bei PPP-Modellen aus Sicht der öffentlichen Hand, dargestellt am Beispiel des Schulbaus, Technische Universität Berlin: Berlin 2007

Miksch, J. (2007 a): Finanzierung von PPP-Projekten – Die Rolle der öffentlichen Hand bei der Finanzierung von PPP-Projekten im Hochbau, in: Bundesbaublatt, 56. Jg., Heft 4, 2007, S. 60 f.

Miksch, J. (2012): SeeCampus Niederlausitz – eine Schule für das 21. Jahrhundert, Vortrag von Dr. Jan Miksch (PSPC GmbH) auf der 11. Convent Jahrestagung PPP am 08.05.2012 in Frankfurt am Main im Rahmen des Workshop 11, Download unter http://www.convent.de/ppp12_tu

Oepen, R.-P./Jacob, D. (2011): Abschlagszahlungen in der Finanzberichterstattung der Bauunternehmen, in: Zentralverband des Deutschen Baugewerbes mbH/Betriebswirtschaftliches Institut der Bauindustrie GmbH (Hrsg.), Finanzberichterstattung und Corporate Governance, Baubetriebswirtschaft Schriftenreihe 55, März 2011, S. 7-26

Ogiermann, L. (1981): Die Bilanzierung unfertiger Aufträge im Bauunternehmen – Theorie und Praxis der handelsrechtlichen und ertragsteuerrechtlichen Bilanzierung von unfertigen Bauaufträgen, Verlagsgesellschaft R. Müller: Köln-Braunsfeld 1981

Opitz, C. (2000): Organisation der geteilten Nutzung – Das Beispiel der Baumaschinenvermietung, Deutscher Universitäts-Verlag: Wiesbaden 2000

o. V. (1997): Innovative Finanzierungsformen 1: Kredite mit Erfolgsbeteiligung, Zinsverzicht gegen Gewinnteilhabe, in: Immobilien Zeitung, Nr. 7/96 vom 20.03.1997, S. 14

o. V. (2012): Kabinett bringt neue Bankenregeln auf den Weg, in: Handelsblatt vom 22.08.2012, http://www.handelsblatt.com

Paul, W. (1998): Steuerung der Bauausführung, in: Jacob, D./Winter, C. (Hrsg.): Aktuelle Baubetriebliche Themen – Sommer 1998, Freiberger Arbeitspapiere, Heft 98/15, Technische Universität Bergakademie Freiberg, Freiberg 1998, S. 135-166

Perridon, L./Steiner, M./Rathgeber, A. W. (2009): Finanzwirtschaft der Unternehmung, 15. Auflage, Verlag Vahlen: München 2009

Promper, N. (2012): Ermessensspielräume bei der Immobilienbilanzierung nach IFRS, in: Zeitschrift für Immobilienökonomie, Heft 2, 2012, S. 49-66

Richter, W. (2005): Für Alternativen zum European Mezzanine Loan sind die Schleusen offen, in: portfolio institutionell, Ausgabe 1, Heft 2/2005, S. 36-40

Rollwage, N. (2012): Finanzierung: mit Übungsaufgaben und Lösungen, 7. Auflage, WRW-Verlag: Köln 2012

Rose, T. (2012): Infrastrukturfonds: PPP-Finanzierungen in schwierigen Zeiten, in: Knop, D./Weber, M. (Hrsg.): PPP Jahrbuch 2012, Frankfurt am Main 2012, S. 167-170

Schweizerische Kreditanstalt (1985): Finanzierung von Bauunternehmen, Heft 71, 1985

Solarparc AG (2005): Beteiligungsprospekt Sonnenfonds Donau II GmbH & Co. KG, Freiberg, Oktober 2005.

Speich (1996): Die Bewertung von Wirtschaftsgütern mit einem Festwert, NWB vom 4.11.1996

Steyer, G. (2007): Die Baugewährleistungs-Versicherung als innovative Sicherheit, in: ibr, RKW Informationen Bau-Rationalisierung, 36. Jg., Heft 5/6, 2007, S. 22-24

Steyer, G./Kloss, D. (2008): PPP und Mittelstand – Risikoanalyse und Risikobegrenzung mit neuen Instrumenten, in: Pechlaner, H./von Holzschuher, W./Bachinger, M. (Hrsg.): Unternehmertum und Public Privat Partnership, Gabler-Verlag: Wiesbaden 2009, S. 479-493

Strabag AG (2012): Geschäftsbericht 2011, Köln 2012

Stuhr, C. (2007): Kreditprüfung bei Bauunternehmen, Deutscher Universitätsverlag: Wiesbaden 2007

Stuhr, C. (2008): Lösung von Intransparenzproblemen bei Kreditprüfungen, in: Immobilien & Finanzierung – Der langfristige Kredit, 59. Jg., Heft 12, 2008, S. 426-430

Verband deutscher Hypothekenbanken (2004): Verbriefung von Immobilienfinanzierungen, in: Immobilien Manager, Heft 3, 2004, S. 12 f.

VINCI (2012): Geschäftsbericht 2011, Rueil-Malmaison Cedex 2012

Voigt, H. (1998): Bilanzpolitik, in: Zentralverband des deutschen Baugewerbes (Hrsg.), BAUORG – Unternehmerhandbuch für Bauorganisation und Bauausführung, Kapitel XVI, Bonn 1998

Wagner, B./Klinke, D. A. (2000): Aus der Bilanz abgeleitete Finanzplantechnik im Stahlbau, in: Jacob, D. (Hrsg.): Aktuelle baubetriebliche Themen – Sommer 1999, Freiberger Arbeitspapiere, Heft 2/2000, Technische Universität Bergakademie Freiberg, Freiberg 2000, S. 35-62

Weber, H. K./Rogler, S. (2004): Betriebswirtschaftliches Rechnungswesen, Band 1: Bilanz sowie Gewinn- und Verlustrechnung, 5. Auflage, Verlag Vahlen: München 2004

Welt am Sonntag (2004): Nr. 32 vom 08.08.2004, S. 38

Westerheide, P. (2007): Der REIT – eine internationale Erfolgsgeschichte, in: Institut der deutschen Wirtschaft Köln (Hrsg.): Chancen für den Standort Deutschland: Der deutsche Real Estate Investment Trust (REIT), Berlin/Köln 2007.

Winnefeld, R. (2006): Bilanz-Handbuch – Handels- und Steuerbilanz, rechtsformspezifisches Bilanzrecht, bilanzielle Sonderfragen, Sonderbilanzen, IAS/US-GAAP, 4. Auflage, Verlag C. H. Beck: München 2006

Winter, C. (2003): Contractor-led procurement – An investigation of circumstances and consequences, Deutscher Universitätsverlag: Wiesbaden 2003

Winter, C./Giese, T. (2008): Dach-ARGE Planen und Bauen – Partnerschaftliche Zusammenarbeit, in: Bundesbaublatt, 57. Jg., Heft 7-8, 2008, S. 33-35

Zentralverband des deutschen Baugewerbes (Hrsg.), BAUORG – Unternehmerhandbuch für Bauorganisation und Bauausführung, Bonn 1998

Internetquellen

URL: http://www.agaportal.de

URL: http://www.agaportal.de/pages/dia/deckungspraxis/laenderliste.html

URL: http://www.atraduis.de/produkte/kreditversicherung/modulkompaktfunktion.html

URL: http://www.baybg.de

URL: http://www.bmvbs.de/SharedDocs/DE/Artikel/UI/gutachten-ppp-im-oeffentlichen-hochbau.html

URL: http://www.bvkap.de/privateequity.php/cat/40/aid/87/title/Mittelstaendische_ Beteiligungsgesellschaften

URL: http://www.bwi-bau.de/uploads/media/Rundschreiben_plus_Umfrage.pdf

URL: http://www.eib.org/projects/pipeline/2010/20100006.htm?lang=de

URL: http://www. infrastructureinves-tor.com/Article.aspx?article=60090&hashID=61957478058 5337B8A244847A3CD5D7F366AF67C

URL: http://www.kfw.de

URL: http://www.oepp-plattform.de/suchen/tag/31/bilfinger.html

URL: http://www.seecampus-ev.de

URL: https://www.vhv.de/vhv/firmen/Produkte-Kaution-und-Buergschaft-Bau-Direkt.html

URL: http://www.via-suedwest.de

Weitere Quellen

BFH vom 08.08.1990, BStBI. 1991 II S. 70
BGH-Urteil vom 01.03.1982, BGHZ 1983
BMF-Schreiben vom 19.04.1971 BStB1. I S. 264
BMF-Schreiben vom 22.12.1975 IV B 2 – S 2170 – 161/75
BMF-Schreiben vom 12.08.1993 IV B 2 – S 2174 a – 17/93, BB 1993, S. 1768
BMF-Schreiben vom 03.02.2005 IV A 5 – S 7100 – 15/05
BMF-Schreiben vom 04.10.2005 IV B 2 – S 2134a – 37/05, BB 2005, S. 2809 f.
BMF-Schreiben vom 04.07.2008 IV C 7 – S2742-a/07/10001

FinMin NRW (Hrsg.): Erlass des FinMin NRW vom 12.12.1961, BStBl II, 194

Gesetz über deutsche Immobilien-Aktiengesellschaften mit börsennotierten Anteilen (REIT-Gesetz - REITG) in der Fassung vom 28.05.2007.

Produktinformation zur Bauleistungsdeckung der Euler Hermes Kreditversicherungs-AG

Verordnung (EG) Nr. 1606/2002 vom 19.7.2002

Stichwortverzeichnis